Veronika R. Meyer
**Praxis der Hochleistungs-
Flüssigchromatographie**

Veronika R. Meyer

Praxis der Hochleistungs-Flüssigchromatographie

9. Auflage

WILEY-VCH

WILEY-VCH Verlag GmbH & Co. KGaA

PD Dr. Veronika R. Meyer
EMPA St. Gallen
Eidgenössische Materialprüfungs-
und Forschungsanstalt
Metrologie in der Chemie
Lerchenfeldstrasse 5
9014 St. Gallen
SCHWEIZ

■ Das vorliegende Buch wurde sorgfältig erarbeitet.
Dennoch übernehmen Autor und Verlag für die
Richtigkeit von Angaben, Hinweisen und Ratschlägen
sowie für eventuelle Druckfehler keine Haftung

Bibliographische Information der Deutschen Bibliothek
Die Deutsche Bibliothek verzeichnet diese Publikation
in der Deutschen Nationalbibliographie; detaillierte
bibliographische Daten sind im Internet über
<http://dnb.ddb.de> abrufbar.

© 2004 WILEY-VCH Verlag GmbH & Co. KGaA.
Weinheim

Printed in the Federal Republic of Germany

Gedruckt auf säurefreiem Papier.

Satz   Bibliomania GmbH, Frankfurt am Main
Druck   betz-druck GmbH, Darmstadt
Bindung   J. Schäffer GmbH & Co. KG, Grünstadt

ISBN   3-527-30726-5

Dem Andenken von Otto Meyer gewidmet

Alles ist einfacher, als man denken kann,
zugleich verschränkter, als zu begreifen ist.

GOETHE, *Maximen*

Inhaltsverzeichnis

Vorwort

Das Manuskript zu diesem Buch entstand aus den Arbeitsunterlagen zu einem Weiterbildungskurs der Laboranten-Vereinigung Bern. Um den ganz verschiedenen Interessen der Teilnehmer zu entsprechen, waren die Kursunterlagen so zu gestalten, dass jedermann einen Gewinn daraus ziehen konnte. So legt diese Einführung in die Kunst leistungsfähiger flüssigchromatographischer Trennungen gleichen Wert auf Theorie und Praxis; das eine ist ohne das andere wenig sinnvoll. Die im Bild gezeigten Chromatogramme sollen verdeutlichen, welchen Nutzen die HPLC im eigenen Labor bringen kann. Ich hoffe, die Ausführungen seien so leicht verständlich, dass sie den unbelasteten Anfänger wie auch den Fortgeschrittenen zum Lesen und Nacharbeiten ermuntern.

An dieser Stelle danke ich allen irgendwie beteiligten Instituten der philosophisch-naturwissenschaftlichen Fakultät der Universität Bern für ihre Unterstützung, vorab dem Institut für organische Chemie und Herrn Professor Dr. H. Arm. Viel Hilfe fand ich bei zahlreichen Herstellerfirmen chromatographischer Geräte in Form von schriftlichen Unterlagen, Demonstrationen und persönlichen Diskussionen. Mein herzlicher Dank gilt auch Herrn Lektor M. Röthlisberger vom Verlag Sauerländer für die angenehme Zusammenarbeit.

Bern, im November 1978   Veronika R. Meyer

Vorwort zur neunten Auflage

Wie wir es mittlerweile mehr als gewohnt sind, sind Änderungen in allen Bereichen unseres Lebens eine Konstante geworden. Eine über zwanzig Jahre dauernde erfolgreiche Zusammenarbeit mit dem Verlag Sauerländer ist zu Ende gegangen. Ich danke hier nochmals diesem Verlag für die immer zuverlässige und sorgfältige Arbeit bei der Herausgabe der „Praxis der HPLC". Nun hat das Buch ein frisches, ansprechendes Kleid erhalten, wobei der Inhalt, wie bei jeder Neuauflage, aktualisiert und verbessert wurde. Die Kapiteleinteilung ist gegenüber der achten Auflage unverändert geblieben, ganz neu sind nur die Abschnitte über die Haltbarkeit von mobilen Phasen, über Phasensysteme in der Ionenchromatographie und über Messunsicherheit. Einige Gleichungen in Abschnitt 0 haben jetzt andere Zahlenwerte, weil eine Porosität von 0,65 bei Umkehrphasen realistischer ist als der früher verwendete Wert von 0,8.

Ich danke Waltraud Wüst und Steffen Pauly vom Verlag Wiley-VCH für ihren Einsatz und die verständnisvolle Zusammenarbeit. Ihnen, liebe Leserin, lieber Leser, wünsche ich ein vertieftes Verständnis in Sachen HPLC und viel Erfolg bei der Anwendung.

St. Gallen, im Dezember 2003   Veronika R. Meyer

0
Wichtige und nützliche Gleichungen für die HPLC

Dies ist ein Kompendium. Die Gleichungen werden in den Kapiteln 2 und 8 erklärt.

Retentionsfaktor:

$$k = \frac{t_R - t_0}{t_0}$$

Trennfaktor, α-Wert:

$$\alpha = \frac{k_2}{k_1}$$

Auflösung:

$$R = 2\frac{t_{R_2} - t_{R_1}}{w_1 + w_2} = 1{,}18\frac{t_{R_2} - t_{R_1}}{w_{\frac{1}{2}1} + w_{\frac{1}{2}2}}$$

Zahl der theoretischen Trennstufen:

$$N = 16\left(\frac{t_R}{w}\right)^2 = 5{,}54\left(\frac{t_R}{w_{\frac{1}{2}}}\right)^2 = 2\pi\left(\frac{h_p \cdot t_R}{A_p}\right)^2$$

$$N \sim \frac{1}{d_p}$$

Höhe einer theoretischen Trennstufe:

$$H = \frac{L_c}{N}$$

Asymmetrie, Tailing:

$$T = \frac{b_{0,1}}{a_{0,1}} \qquad \text{oder} \qquad T = \frac{w_{0,05}}{2f}$$

Lineare Fließgeschwindigkeit der mobilen Phase:

$$u = \frac{L_c}{t_0}$$

Porosität der Säulenpackung:

$$\varepsilon = \frac{V_{\text{Säule}} - V_{\text{Füllmaterial}}}{V_{\text{Säule}}}$$

Lineare Fließgeschwindigkeit der mobilen Phase wenn $\varepsilon = 0,65$ (chemisch gebundene Phase):

$$u[\text{mm/s}] = \frac{4F}{d_c^2 \cdot \pi \cdot \varepsilon} = 33 \frac{F[\text{ml/min}]}{d_c^2[\text{mm}^2]}$$

Totzeit, Durchbruchszeit wenn $\varepsilon = 0,65$:

$$t_0[\text{s}] = 0,03 \frac{d_c^2[\text{mm}^2]\, L_c[\text{mm}]}{F[\text{ml/min}]}$$

Reduzierte Trennstufenhöhe:

$$h = \frac{H}{d_p} = \frac{L_c}{N \cdot d_p}$$

Reduzierte Fließgeschwindigkeit der mobilen Phase:

$$v = \frac{u \cdot d_p}{D_m} = 1,3 \cdot 10^{-2} \frac{d_p[\mu\text{m}]F[\text{ml/min}]}{\varepsilon \cdot D_m[\text{cm}^2/\text{min}]d_c^2[\text{mm}^2]}$$

Reduzierte Fließgeschwindigkeit in normaler Phase (Hexan, Probe mit kleiner molarer Masse, d.h. $D_m \approx 2,5 \cdot 10^{-3}$ cm^2/min) wenn $\varepsilon = 0,8$:

$$v_{\text{NP}} = 6,4 \frac{d_p[\mu\text{m}]\, F[\text{ml/min}]}{d_c^2[\text{mm}^2]}$$

Reduzierte Fließgeschwindigkeit in umgekehrter Phase (Wasser/ Acetonitril, Probe mit kleiner molarer Masse, d.h. $D_m \approx 6 \cdot 10^{-4}$ cm^2/min) wenn $\varepsilon = 0,65$:

$$v_{\text{RP}} = 33 \frac{d_p[\mu\text{m}]\, F[\text{ml/min}]}{d_c^2[\text{mm}^2]}$$

Beachte: Optimale Geschwindigkeit bei ca. $v = 3$; dann ist $h = 3$ bei sehr guter Säulenpackung (Probe mit kleiner molarer Masse, gute Stoffaustauscheigenschaften).

Reduzierter Strömungswiderstand wenn $\varepsilon = 0,65$:

$$\Phi = \frac{\Delta p \cdot d_p^2}{L_c \cdot \eta \cdot u} = 3,1 \frac{\Delta p[\text{bar}]\, d_p^2[\mu\text{m}^2]\, d_c^2[\text{mm}^2]}{L_c[\text{mm}]\, \eta[\text{mPas}]\, F[\text{ml/min}]}$$

Beachte: $\Phi = 500$ für sphärische Packung, bis 1000 für irreguläre Packung.

$$\Delta p \sim \frac{1}{d_{\mathrm{p}}^2}$$

Gesamt-Analysenzeit:

$$t_{\mathrm{tot}} = \frac{L_{\mathrm{c}} \cdot d_{\mathrm{p}}}{\mathrm{v} \cdot D_{\mathrm{m}}}(1 + k_{\mathrm{last}})$$

Gesamt-Lösungsmittelverbrauch:

$$V_{\mathrm{tot}} = \frac{1}{4}L_{\mathrm{c}} \cdot d_{\mathrm{c}}^2 \cdot \pi \cdot \varepsilon\,(1 + k_{\mathrm{last}})$$

$$V_{\mathrm{tot}} \sim d_{\mathrm{c}}^2$$

A_{P}	Peakfläche
$a_{0,1}$	Breite der Peakvorderseite auf 10 % der Höhe
$b_{0,1}$	Breite der Peakrückseite auf 10 % der Höhe
d_{c}	Innendurchmesser der Säule
D_{m}	Diffusionskoeffizient der Probe in der mobilen Phase
d_{p}	Korndurchmesser der stationären Phase
F	Volumenstrom der mobilen Phase
f	Breite der Peakvorderseite auf 5 % der Höhe
h_{P}	Peakhöhe
k_{last}	Retentionsfaktor des letzten Peaks
L_{c}	Säulenlänge
t_{R}	Retentionszeit
t_0	Totzeit, Durchbruchszeit
V	Volumen
w	Peakbreite
$w_{\frac{1}{2}}$	Peakbreite in halber Höhe
$w_{0,05}$	Peakbreite in 5 % der Höhe
η	Viskosität der mobilen Phase
Δp	Druckverlust

1
Einleitung

1.1
HPLC: Eine leistungsfähige Trennmethode

Eine leistungsfähige Trennmethode muss in der Lage sein, Mischungen mit einer großen Anzahl von ähnlichen Analyten aufzulösen. Abbildung 1.1 zeigt ein Beispiel. Acht Benzodiazepine können in 70 Sekunden getrennt werden.

Ein derartiges Chromatogramm liefert unmittelbar qualitative und quantitative Information: Die Elutionszeit (Zeit, nach welcher das Signal auf dem Schreiber oder Bildschirm erscheint) ist bei den gewählten Bedingungen für jeden Stoff des Gemisches charakteristisch; und sowohl Fläche als auch Höhe jedes Signals ist zur Menge des entsprechenden Stoffes proportional.

Wir sehen an diesem Beispiel, dass diese Chromatographie-Methode sehr leistungsfähig ist, das heißt, sie liefert gute Trennungen in kurzer Zeit. HPLC ist die Abkürzung für

High Performance Liquid Chromatography
Hoch-Leistungs-Flüssig-Chromatographie

A. J. P. Martin und R. L. M. Synge, Biochem. J. 35 (1941) 1358.

Schon die „Erfinder" der modernen Chromatographie, *Martin* und *Synge*, zeigten 1941 mit theoretischen Überlegungen, dass für eine wirksame Chromatographie in flüssiger Phase
– *sehr kleine Teilchen* für die stationäre Phase und dementsprechend
– *hoher Druck* zum Durchpressen der mobilen Phase
notwendig sind. HPLC heißt deshalb auch

High Pressure Liquid Chromatography
Hoch-Druck-Flüssig-Chromatographie

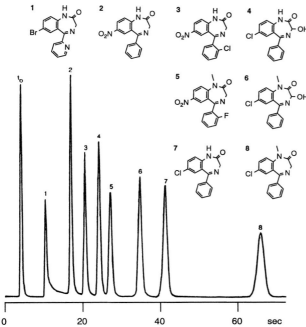

Abb. 1.1 HPLC-Trennung von Benzodiazepinen (nach T. Welsch, G. Mayr und
N. Lammers, InCom-Sonderband Chromatography, Düsseldorf 1997, S. 357)
Probe: je 40 ng; Säule: 4,6 mm × 3 cm; stationäre Phase: ChromSphere UOP
C18 1,5 μm (unporös); mobile Phase: 3,5 ml/min Wasser/Acetonitril 85:15; Temperatur: 35°C; Detektor: UV 254 nm; 1) Bromazepam; 2) Nitrazepam; 3) Clona-
zepam; 4) Oxazepam; 5) Flunitrazepam; 6) Hydroxydiazepam (Temazepam);
7) Desmethyldiazepam; 8) Diazepam (Valium)

1.2
Ein erstes HPLC-Experiment

Obwohl die Bestimmung von Coffein in Kaffee ein einfaches Anfän-
ger-Experiment darstellt, ist es empfehlenswert, sich von einer Per-
son mit Erfahrung auf dem zur Verfügung stehenden Gerät helfen
zu lassen.
Am bequemsten ist es, wenn ein HPLC-System mit zwei Lösungs-
mittel-Vorratsflaschen benützt werden kann. Verwenden Sie Wasser
und Acetonitril; beide Eluenten müssen filtriert (Porenweite < 1
μm) und entgast werden. Spülen Sie die Apparatur mit reinem Acetonitril. Schließen Sie eine so genannte Umkehrphasen-Säule (ODS
oder C18, ebenso gut auch eine C8-Säule) in der korrekten Flussrichtung (falls angegeben) an und spülen Sie sie während etwa 10 Minuten mit Acetonitril. Die günstige Flussrate hängt vom Innendurchmesser der Säule ab: 1–2 ml/min bei 4,6 mm, 0,5–1 ml/min bei 3

mm und 0,3–0,5 ml/min bei 2 mm. Dann ändern Sie die Zusammensetzung der mobilen Phase auf Wasser/Acetonitril 8:2 und spülen Sie nochmals während 10–20 Minuten. Der UV-Detektor wird auf 272 nm eingestellt (aber 254 nm ist auch möglich). Brauen Sie einen Kaffee (aber nicht etwa einen coffeinfreien!) und nehmen Sie davon eine kleine Probe, bevor Sie Milch, Zucker oder Süßstoff zufügen und filtrieren Sie diese (< 1 µm). Man kann auch Schwarztee (ebenfalls ohne Zusätze) oder ein Colagetränk mit Coffein (vorzugsweise zuckerfrei) einsetzen. Diese Getränke müssen ebenfalls filtriert werden. Injizieren Sie 10 µl Probe. Ein Chromatogramm ähnlich demjenigen von Abbildung 1.2 wird erscheinen. Das letzte grosse Signal ist üblicherweise der Coffeinpeak. Falls er zu hoch ist, so müssen Sie weniger einspritzen und umgekehrt; die Abschwächung (Attenuation, Range) des Detektors kann ebenfalls angepasst werden. Es ist empfehlenswert, ein Probenvolumen zu wählen, das einen Coffeinpeak ergibt, der nicht höher als Extinktion 1 (absorption unit, AU) wird; dieser Wert wird am Detektor angezeigt. Falls der Peak spät erscheint, beispielsweise erst nach 10 Minuten, so muss der Acetonitrilgehalt in der mobilen Phase erhöht werden (man versuche Wasser/Acetonitril 6:4). Wird er früh und mit schlechter Auflösung zum ersten Peakhaufen eluiert, so verringert man den Acetonitrilgehalt (beispielsweise auf 9:1).

Der Coffeinpeak kann integriert werden, was eine quantitative Gehaltsbestimmung Ihres Getränks ermöglicht. Stellen Sie mehrere Kalibrierlösungen von Coffein in der mobilen Phase her, etwa im Bereich von 0,1 bis 1 mg/ml, und injizieren Sie diese. Für die quantitative Analyse können sowohl Peakflächen wie auch Peakhöhen ausgewertet werden. Die Kalibrierkurve sollte linear sein und durch den Ursprung verlaufen. Der Coffeingehalt im Getränk kann sehr unterschiedlich sein und der in der Abbildung genannte Wert von 0,53 mg/ml spiegelt nur den Geschmack der Autorin wider.

Nach Beendigung dieser Analysen spüle man die Säule wieder mit reinem Acetonitril.

1.3
Die flüssigchromatographischen Trennverfahren

Adsorptions-Chromatographie

Das Prinzip ist aus der klassischen Säulenchromatographie oder Dünnschichtchromatographie bekannt: Als stationäre Phase dient ein relativ polares Material mit hoher spezifischer Oberfläche, meistens Silicagel (Kieselgel), aber auch Aluminiumoxid oder Magnesiumoxid. Die mobile Phase ist relativ apolar (Pentan bis Tetrahydrofuran). Die Trennung erfolgt durch unterschiedliche Adsorption der

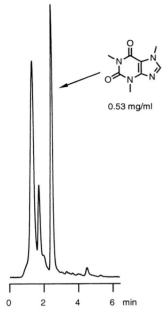

0.53 mg/ml

0   2   4   6 min

Abb. 1.2 HPLC-Trennung von Kaffee
Säule: 2 mm × 15 cm; stationäre Phase:
YMC 120 ODS-AQ 3μm; mobile Phase: 0,3
ml/min Wasser/Acetonitril 8:2; Detektor: UV
272 nm

verschiedenen Molekülsorten im Gemisch an der stationären Phase. Ein apolares Lösungsmittel (z. B. Hexan) eluiert langsamer als ein stärker polares (z. B. Ether): Faustregel: Polare Stoffe werden später eluiert als apolare.
(Gedächtnisstütze: polar heißt wasserlöslich, hydrophil; apolar heißt fettlöslich, lipophil.)

Umkehrphasen-Chromatographie
Reversed-phase-Chromatographie
Es gilt das Umgekehrte des oben Gesagten:
Die stationäre Phase ist sehr apolar. Die mobile Phase ist relativ polar (Wasser bis Tetrahydrofuran). Ein polares Lösungsmittel (z. B. Wasser) eluiert langsamer als ein weniger polares (z. B. Acetonitril). Faustregel: Apolare Stoffe werden später eluiert als polare.

Chromatographie an chemisch gebundenen Phasen
Die stationäre Phase ist durch eine chemische Reaktion kovalent an das Trägermaterial gebunden. Durch geeignete Wahl der Reaktionspartner lässt sich eine Vielzahl von stationären Phasen herstellen. Die oben erwähnte Umkehrphasen-Chromatographie ist der wichtig-

ste Spezialfall der Chromatographie an chemisch gebundenen Phasen.

Ionenaustausch-Chromatographie
Die stationäre Phase enthält ionische Gruppen (z. B. $-NR_3^{\oplus}$ oder $-SO_3^{\ominus}$), welche mit ionischen Gruppen der Probemoleküle in Wechselwirkung treten. Die Methode ist z. B. zur Trennung von Aminosäuren, Stoffwechselprodukten und organischen Ionen geeignet.

Ionenpaar-Chromatographie
Die Ionenpaar-Chromatographie eignet sich ebenfalls für die Trennung von ionischen Substanzen, eliminiert aber gewisse Probleme, die bei der Ionenaustausch-Chromatographie auftreten können. Die ionischen Probemoleküle werden durch ein geeignetes Gegenion „maskiert". Die Hauptvorteile sind: man benötigt keine Ionenaustauscher, sondern die weit verbreiteten Umkehrphasensysteme; gleichzeitige Analyse von Säuren, Basen und Neutralstoffen ist möglich.

Ionenchromatographie
Für die Trennung von Ionen starker Säuren und Basen (z. B. $Cl^{\ominus}$, $NO_3^{\ominus}$, $Na^{\oplus}$, $K^{\oplus}$) wurde die Ionenchromatographie entwickelt. Sie ist ein Spezialfall der Ionenaustausch-Chromatographie, von der sie sich aber durch apparative Besonderheiten unterscheidet.

Ausschluss-Chromatographie (Gelchromatographie)
Man unterteilt sie in Gel-Permeations-Chromatographie (mit organischen Lösungsmitteln) und Gel-Filtrations-Chromatographie (mit wässrigen Lösungen).
Die Ausschluss-Chromatographie trennt die Probemoleküle nach Molekülgröße, d. h. nach Molekülmasse. Die größten Moleküle werden am schnellsten eluiert, die kleinsten am langsamsten. Sie ist die elegante Methode der Wahl, wenn sich in einer Mischung Stoffe befinden, die sich in ihren Molekülmassen mindestens um 10% unterscheiden.

Affinitäts-Chromatographie
Hier ist eine hochspezifische biochemische Wechselwirkung die Ursache der Trennung. Die stationäre Phase enthält ganz bestimmte Molekülgruppen, welche nur dann eine Probe adsorbieren können, wenn gewisse räumliche (sterische) und ladungsmäßige Voraussetzungen erfüllt sind (vgl. die Wechselwirkung zwischen Antigen und Antikörper). Mit der Affinitäts-Chromatographie lassen sich Proteine (Enzyme wie auch Strukturproteine), Lipide etc. ohne großen Aufwand aus komplexen Mischungen isolieren.

1.4
Die HPLC-Apparatur

Eine HPLC-Apparatur kann modular zusammengestellt sein, d. h. aus einzelnen Instrumenten bestehen oder als Kompaktgerät gebaut sein. Beim modularen Konzept ist man flexibler, wenn ein Bestandteil ausfällt, und die einzelnen Geräte müssen nicht alle vom gleichen Hersteller stammen. Wer aber nicht gerne selbst kleinere Reparaturen ausführt, ist mit einer Kompaktanlage besser bedient. Sie ist nicht Platz sparender als eine modular aufgebaute Apparatur.

Ein HPLC-Instrument besteht mindestens aus den Teilen, die in Abbildung 1.3 gezeigt sind: Vorrat an mobiler Phase, Zuleitung mit Fritte, Hochdruckpumpe, Probenaufgabesystem, Säule, Detektor sowie Datenerfassung, in den meisten Fällen kombiniert mit Datenverarbeitung. Die Säule ist zwar das wichtigste Element, üblicherweise aber auch das kleinste. Für temperaturkontrollierte Trennungen steckt sie in einem Thermostaten. Oft arbeitet man mit mehr als einem Lösungsmittel, sodass noch Mischung und Steuerung notwendig sind. Geschieht die Datenerfassung mit einem Computer, so kann dieser auch die Kontrolle der ganzen Apparatur übernehmen.

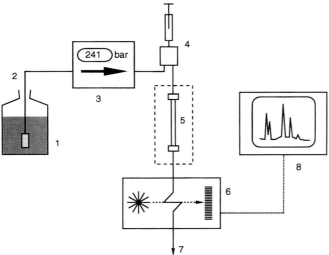

Abb. 1.3 Schema einer HPLC-Apparatur
1) Lösungsmittelvorrat, 2) Zuleitung mit Fritte, 3) Pumpe (mit Digitalanzeige des Drucks), 4) Probenaufgabe, 5) Säule, eventuell thermostatisiert, 6) Detektor, 7) Abfall, 8) Datenerfassung und -verarbeitung

1.5
Sicherheit am HPLC-Arbeitsplatz

Beim Arbeiten mit HPLC sind drei Gesundheitsrisiken zu beachten:
– Giftige Lösungsmittel
– Lungengängige stationäre Phasen
– Gefahren durch die Verwendung hoher Drucke.

Die kurz- und langfristigen Risiken durch Lösungsmittel und Dämpfe sind allgemein bekannt, doch werden sie meist zuwenig beachtet. Zur guten Arbeitspraxis gehört das Verschließen der Vorrats- und Abfallflaschen mit gelochten Plastikkappen. Das Loch ist so klein, dass nur der als Zu- oder Ableitung dienende Teflonschlauch Platz findet. So können keine gesundheitsgefährdenden Dämpfe in die Laborluft gelangen (und die hochreinen Lösungsmittel sind vor Staub geschützt). Lösungsmittel sollen nur im gut ziehenden Abzug umgefüllt werden.

Wenig bekannt und entsprechend unbeachtet ist die Tatsche, dass Teilchen der Korngröße 5 µm und kleiner, wie sie in der HPLC verwendet werden, lungengängig sind (sie werden in den Bronchien nicht zurückgehalten und geraten in die Lunge). Wie groß ein eventuelles langfristiges Gesundheitsrisiko durch diese Art Fremdkörper ist, ist noch kaum bekannt. Vorsichtshalber sind alle Arbeiten, bei denen stationäre Phasen als Staub entweichen können (Öffnen von Vorratsfläschchen, Abwägen etc.) im Abzug durchzuführen.

Das Risiko durch den Betrieb von Hochdruckpumpen ist nicht sehr groß. Im Gegensatz zu Gasen sind Flüssigkeiten nur wenig kompressibel: ca. 1 Volumenprozent pro 100 bar. Auch unter hohem Druck haben daher Flüssigkeiten kaum Energie gespeichert. Bei einem Leck an einem Apparateteil tritt ein scharfer Flüssigkeitsstrahl aus, aber eine Explosion ist nicht zu befürchten. Immerhin kann dieser Flüssigkeitsstrahl Personen ernsthaft gefährden. In einer zum Entleeren geöffneten Säule, welche unter Druck steht, darf nicht gestochert werden! Die Beschreibung eines so provozierten Unfalls ist zur Lektüre dringend empfohlen.

G. Guiochon, J. Chromatogr.
189 (1980) 108.

1.6
Vergleich von Hochleistungs-Flüssigchromatographie
und Gaschromatographie

GC ist ebenso wie HPLC eine Hochleistungs-Chromatographie. Der wichtigste Unterschied besteht jedoch darin, dass für die GC nur Stoffe infrage kommen, die flüchtig sind oder sich bei höheren Temperaturen unzersetzt verdampfen lassen oder von denen man flüchtige Derivate reproduzierbar herstellen kann. Nur etwa 20% der bekannten organischen Verbindungen lassen sich ohne Vorbehandlung gaschromatographisch analysieren.

Für die Flüssigchromatographie ist Bedingung, dass sich die Probe in irgend einem Lösungsmittel löst. Außer bei vernetzten hochmolekularen Stoffen trifft dies für alle organischen und die ionischen anorganischen Stoffe zu.

Anforderung	GC	HPLC
schwierige Trennungen	möglich	möglich
Raschheit	ja	ja
Automatisierung	möglich	möglich
Anpassung des Systems an das Trennproblem	durch Änderung der stationären Phase	durch Änderung von stationärer *und* mobiler Phase
Anwendung begrenzt durch	fehlende Flüchtigkeit thermische Zersetzung	Unlöslichkeit

Typische Trennstufenzahlen:	pro Säule	pro Meter
– GC mit gepackten Säulen	2000	1000
– GC mit Kapillarsäulen	50000	3000
– klassische Flüssigchromatographie	100	200
– HPLC	5000	50000

In Theorie und Praxis sind zur Gaschromatographie drei wichtige Unterschiede festzustellen:

1. Der Diffusionskoeffizient der Probe in der mobilen Phase ist in der HPLC bedeutend kleiner als in der GC. Dies ist ein Nachteil, weil der Diffusionskoeffizient der wichtigste Faktor ist, welcher die Analysengeschwindigkeit bestimmt.

2. Die Viskosität der mobilen Phase ist in der HPLC größer als in der GC. Dies ist ein Nachteil, weil hohe Viskosität kleine Diffusionskoeffizienten und hohen Strömungswiderstand der fließenden mobilen Phase zur Folge hat.

3. Die Kompressibilität der mobilen Phase unter Druck ist in der HPLC im Gegensatz zur GC vernachlässigbar gering. Dies ist ein Vorteil, weil dadurch die Strömungsgeschwindigkeit der mobilen Phase über die ganze Länge der Säule konstant ist, sodass bei geeigneter Geschwindigkeit überall optimale chromatographische Verhältnisse vorliegen.

1.7
Druckeinheiten

1 bar = 0,987 atm = 1,02 at = 10^5 Pa (Pascal) = 14,5 psi

1 MPa = 10 bar (Mega-Pascal, SI-Einheit)
1 atm = 1,013 bar (physikalische Atmosphäre)
1 at = 0,981 bar (technische Atmosphäre, 1 kp/cm^2)
1 psi = 0,0689 bar (pound per square inch)

Faustregel: **1000 psi** $\approx$ **70 bar** 100 bar = 1450 psi

Man beachte den Unterschied zwischen psia = psi absolut und psig = psi gauge (Manometer), womit psi Überdruck gemeint ist.

1.8
Längeneinheiten

In der HPLC ist man oft mit englischen Einheiten konfrontiert, wenn es um Durchmesser von Rohren oder Kapillaren geht. Einheit ist der Zoll oder inch (Mehrzahl inches), abgekürzt '' oder i geschrieben. Kleinere Einheiten sind nicht Zehntelzoll, sondern $\frac{1}{2}, \frac{1}{4}, \frac{1}{8}, \frac{1}{16}$ '' oder Vielfache davon.

1''	= 25,40 mm	$\frac{3}{8}$''	= 9,525 mm	$\frac{3}{16}$''	= 4,76 mm
$\frac{1}{2}$''	= 12,70 mm	$\frac{1}{4}$''	= 6,35 mm	$\frac{1}{8}$''	= 3,175 mm
				$\frac{1}{16}$''	= 1,59 mm

1.9
Wissenschaftliche Zeitschriften

Journal of Chromatography A (alle Gebiete der Chromatographie)
ISSN 0021–9673
Journal of Chromatography B (Analytical Technologies in the Biomedical and Life Sciences)
ISSN 1570–0232
Bis zu Band 651 (1993) war dies eine einzige Zeitschrift, von welcher einzelne Bände den biomedizinischen Anwendungen gewidmet waren. Nachher wurde die Zeitschrift geteilt, sodass nun getrennte Bände mit gleicher Nummer, aber nicht gleichem Buchstaben erscheinen (beispielsweise 652 A und 652 B).

Elsevier Science, P.O. Box 211, NL-1000 AE Amsterdam, Niederlande

Journal of Chromatographic Science
ISSN 0021–9665
Preston Publications, 6600 W Touhy Avenue, Niles, IL 60714–4588, USA

Chromatographia
ISSN 0009–5893
Vieweg Publishing, Postfach 5829, D-65048 Wiesbaden, Deutschland

Journal of Separation Science (früher Journal of High Resolution Chromatography)
ISSN 1615–9306
Wiley-VCH, Postfach 101161, D-69451 Weinheim, Deutschland

Journal of Liquid Chromatography & Related Technologies
ISSN 1082–6076
Marcel Dekker, 270 Madison Avenue, New York, NY 10016–0602, USA

LC GC Europe (in Europa gratis, früher LC GC International)
ISSN 1471–6577
Advanstar Communications, Advanstar House, Park West, Sealand Road, Chester CH1 4RN, England

LC GC North America (in den USA gratis, früher LC GC Magazine)
ISSN 0888–9090
Advanstar Communications, 859 Willamette Street, Eugene, OR 97401, USA

LC GC Asia Pacific (im asiatischen und pazifischen Raum gratis)
Advanstar Communications, 101 Pacific Plaza, 1/F, 410 Des Voeux Road West, Hong Kong, People's Republic of China

Das Journal of Microcolumn Separations (Wiley, ISSN 1040–7685) erschien bis zur Ausgabe 8/13 (2001).

Biomedical Chromatography
ISSN 0269–3879
John Wiley & Sons, 1 Oldlands Way, Bognor Regis, West Sussex PO22 9SA, England

International Journal of Bio-Chromatography
ISSN 1068–0659
Gordon and Breach, P.O. Box 32160, Newark, NJ 07102, USA

Separation Science and Technology
ISSN 0149–6395
Marcel Dekker, 270 Madison Avenue, New York, NY 10016–0602, USA

Chromatography Abstracts
ISSN 0268–6287
Elsevier Science, P.O. Box 211, NL-1000 AE Amsterdam, Niederlande

1.10
Empfehlenswerte Bücher

John W. Dolan und *Lloyd R. Snyder*
Troubleshooting LC Systems
Aster, Chester 1989

Norman Dyson
Chromatographic Integration Methods
Royal Society of Chemistry, London, 2nd. ed. 1998

Werner Funk, Vera Dammann und *Gerhild Donnevert*
Qualitätssicherung in der Analytischen Chemie
VCH, Weinheim 1992

Stavros Kromidas
HPLC-Tips, Die schnelle Hilfe für jeden Anwender
Hoppenstedt, Darmstadt 1997

Veronika R. Meyer
Fallstricke und Fehlerquellen der HPLC in Bildern
Wiley-VCH, Weinheim, 2. Auflage 1999

Uwe D. Neue
HPLC Columns – Theory, Technology, and Practice
Wiley-VCH, New York 1997

Paul C. Sadek
Troubleshooting HPLC Systems
Wiley, New York 2000

Lloyd R. Snyder, Joseph J. Kirkland und *Joseph L. Glajch*
Practical HPLC Method Development
Wiley-Interscience, New York, 2nd edition 1997

Chromatographie allgemein:

Colin F. Poole
The Essence of Chromatography
Elsevier, Amsterdam 2002

2
Theoretische Grundlagen

2.1
Der chromatographische Prozess

Definition:

Chromatographie ist ein Trennprozess, bei welchem das Probengemisch zwischen zwei Phasen im chromatographischen Bett (Trennsäule oder Ebene) verteilt wird. Eine Hilfsphase ruht, die andere Hilfsphase strömt daran im chromatographischen Bett vorbei.

Ruhende Hilfsphase = *stationäre Phase:* zur „Adsorption" (im weitesten Sinn) fähiges Material in der Form von festen Teilchen, behandelten Oberflächen oder flüssigkeitsbelegten Trägern. Strömende Hilfsphase = *mobile Phase:* Gas oder Flüssigkeit.

Verwendet man ein Gas, so spricht man von Gaschromatographie; bei allen Arten von Flüssigchromatographie (inkl. Dünnschicht-Chromatographie) ist die mobile Phase flüssig.

Experiment:

Trennung von Testfarbstoffen

Man fülle eine „klassische" Chromatographiesäule mit Hahn (oder ein unten verjüngtes Glasrohr von ca. 2 cm Durchmesser mit Schlauchquetschhahn) etwa 20 cm hoch mit einer Suspension von Silicagel in Toluol. Nach dem Absetzen der Füllung bringe man mit einer Mikroliterspritze 50 bis 100 µl Farbstofflösung (z. B. Testfarbstoff-Gemisch II N der Firma Camag, Muttenz/Schweiz) auf das Bett und eluiere mit Toluol.

Beobachtung:

Die verschiedenen Farbstoffe wandern verschieden schnell durch die Säule. Das Auftrennen in sechs Zonen ist die Folge: Fettrot 7B, Sudangelb, Sudanschwarz (2 Komponenten), Fettorange und Artisilblau 2 RP. Stoffe, die sich bevorzugt in der mobilen Phase aufhalten, wandern rascher als Stoffe, die sich bevorzugt in der stationären Phase aufhalten.

Als Maß für die Tendenz, sich bevorzugt in der einen oder der anderen Phase aufzuhalten, dient der *Verteilungskoeffizient K*:

$$K_X = \frac{c_{stat}}{c_{mob}}$$

c_{stat}: Konzentration (eigentlich Aktivität) des Stoffes X in der stationären Phase
c_{mob}: Konzentration des Stoffes X in der mobilen Phase

oder der *Retentionsfaktor k (früher Kapazitätsfaktor k')*:

$$k_X = \frac{n_{stat}}{n_{mob}}$$

n_{stat}: Anzahl Mole des Stoffes X in der stationären Phase bei Gleichgewicht
n_{mob}: Anzahl Mole des Stoffes X in der mobilen Phase bei Gleichgewicht

Stationäre und mobile Phase müssen natürlich in innigem Kontakt miteinander stehen, damit sich ein Verteilungsgleichgewicht einstellen kann.

Damit sich ein Stoffgemisch trennt, müssen die verschiedenen Komponenten im betreffenden chromatographischen System verschiedene Verteilungskoeffizienten und daher auch verschiedene Retentionsfaktoren haben.

Bildliche Darstellung der Trennung:

a) Eine Mischung aus zwei Komponenten ▲ und ● wird auf das chromatograpische Bett aufgegeben.
b) Die ▲ halten sich bevorzugt in der stationären Phase auf, die ● bevorzugt in der mobilen Phase. Hier ist

$$k_{\blacktriangle} = \frac{5}{2} = 2,5 \text{ und } k_{\bullet} = \frac{2}{5} = 0,4.$$

c) Wenn frisches Fließmittel nachströmt, so stellt sich ein neues Gleichgewicht ein: Probemoleküle, die sich in der mobilen Phase befanden, werden von der „nackten" Oberfläche der stationären Phase gemäß ihrem Verteilungskoeffizienten zum Teil adsorbiert, während vorher adsorbierte Moleküle wieder in die mobile Phase übertreten.
d) Nach oftmaliger Wiederholung dieses Vorgangs sind die beiden Komponenten getrennt. Die ● bevorzugen die mobile Phase und wandern schneller als die ▲, welche mehr an der stationären Phase „kleben".

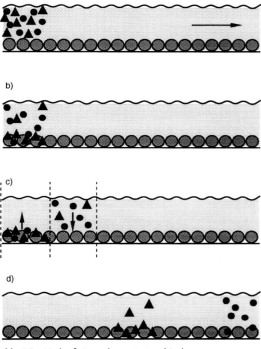

Abb. 2.1 Verlauf einer chromatographischen
Trennung

Wie wir aus den Zeichnungen erkennen, stellt sich das Gleichgewicht in diesem Fall auf einer Strecke, die etwa $3\frac{1}{2}$ Körnerdurchmes-
sern der stationären Phase entspricht, neu ein. Diese Distanz stellt
also eine *theoretische Trennstufe*, einen „Boden" dar. Je länger das
chromatographische Bett ist, desto mehr Trennstufen sind darin enthalten und desto besser wird die Trennung eines Gemisches.
Dieser Effekt wird durch die *Bandenverbreiterung* zum Teil kompensiert. Wie wir im Experiment sehen, werden die Substanzzonen immer breiter, je größer die zurückgelegte Strecke in der Säule und je
länger die Verweilzeit darin ist.

2.2
Bandenverbreiterung

Die Bandenverbreiterung hat mehrere Ursachen, die man kennen
muss, um eine Säule mit möglichst geringer Bandenverbreiterung,
d. h. mit hoher Trennstufenzahl herstellen zu können.

1. Ursache: Eddy-Diffusion
(Streudiffusion, Wirbeldiffusion)

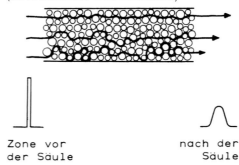

Zone vor   nach der
der Säule   Säule

Abb. 2.2 Eddy-Diffusion in der Chromatographiesäule

Die Trennsäule ist mit kleinen Teilchen der stationären Phase gefüllt. Die mobile Phase strömt daran vorbei und transportiert die Probemoleküle. Gewisse Moleküle haben „Glück" und kommen vor den meisten anderen wieder aus der Säule, weil sie im chromatographischen Bett zufälligerweise einen ziemlich gradlinigen Weg zurücklegten. Andere Probemoleküle geraten auf mehr oder weniger großen Umwegen an das Säulenende und werden etwas später eluiert.

2. Ursache: Strömungsverteilung

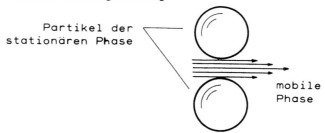

Abb. 2.3 Strömungsverteilung im chromatographischen Bett

Die mobile Phase fließt laminar zwischen den Körnern der stationären Phase durch. In der Mitte eines „Kanals" ist die Strömung schneller als in der Nähe eines Korns. Die Pfeile in der Abbildung 2.3 bedeuten Geschwindigkeitsvektoren der mobilen Phase (je länger ein Pfeil, desto größer die lokale Strömungsgeschwindigkeit).

Eddy-Diffusion und Strömungsverteilung können verringert werden, indem man die Säule mit Teilchen von einheitlicher Größe füllt.

1. Regel für gute Säulen: *Das Füllmaterial soll eine möglichst enge Korngrößenverteilung aufweisen.*

Das Verhältnis des größten vorkommenden Korns zum kleinsten soll nicht größer als 2 sein, besser ist 1,5 (Beispiel: Kleinstes Korn 5 µm, größtes Korn 7,5 µm.)

Die Bandenverbreiterung, welche durch Eddy-Diffusion und Strömungsverteilung bewirkt wird, ist von der Strömungsgeschwindigkeit der mobilen Phase wenig abhängig.

3. Ursache: Diffusion der Probemoleküle in der mobilen Phase

Die Probemoleküle breiten sich im Lösungsmittel ohne äußeres Zutun aus (so wie sich ein Stück Zucker in Wasser langsam auflöst, auch wenn man nicht rührt). Diese Längsdiffusion (Abbildung 2.4) wirkt sich nur dann nachteilig auf die Trennstufenhöhe aus, wenn:

– kleine Teilchen der stationären Phase,
– darauf bezogen eine zu kleine Strömungsgeschwindigkeit der mobilen Phase
– und ein relativ großer Diffusionskoeffizient der Probe

gleichzeitig in unserem chromatographischen System auftreten.

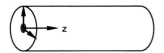 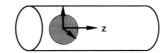

Abb. 2.4 Bandenverbreitung durch Längsdiffusion
Links: Probenzone unmittelbar nach Injektion. Sie wird sich in alle Raumachsen (Pfeilrichtungen) ausbreiten. Rechts: Probenzone zu einem späteren Zeitpunkt. Sie hat sich durch Diffusion vergrößert und ist zugleich von der strömenden mobilen Phase transportiert worden.

2. Regel: *Strömungsgeschwindigkeit der mobilen Phase so groß wählen, dass die Längsdiffusion nicht störend wirkt.*

Dies ist dann der Fall, wenn $u > \dfrac{2\,D_\mathrm{m}}{d_\mathrm{p}}$

u: Strömungsgeschwindigkeit der mobilen Phase
D_m: Diffusionskoeffizient der Probe in der mobilen Phase
d_p: Partikeldurchmesser

Für eine weitere Diskussion siehe Abschnitt 8.5.

4. Ursache: Stoffaustausch zwischen mobiler, „stagnierender mobiler" und stationärer Phase.

Abb. 2.5 Poren der stationären Phase

Abbildung 2.5 zeigt die Porenstruktur eines Teilchens der stationären Phase: es hat enge und weite Kanäle, einige gehen durch das ganze Teilchen hindurch und andere sind geschlossen. Die Poren sind mit mobiler Phase gefüllt, die sich nicht bewegt (sie stagniert). Ein Probemolekül, welches in eine Pore gerät, wird nicht mehr durch strömendes Lösungsmittel weitertransportiert, sondern verändert seine Position nur noch durch Diffusion. Es hat jetzt zwei Möglichkeiten:

– Das Molekül diffundiert zurück zur strömenden mobilen Phase. Dieser Vorgang braucht Zeit; währenddessen sind Moleküle, die nicht in einer Pore stecken bleiben, ein Stück weiter geschwemmt worden.

Die resultierende Bandenverbreiterung ist umso geringer, je kürzer die Poren sind, d. h. je kleiner das Partikel der stationären Phase ist. Zudem ist die Diffusionsgeschwindigkeit der Probemoleküle in einem Lösungsmittel mit kleiner Viskosität größer (d. h. sie diffundieren schneller in die Pore hinein und wieder heraus) als in einem höher viskosen Lösungsmittel.

– Das Molekül tritt mit der eigentlichen stationären Phase (Adsorbens oder Flüssigkeitsfilm) in Wechselwirkung (Adsorption). Es bleibt eine Zeitlang an der stationären Phase „kleben" und verlässt sie dann wieder. Auch dieser Stoffaustausch braucht eine gewisse Zeit (Abbildung 2.6).

In beiden Fällen nimmt die Bandenverbreiterung mit steigender Fließgeschwindigkeit der mobilen Phase zu: Die Probemoleküle, welche sich im strömenden Lösungsmittel aufhalten, wandern den stagnierenden (in den Poren befindlichen) Molekülen umso weiter davon, je schneller das Lösungsmittel fließt. (Dafür werden die Proben schneller eluiert!)

3. Regel: *Für die stationäre Phase kleine Teilchen verwenden.*

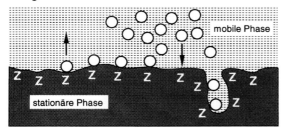

Abb. 2.6   Stofftransport zwischen mobiler und stationärer Phase
Die stationäre Phase hat „adsorptive" Zentren Z (in einem breiten Sinn), welche
die in der Nähe befindlichen Moleküle anziehen. Die Moleküle adsorbieren an die
Zentren (mitte) und desorbieren wieder (links). Zentren, welche sich in Poren
befinden, sind nicht so gut zugänglich und der Stofftransport ist dort langsamer
(rechts).

4. Regel: *Lösungsmittel mit kleiner Viskosität verwenden.*

5. Regel: *Hohe Analysengeschwindigkeit geht auf Kosten der Auflösung
und umgekehrt!* Allerdings ist dieser Effekt bei kleinen Teilchen viel
weniger stark als bei großen.

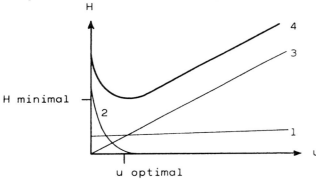

Abb. 2.7   Die van Deemter-Kurve
1) ist der Anteil von Eddy-Diffusion und Strömungsverteilung an der Bandenverbreiterung; 2) ist der Anteil der Längsdiffusion. Man sollte mit Fließgeschwindig-
keiten arbeiten, wo diese Diffusion keine Rolle spielt; 3) ist der Anteil der Stoff-
austauschphänomene. Die Steigung dieser Linie ist bei 50 µm-Teilchen größer als
bei 5 µm-Teilchen; 4) ist die resultierende Kurve H (u), van Deemter-Kurve genannt.

Die Trennstufenhöhe H lässt sich in Abhängigkeit von der Fließgeschwindigkeit u der mobilen Phase graphisch darstellen (Abbildung
2.7). Es existiert eine optimale Fließgeschwindigkeit u_{opt}, bei der die
Trennstufenhöhe minimal ist. u_{opt} ist probenabhängig. Die $H(u)$-
Kurve heißt auch van Deemter-Kurve.

*J. J. van Deemter, F. J. Zuider-
weg und A. Klinkenberg,
Chem. Engng. Sci. 5 (1956)
271.*

2.3

Das Chromatogramm und seine Aussage

Die eluierten Substanzen werden von der mobilen Phase in den Detektor transportiert und vom Schreiber als *Gauß*kurven (Glockenkurven) registriert. Die Signale nennt man Peaks (Abbildung 2.8), ihre Gesamtheit Chromatogramm.

Die Peaks liefern *qualitative* und *quantitative Information* über die untersuchte Mischung:

Qualitativ: Die Retentionszeit einer Komponente ist bei gleichen chromatographischen Bedingungen stets gleich groß.

Retentionszeit ist die Zeit, welche vom Einspritzen der Probe bis zum Erscheinen des Signalmaximums im Detektor verstreicht. Die chromatographischen Bedingungen sind: Trennsäule, Zusammensetzung der mobilen Phase, Fließgeschwindigkeit der mobilen Phase, ev. Probengröße und Temperatur.

Zur Identifikation eines Peaks können wir daher die infrage kommende Substanz rein einspritzen und die Retentionszeiten vergleichen.

Quantitativ: Sowohl die Fläche wie auch die Höhe des Peaks sind der eingespritzten Stoffmenge proportional. Wenn wir verschiedene Lösungen genau bekannter Konzentration einspritzen, die zugehörigen Flächen oder Höhen bestimmen und eine Kalibrierkurve zeichnen, können wir aus der dem Signal einer unbekannten Probe deren Konzentration bestimmen.

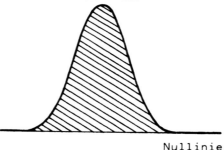

Nullinie

Abb. 2.8 Peak

Mit dem Chromatogramm können wir verschiedene Angaben über die Güte der Trennung und der Säule machen, siehe Abbildung 2.9.

Es gilt: $w = 4\sigma$
σ: *Standardabweichung des Gauß-Peaks.*

w: *Basisbreite* eines Peaks

t_0: *Totzeit* (Durchbruchszeit) der Trennsäule; die Zeit, die die mobile Phase benötigt, um durch die Trennsäule zu wandern. Die lineare Geschwindigkeit u des Lösungsmittels berechnet sich demnach zu

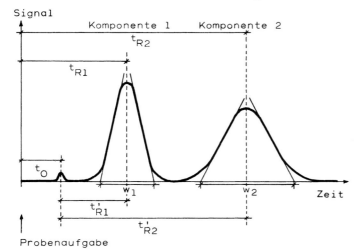

Abb. 2.9 Das Chromatogramm und seine Kenngrößen

$$u = \frac{L}{t_0}$$

mit L: Länge der Trennsäule.

Eine nicht retardierte Substanz, d.h. ein Stoff, der von der stationären Phase gar nicht festgehalten wird, erscheint nach t_0 am Säulenende.

t_R: *Rententionszeit*; die Zeit, welche vom Einspritzen eines Stoffes bis zur Registrierung seines Peakmaximums verstreicht. Zwei verschiedene Stoffe werden dann getrennt, wenn ihre Retentionszeiten verschieden sind.

Retentionsvolumen $V_R = F \cdot t_R$ (F: Volumenstrom in ml/min).

t'_R: *Netto-Retentionszeit.* Wie man aus der Zeichnung sieht, ist $t_R = t_0 + t'_R$

t_0 ist für alle eluierten Stoffe gleich und ist die Aufenthaltszeit in der mobilen Phase. Die getrennten Stoffe unterscheiden sich in t'_R: t'_R ist die Aufenthaltszeit in der stationären Phase. Je länger ein Stoff in der stationären Phase verweilt, desto später wird er eluiert.

Die Retentionszeit ist natürlich von der Fließgeschwindigkeit der mobilen Phase und der Länge der Trennsäule abhängig. Strömt die mobile Phase langsam oder ist die Säule lang, so ist t_0 groß und damit auch t_R. t_R ist für die Charakterisierung einer Substanz deshalb nicht gut geeignet. Günstiger ist der **Retentionsfaktor** oder k-Wert (früher Kapazitätsfaktor k'):

$$k = \frac{t'_R}{t_0} = \frac{t_R - t_0}{t_0}$$

k ist von der Säulenlänge und der Fließgeschwindigkeit der mobilen Phase unabhängig und ist, wie bereits erwähnt, das Molverhältnis der Komponente in der stationären und mobilen Phase (Abschnitt 2.1).

Aufgabe 1:
Wie groß sind die *k*-Werte für die Komponenten 1 und 2 in Abbildung 2.9?

Lösung:
t_0 entspricht 10,5 mm; $t_{R\,1} \triangleq 28,8$ mm; $t_{R\,2} \triangleq 59,5$ mm

$$k_1 = \frac{t_{R\,1} - t_0}{t_0} = \frac{28 - 10,5}{10,5} = 1,7$$

$$k_2 = \frac{t_{R\,2} - t_0}{t_0} = \frac{59,5 - 10,5}{10,5} = 4,7$$

Retentionsfaktoren zwischen 1 und 10 sind optimal. Sind die *k*-Werte zu klein, könnte eventuell die Auftrennung ungenügend sein (sausen die Komponenten mit t_0 durch die Säule, so findet ja keine Wechselwirkung mit der stationären Phase und damit keine Chromatographie statt). Große *k*-Werte bedeuten lange Analysenzeit. Der *k*-Wert ist mit dem im Abschnitt 2.1 erwähnten Verteilungskoeffizienten *K* durch folgende Beziehung verknüpft:

Dies gilt nur im so genannten linearen Bereich, wo k von der Probenkonzentration unabhängig ist, aber nicht mehr bei Stoffüberladung.

$$k = K \frac{V_S}{V_M}$$

V_S: Volumen der stationären Phase in der Trennsäule
V_M: Volumen der mobilen Phase in der Trennsäule

Der Retentionsfaktor *k* ist dem Volumen, das die stationäre Phase einnimmt, resp. (bei Adsorbenzien) deren spezifischer Oberfläche [m²/g] direkt proportional. Eine Trennsäule mit oberflächenporösen Teilchen wird gegenüber einer Säule mit vollständig porösen Teilchen unter sonst gleichen Bedingungen kleinere *k*-Werte und damit kürzere Analysenzeiten geben. Engporiges Silcagel gibt größere *k*-Werte als weitporiges.

Zwei Komponenten einer Mischung werden nur getrennt, wenn sich sich in ihren *k*-Werten unterscheiden. Ein Maß dafür ist der *Trennfaktor* α (früher relative Retention):

$$\alpha = \frac{k_2}{k_1} = \frac{t_{R\,2} - t_0}{t_{R\,1} - t_0} = \frac{K_2}{K_1} \text{ mit } k_2 > k_1$$

Ist α = 1, so werden die beiden Komponenten nicht getrennt, denn ihre Retentionszeiten sind gleich groß. Der Trennfaktor ist ein Maß für die Eigenschaft des chromatografischen Systems, zwei Stoffe trennen zu können, d. h. für seine **Selektivität**. α lässt sich durch die Wahl von stationärer und mobiler Phase beeinflussen.

Aufgabe 2:
Wie groß ist α für die beiden Komponenten 1 und 2?

Lösung:
$$\left.\begin{array}{l} k_1 = 1{,}7 \\ k_2 = 4{,}7 \end{array}\right\} \text{ aus Aufgabe 1}$$

$$\alpha = \frac{4{,}7}{1{,}7} = 2{,}8$$

Die **Auflösung** R zweier benachbarter Peaks ist definiert durch den Quotienten aus dem Abstand der beiden Peakmaxima voneinander, d. h. der Differenz der beiden Retentionszeiten t_R, und dem arithmetischen Mittel aus den beiden Basisbreiten w:

$$R = 2\,\frac{t_{R2} - t_{R1}}{w_1 + w_2} = 1{,}18\,\frac{t_{R2} - t_{R1}}{w_{\frac{1}{2}1} + w_{\frac{1}{2}2}}$$

$w_{\frac{1}{2}}$: Peakbreite auf halber Höhe des Peaks

Bei einer Auflösung von 1 sind die Peaks nicht vollständig voneinander getrennt, doch erkennt man die beiden Komponenten. Die Wendetangenten berühren einander gerade. Für die quantitative Analyse ist eine Auflösung von 1,0 in der Regel zuwenig. Es ist notwendig, Basislinientrennung zu erreichen, also beispielsweise $R = 1{,}5$. Wenn einer der Peaks viel kleiner als sein Nachbar ist, wird noch höhere Auflösung benötigt. Siehe Abschnitt 19.5.

Die Gleichungen sind für Peakpaare von sehr ungleicher Fläche und für asymmetrische Peaks weniger gut geeignet. Günstiger ist in solchen Fällen der Peak Separation Index:

$$PSI = 1 - \frac{b}{a}.$$

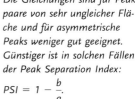

Aufgabe 3:
Wie groß ist die Auflösung der beiden Komponenten 1 und 2?

Lösung:
$$t_{R1} = 28{,}8 \text{ mm},\ t_{R2} = 59{,}5 \text{ mm}$$
$$w_1 = 14{,}2 \text{ mm},\ w_2 = 24{,}8 \text{ mm}$$
$$R = \frac{2\,(59{,}5 - 28)}{14{,}2 + 24{,}8} = 1{,}6$$

Bestimmung der Basisbreiten von Peaks von Hand:
Im Chromatogramm zeichnet man die Tangenten an die Wendepunkte der *Gauß*kurve. Diese Konstruktion bereitet meistens keine Schwierigkeiten. Allerdings ist die Breite der Linie des Schreibers zu berücksichtigen, am besten, indem man sie auf der einen Seite zur Signalbreite addiert und auf der anderen Seite nicht:

Wendepunkt = Ort, wo die Krümmung ihr Vorzeichen wechselt
positive Krümmung
negative Krümmung

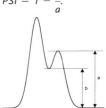

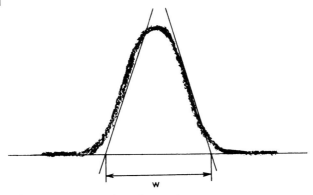

Abb. 2.10 Die Konstruktion der Wendetangenten

Die Basisbreite ist die Strecke auf der Basislinie, die von den Wendetangenten begrenzt wird.

Aus dem Chromatogramm lässt sich schließlich die **Trennstufen- oder Bodenzahl** N der Säule berechnen:

$$N = 16 \left(\frac{t_R}{w}\right)^2$$

$$N = 5{,}54 \left(\frac{t_R}{w_{\frac{1}{2}}}\right)^2$$

$w_{\frac{1}{2}}$: Peakbreite auf halber Höhe des Peaks

$$N = 2\pi \left(\frac{h_P t_R}{A}\right)^2 \qquad \begin{array}{l} h_P\text{: Peakhöhe} \\ A\text{: Peakfläche} \end{array}$$

[1] B. A. Bidlingmeyer und F. V. Warren, Anal. Chem. 56 (1984) 1583 A.

[2] Definition: $m_n = \int\limits_0^\infty t^n f(t)\, dt$.

Das zweite Moment mit $n = 2$ entspricht der Varianz σ^2 des Peaks. Mit $w = 4\sigma$ kann daraus N berechnet werden. Literatur: N. Dyson, Chromatographic Integration Methods, Royal Society of Chemistry, 2nd edn. 1998, S. 23ff.

[3] J. P. Foley und J. G. Dorsey, Anal. Chem. 55 (1983) 730.

Alle drei Gleichungen geben nur dann korrekte Resultate, wenn der Peak *Gauß*-Form hat[1], was bei Chromatogrammen kaum je der Fall ist. Bei asymmetrischen Peaks gibt nur die Momentenmethode[2] richtige Werte. Annähernd richtige Werte gibt die Gleichung[3]:

$$N = 41{,}7 \, \frac{(t_R/w_{0,1})^2}{T + 1{,}25} \qquad \begin{array}{l} w_{0,1}\text{: Peakbreite in 10\% der Höhe} \\ T\text{: Tailing } b_{0,1}/a_{0,1} \text{ (Abb. 2.25)} \end{array}$$

Die Bodenzahl, die man aus dem Peak einer nicht retardierten Substanz berechnet, ist ein Maß für die Güte der Packung der Trennsäule, während bei den später erscheinenden Peaks auch die Stoff-austauschvorgänge die Bodenzahl mitbestimmen. Im Allgemeinen ist N größer für retardierte Stoffe, weil diese durch externe Totvolu-men (siehe Abschnitt 2.6) eine geringere relative Bandenverbreite-rung erfahren als die früh eluierten Peaks.

Aufgabe 4:
Wie groß ist die Trennstufenzahl, die sich mit dem letzten Peak in Abbildung 2.9 berechnen lässt?

Lösung:
t_{R2} = 59,5 mm
w_2 = 24,8 mm
N = $16\left(\dfrac{59,5}{24,8}\right)^2 = 92$

Wenn die Länge der Trennsäule bekannt ist, lässt sich die **Trennstu-fen- oder Bodenhöhe** H leicht berechnen:

$$H = \frac{L}{N}$$

H ist die Strecke, auf welcher sich das chromatographische Gleich-gewicht einmal einstellt (siehe Abbildung 2.1). H heißt auf englisch „height equivalent to a theoretical plate" HETP, „Höhe eines theore-tischen Bodens".

Aufgabe 5:
Die roten Testfarbstoffe Fettrot 7B, 1[(p-n-Butylphenyl)-azo]-2-naph-thol, 1[(p-Methoxyphenyl)azo]-2-naphthol, 1[(m-Methoxyphenyl)azo]-2-naphthol und 1[(o-Methoxyphenyl)azo]-2-naphthol wurden auf ei-ner Niederdruck-Fertigsäule Merck chromatographiert. Stationäre Phase war Kieselgel 60 (40–63 µm), die mobile Phase 1 ml/min Dichlormethan 50% wassergesättigt.
Berechnen Sie aus dem Chromatogramm (Abbildung 2.11)

– die Retentionsfaktoren für die Peaks 1 bis 5,
– die Trennfaktoren für das am besten und das am schlechtesten aufgelöste Peakpaar,
– die Auflösungen dieser beiden Peakpaare,
– die Bodenzahl für jeden Peak 1 bis 5.

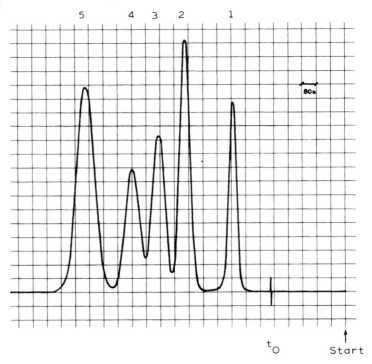

Abb. 2.11   Chromatogramm von roten Testfarbstoffen

2.4
Graphische Darstellungen von Peakpaaren mit verschiedener Auflösung

*L.R. Snyder, J. Chromatogr.
Sci. 10 (1972) 200.*

Durch die Beschäftigung mit registrierten Chromatogrammen entwickelt man bald ein Gefühl für die Bedeutung der Auflösung R.
Die graphischen Darstellungen in den Abbildungen 2.13 bis 2.18
sind dabei eine große Hilfe. Sie zeigen benachbarte Peakpaare mit
verschiedenen Auflösungen und Peakhöhenverhältnissen von 1:1,
2:1, 4:1, 8:1, 16:1, 32:1, 64:1 und 128:1. Es empfiehlt sich, diese
Bilder im Labor aufzuhängen, um ein Chromatogramm jederzeit
mit ihnen vergleichen zu können. Natürlich wird man in der Praxis
mehr oder weniger starke Abweichungen von diesen idealen Darstellungen feststellen: reale Peaks sind oft nicht symmetrisch (d. h. sie
zeigen ein Tailing, siehe Abschnitt 2.7) und benachbarte Peaks sind
genau genommen kaum je gleich breit.
Die Abbildungen gestatten es, die Auflösung von Peakpaaren ziemlich genau abzuschätzen. Für qualitative Betrachtungen ist es nicht

notwendig, R genau zu berechnen, wie es im vorhergehenden Abschnitt beschrieben wurde.

Aufgabe 6:

Wie groß sind die Auflösungen der mit einem Pfeil bezeichneten Peakpaare in Abbildung 2.12?

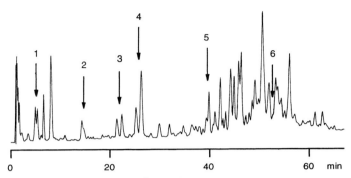

Abb. 2.12 Trennung von Lactalbumin-Fragmenten nach Spaltung mit Pepsin
Gradiententrennung mit Wasser/Acetonitril
(0,1 % Trifluoressigsäure) auf Butylphase,
Detektion mit UV 210 nm

Lösung:

Peakpaar	1	2	3	4	5	6
Größenverhältnis	1:1	2:1	1:1	1:2	1:2	1:8
Auflösung	0,8	0,6	> 1,25	1,25	0,7	0,8

Die graphischen Darstellungen beinhalten im weiteren Punkte und Pfeile. Die Punkte markieren die wahre Peakhöhe (und zugleich die wahre Retentionszeit). Bei schlechter Auflösung ist es unmöglich, diesen Punkt nach Gefühl an die richtige Stelle zu setzen. Oft liegt er tiefer als die Summenkurve. Die Pfeile zeigen den Ort an, wo bei präparativer Trennung die beiden Peaks als Fraktionen gleicher Reinheit erhalten würden. Die Zahl über dem Pfeil gibt den Grad der Reinheit in Prozenten an. Dazu ist allerdings eine vereinfachende Annahme nötig: Das Verhältnis von Stoffmenge zu Signal (Peakhöhe und damit Peakfläche) sei für beide Komponenten gleich. Das kann ungefähr stimmen, wenn es sich um Homologe handelt, es muss aber überhaupt nicht zutreffen, weil schon kleine Abweichungen in der Molekülstruktur zu einem ganz anderen Detektorresponse führen können.

Graphische Darstellungen dieser Art lassen sich für beliebige Peakflächenverhältnisse und Auflösungen mit einem Tabellenkalkula-

V.R. Meyer, LC GC Int. 7 (1994) 590.

tionsprogramm (wie Lotus, Excel usw.) ziemlich einfach zeichnen.
Für *Gauß*-Peaks gilt:

$$f(t) = \frac{A_P}{\sigma\sqrt{2\pi}} e^{-\frac{(t-t_R)^2}{2\sigma^2}}$$

t: Zeit

t_R: Retentionszeit (Zeitpunkt des Peakmaximums)

$f(t)$:   Signal (Peakhöhe) in Funktion der Zeit

A_P: Peakfläche

σ: Standardabweichung der *Gauß*-Funktion, kann als 1 angenommen werden

Bei den Peakflächen setzt man einfach die Verhältniszahlen ein, für Abbildung 2.14 also 2 und 1. Die gewünschte Auflösung erhält man mit der bekannten Beziehung $R = 2\Delta t_R/(w_1+w_2)$, wobei $w = 4\sigma$ gilt. Mit $\sigma = 1$ erhält man für w_1+w_2 einen Wert von 8. In der *Gauß*-Formel wird t_R für den ersten Peak beliebig angenommen, für den zweiten Peak beträgt dieser Wert $t_R+\Delta t_R$. Für asymmetrische Peaks ist die mathematische Formulierung bedeutend komplizierter.

Auflösung

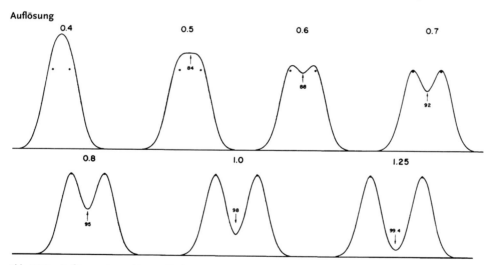

Abb. 2.13 Auflösung benachbarter Peaks, Peakgrößenverhältnis 1:1

Auflösung

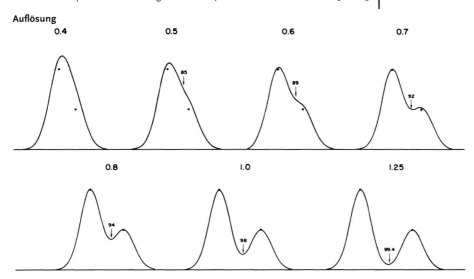

Abb. 2.14 Auflösung benachbarter Peaks,
Peakgrößenverhältnis 2:1

Auflösung

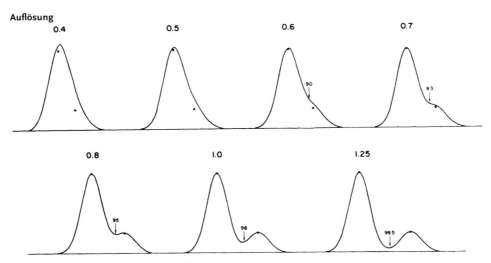

Abb. 2.15 Auflösung benachbarter Peaks,
Peakgrößenverhältnis 4:1

Auflösung

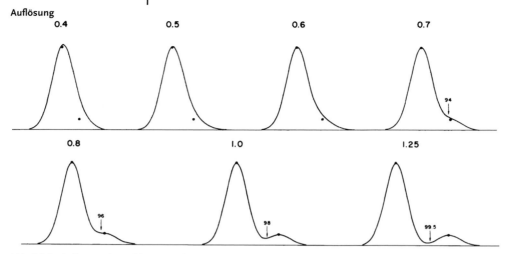

Abb. 2.16 Auflösung benachbarter Peaks,
Peakgrößenverhältnis 8:1

Auflösung

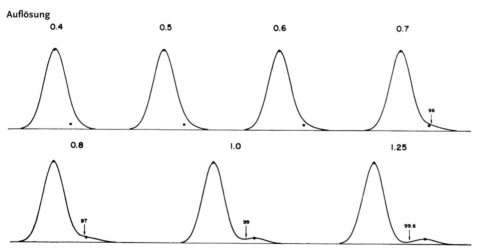

Abb. 2.17 Auflösung benachbarter Peaks,
Peakgrößenverhältnis 16:1

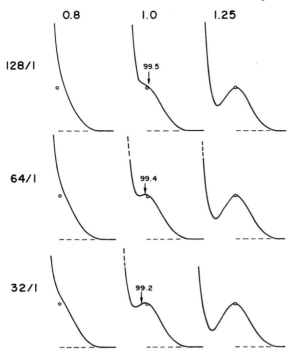

Abb. 2.18 Auflösung benachbarter Peaks, Peakgrößenverhältnis 32 : 1, 64 : 1 und 128 : 1 (Abb. 2.13 bis 2.18 nach L. R. Snyder, J. Chromatogr. Sci. 10 (1972) 200)

2.5
Die Beeinflussung der Auflösung

Die Auflösung R zweier Peaks lässt sich mit den besprochenen Größen Trennfaktor α, Trennstufenzahl N und Retentionsfaktor k in Beziehung setzen:

$$R = \tfrac{1}{4}(\alpha - 1)\sqrt{N}\,\frac{k_1}{1 + \bar{k}} = \tfrac{1}{4}\,\frac{\alpha - 1}{\alpha}\,\sqrt{N}\,\frac{k_2}{1 + \bar{k}} \qquad \bar{k} = (k_1 + k_2)/2$$

J. P. Foley, Analyst 116 (1991) 1275. Wenn $N_1 \neq N_2$:

$$R = \tfrac{1}{4}\,\frac{\alpha - 1}{\alpha}\,(N_1 N_2)\,\frac{\bar{k}}{1 + \bar{k}}.$$

wobei gilt: $N_1 = N_2$, d. h. isokratische Trennung.

α ist ein Maß für die Selektivität des chromatographischen Systems. Die Selektivität ist dann groß, wenn die zu trennenden Komponenten verschieden starke Wechselwirkungen mit der mobilen und/oder der stationären Phase eingehen. Die Art der Wechselwirkungskräfte spielt dabei eine große Rolle (Dispersionskräfte, Dipol-Dipol-Wechselwirkungen, Wasserstoffbrückenbindungen, bei Ionenaustausch-Chromatographie der pH-Wert).

N charakterisiert die Leistungsfähigkeit der Trennsäule. Je besser die Säule gepackt wurde, je länger sie ist und je optimaler die Strömungsgeschwindigkeit der mobilen Phase ist, desto größer ist die Trennstufenzahl der Säule. Eine Säule mit hoher Bodenzahl kann auch Gemische trennen, die sich in ihrem Trennfaktor α nicht stark unterscheiden. Wie die Tabelle zeigt, werden zum Erzielen einer gewünschten Auflösung mehr Böden benötigt, wenn α klein ist. Die Zahlen gelten für $k_1 = 10$.

Trennfaktor	R = 1,0	R = 1,5
1,005	780 000 Trennstufen	1 750 000 Trennstufen
1,01	195 000	440 000
1,05	8 100	18 000
1,10	2 100	4 800
1,25	320	860
1,50	120	260
2,0	40	90

Abbildung 2.19 verdeutlicht den Einfluss von Trennfaktor und Bodenzahl auf die Trennung zweier benachbarter Peaks.

a)　　　　b)　　　　c)　　　　d)

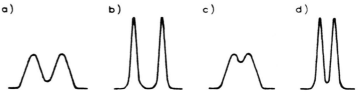

Abb. 2.19   Trennfaktor, Bodenzahl und Auflösung

- Bei großem Trennfaktor muss die Trennstufenzahl der Säule nicht groß sein, um eine genügende Auflösung zu erzielen (a). Die Säule ist zwar schlecht, aber das System ist selektiv.
- Großer Trennfaktor und große Trennstufenzahl bewirken eine Auflösung, die größer als optimal ist; die Analyse dauert unnötig lang (b).
- Bei gleicher (kleiner) Trennstufenzahl wie in a), aber kleinem Trennfaktor sinkt die Auflösung zu stark (c).
- Ist der Trennfaktor klein, so wird eine Säule mit hoher Trennstufenzahl benötigt, um eine genügende Auflösung zu ergeben (d).

k, der Retentionsfaktor, ist nur von der „Stärke" des Fließmittels abhängig (bei einem konstanten Volumenverhältnis von mobiler und stationärer Phase). Ein Fließmittel ist stark, wenn es die Komponenten rasch eluiert, und schwach, wenn die Elution länger dauert.

Verbesserung der Auflösung

Ist das Chromatogramm ungenügend aufgelöst, so stehen uns verschiedene Möglichkeiten zur Verbesserung offen:

– k soll, wie bereits in Abschnitt 2.3 erwähnt, zwischen 1 und 10 liegen (bei schwieriger Trennung nicht kleiner als 5). Berechnen wir einen anderen k-Wert, so müssen wir die Stärke der mobilen Phase verändern, bis k günstig wird (siehe dazu die Besprechung der einzelnen chromatographischen Methoden).

– Ist die Trennung immer noch schlecht, so können wir die Trennstufenzahl vergrößern:

a) bessere Trennsäule kaufen oder herstellen.

b) längere Trennsäule einsetzen oder zwei Säulen hintereinander schalten (was jedoch nur zu empfehlen ist, wenn beide Säulen gut sind; eine gute und eine schlechte Säule geben zusammen eine miserable Säule).

c) Fließgeschwindigkeit der mobilen Phase optimieren: in Abbildung 2.7 erkennt man, dass die Trennstufenhöhe und damit die Trennstufenzahl von der Fließgeschwindigkeit abhängig ist. Um das Optimum zu finden, muss allerdings der Volumenstrom in weiten Grenzen variiert werden. Wenn die Diffusionskoeffizienten der Probemoleküle in der mobilen Phase bekannt sind, kann mit der in den Abschnitten 8.5 und 8.6 vorgestellten reduzierten Fließgeschwindigkeit v abgeschätzt werden, ob man sich in der Nähe des *van Deemter*-Minimums befindet.

Die Auflösung ist nur der Wurzel aus der Bodenzahl proportional. Eine Verdoppelung der Anzahl Böden gibt eine Verbesserung der Auflösung um den Faktor $\sqrt{2} = 1,4$. Gleichzeitig nimmt die Analysenzeit zu. Eine Verbesserung der Trennstufenzahl drängt sich aber dann auf, wenn unsere Trennsäule offensichtlich schlecht ist, d. h. nur 3000 Böden liefert statt der erwarteten 6000. Dann müssen wir eine bessere Säule kaufen.

– Die wirksamste, aber oft auch schwierigste Maßnahme zur Verbesserung der Auflösung ist die Vergrößerung des Trennfaktors α. Eventuell müssen wir zu einer anderen stationären Phase greifen (z. B. Aluminiumoxid statt Silicagel oder Umkehrphase statt normaler Phase). Am ersten werden wir aber versuchen, die mobile Phase zu verändern. Das neue Lösungsmittel soll ungefähr die gleiche Stärke wie das alte haben (weil wir ja den k-Wert bereits optimierten), sich jedoch von ihm in seinen Wechselwirkungseigenschaften unterscheiden. Z. B. zeigen Diethylether und Dichlormethan die gleiche Stärke in der Adsorptions-Chromatographie, unterscheiden sich aber in ihren Protonenakzeptor- und Dipoleigenschaften.

Abbildung 2.20 zeigt, ausgehend von einer Auflösung von ca. 0,8 wie sich das Chromatogramm verändert, wenn wir k, α oder N unabhängig von den anderen Größen verändern.

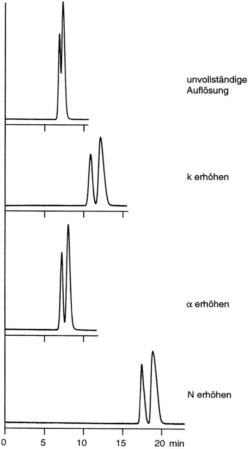

unvollständige Auflösung

k erhöhen

α erhöhen

N erhöhen

0   5   10   15   20 min

Abb. 2.20   Drei Möglichkeiten zum Erhöhen der Auflösung
Problem: Trennung von Acetophenon (erster Peak) und Veratrol. Ursprüngliche Bedingungen: Säule: 2 mm × 5 cm; stationäre Phase: YMC-Pack ODS-AQ 3 μm; mobile Phase: Wasser / Acetonitril 80 : 20, 0,3 ml/min; Detektor: UV 254 nm. k wurde durch die Verwendung von Wasser / Acetonitril 85 : 15 bei sonst gleichen Bedingungen erhöht. α wurde durch die Verwendung von Wasser / Methanol 70 : 30 erhöht. N wurde durch den Einsatz einer 15 cm langen Säule unter den ursprünglichen Bedingungen erhöht.

Aufgabe 7:

Wir besitzen eine präparative Säule mit 900 Trennstufen und eine analytische Säule mit 6400 Trennstufen. Vorversuche ergaben, dass die Retentionsfaktoren der Komponenten unseres Zweistoffgemisches auf den beiden Säulen etwa gleich groß sind. Für die präparative Trennung muss die Auflösung 1,25 sein. Auf welchen Wert müssen wir die Auflösung mit der analytischen Säule optimieren, damit wir die Trennung dann auf die präparative Säule übertragen können?

Lösung:
Auflösungsgleichung umgeschrieben:

$$\frac{4\,R}{\sqrt{N}} = (\alpha - 1)\,\frac{k_1}{1 + \overline{k}}$$

k-Werte auf beiden Säulen gleich, folglich auch α auf beiden Säulen gleich. Man kann daher gleichsetzen:

$$\frac{4\,R_{an}}{\sqrt{N_{an}}} = \frac{4\,R_{pr}}{\sqrt{N_{pr}}}$$

$$R_{an} = \frac{R_{pr}\,\sqrt{N_{an}}}{\sqrt{N_{pr}}} = \frac{1{,}25\,\sqrt{6400}}{\sqrt{900}} = \frac{1{,}25 \cdot 80}{30} = 3{,}3$$

Die Lösung dieses Problems entspricht dem Schritt von b) nach a) in Abbildung 2.19.

Aufgabe 8:
In der Literatur wird eine HPLC-Trennung beschrieben mit $k_A = 0{,}75$, $k_B = 1{,}54$, $k_C = 2{,}38$ und $k_D = 3{,}84$. Kann diese Trennung mit einer Niederdrucksäule durchgeführt werden, welche nur eine Bodenzahl von 300 aufweist? Das Phasensystem ist dasselbe, die Auflösung soll mindestens 1 sein.

Lösung:

$$\alpha_{AB} = \frac{1{,}54}{0{,}75} = 2{,}05$$

$$\alpha_{BC} = \frac{2{,}38}{1{,}54} = 1{,}55$$

$$\alpha_{CD} = \frac{3{,}84}{2{,}38} = 1{,}61$$

Das am schlechtesten aufgelöste Peakpaar ist BC, somit ist der kritische Trennfaktor 1,55.
Daten: $\alpha = 1{,}55$ $k_1 = k_B = 1{,}54$ $\overline{k} = (1{,}54 + 2{,}38)/2 = 1{,}96$
$R = 1$. $N_{min} = ?$

$$\sqrt{N_{min}} = \frac{4\,R}{\alpha - 1} \cdot \frac{1 + \overline{k}}{k_1}$$

$$\sqrt{N_{\min}} = \frac{4}{1,55 - 1} \cdot \frac{1 + 1,96}{1,54}$$

$$\sqrt{N_{\min}} = 14$$

$$N_{\min} = 196$$

Die Trennung ist möglich.

Jedes Chromatogramm einer komplexen Mischung lässt sich in „reduzierter" Form darstellen: Das kritische Peakpaar bestimmt die notwendige Trennleistung (alle anderen jeweils benachbarten Peaks sind besser getrennt), der letzte Peak im Chromatogramm definiert den k-Bereich, welcher zur Lösung des Trennproblems berücksichtigt werden muss. Abbildung 2.21 zeigt ein Beispiel für ein reduziertes Chromatogramm.

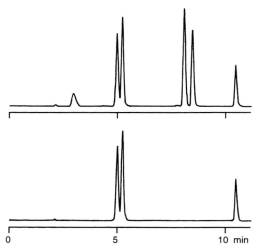

Abb. 2.21 Reduziertes Chromatogramm

Oben: Trennung einer Mischung von Sprengstoffen mit den Peaks von t_0, Aceton, Octogen, Hexogen, Tetryl, Trinitrotoluol und Nitropenta. Unten: reduziertes Chomatogramm, welches nur die Signale von t_0, dem kritischen Peakpaar aus Octogen und Hexogen sowie den letzten Peak von Nitropenta enthält. Säule: 4,6 mm × 25 cm; stationäre Phase: Grom-Sil 80 ODS-7 PH 4 µm; mobile Phase: 1 ml/min Wasser/Acetonitril, Gradient 50–80 % B in 8 min; Detektor: UV 220 nm.

2.6
Totvolumina (extra-column-Volumina)

Alle Volumina im HPLC-Instrument, welche die Trennung beeinträchtigen, werden Totvolumina genannt. Die Bezeichnung ist nicht
besonders glücklich, weil zuweilen auch das Retentionsvolumen bei t_0
als Totvolumen bezeichnet wird; extra-column-Volumen ist korrekter.
Dies betrifft das Volumen des Injektors, die Kapillare zwischen Injektor und Säule, die Kapillare zwischen Säule und Detektor, das Volumen der Detektorzelle, das Volumen der Fittings und, abhängig von
der Konzeption des Instruments, auch zusätzliche Teile wie Wärme-
austauschkapillaren (solche sind oft im Inneren des Detektors ver-
steckt) oder Schaltventile. Volumina im System, welche sich vor dem
Injektor oder nach dem Detektor befinden, sind nicht Totvolumina.
Totvolumina sollten so klein wie möglich gehalten werden, denn sie
beeinträchtigen die Trennung. Sie sind eine Ursache von Bandenverbreiterung und Tailing. Ihr Beitrag zur Bandenverbreiterung ist
additiv. Wenn jeder Bauteil 5 % zur Peakbreite beiträgt, ist die Abnahme der Trennleistung überhaupt nicht vernachlässigbar. Während es schwierig sein kann, das HPLC-Gerät beim Injektor oder
Detektor zu modifizieren, ist es möglich, geeignete Kapillaren für
die Verbindung der einzelnen Teile zu verwenden. „Geeignet" sind
Kapillaren mit einem Innendurchmesser von 0,17 oder 0,25 mm,
siehe Abschnitt 4.4. Die Fittings müssen ebenfalls richtig montiert
werden, siehe Abschnitt 4.5.
Die Anforderungen an die Apparatur steigen (oder die erlaubten Volumina nehmen ab) mit abnehmendem Retentionsvolumen des interessierenden Peaks, d.h.
– mit abnehmender Säulenlänge,
– mit abnehmendem Innendurchmesser der Säule,
– mit abnehmendem Retentionsfaktor k,
– mit zunehmender Trennleistung der Säule,
– mit abnehmendem Diffusionskoeffizienten des Analyten in der
  mobilen Phase (Umkehrphasentrennungen sind kritischer als
  Normalphasentrennungen).
Falls früh eluierte Peaks deutlich tiefere Trennstufenzahlen zeigen
als später eluierte, kann zu hohes Totvolumen die Ursache sein.

R. P. W. Scott, J. Liquid Chromatogr. 25 (2002) 2567.

Die Varianzen σ^2 aus Injektion, Kapillaren, Fittings, Säule (d. h. dem Trennprozess) und Detektor sind additiv, daher ist die Breite $w = 4\sigma$ eines Gauß-peaks:

$$w = 4\sqrt{\sigma_{inj}^2 + \sigma_{cap}^2 + \sigma_{fit}^2 + \sigma_{col}^2 + \sigma_{det}^2}.$$

2.7
Tailing

Betrachtet man die Peaks eines Chromatogramms genauer, so erkennt man, dass sie in den meisten Fällen nicht symmetrische
Gauß-Form zeigen, sondern die hintere Seite etwas verbreitert ist.

Der Peak hat einen „Schwanz". Dieses Phänomen heißt **Tailing**. Viel seltener zeigt ein Peak den gegenteiligen Effekt: ist die Vorderseite flacher als die Rückseite, nennt man die Erscheinung **Fronting** (oder Leading).

Gauss   Tailing   Fronting

Abb. 2.22   Peakformen

Geringe Abweichungen von der *Gauß*-Form sind bedeutungslos, eigentlich fast normal. Stärkere Asymmetrien lassen jedoch darauf schließen, dass das chromatographische System nicht optimiert ist. Weil starkes Tailing die Bodenzahl der Säule verkleinert und damit die Auflösung sinkt, zudem auch die Integration erschwert, sollte man die Ursache eliminieren.

Es kommen in Frage:

Schlecht gepackte oder gealterte Säule
Dies kann sich auch in Schultern und sogar Doppelpeaks äußern.

Totvolumen in der Apparatur
Totvolumina bewirken nicht nur eine allgemeine Bandenverbreiterung, sondern auch Tailing. Ein Hinweis auf Totvolumen ist gegeben, wenn:
– das Tailing bei früher eluierten Peaks stärker ist als bei später eluierten,
– das Tailing bei höherer Fließgeschwindigkeit der mobilen Phase stärker als bei langsamer Fließgeschwindigkeit.

Abhilfe: kürzere Verbindungen von Probenaufgabe zum chromatographischen Bett und vom Säulenende zum Detektor, engere Kapillaren, kleinere Detektorzelle.

Überladung der Trennsäule
Die Säule kann nicht beliebig viel Substanzmenge trennen. Spritzt man zu viel Material ein, so sind Retentionsfaktoren und Peakbreite nicht mehr unabhängig von der Probengröße, wie dies in Abb. 2.23 gezeigt ist. Die Peaks werden breiter und asymmetrisch, zugleich verändert sich die Retentionszeit. Tailing ist mit einer Verkleinerung des k-Wertes verbunden, Fronting mit einer Vergrößerung desselben.

Definitionsgemäß gilt die Säule noch nicht als überladen, wenn die Veränderung des k-Wertes gegenüber unendlich kleinen Probemengen weniger als 10% beträgt. Die meisten Phasen sind nicht überladen, wenn die Probenmenge weniger als 10 µg pro Gramm stationäre Phase beträgt. Zur Bestimmung der Trennleistung mit einem Testgemisch ist es empfehlenswert, nur etwa 1 µg pro Gramm je Komponente einzuspritzen; die Säule enthält etwa 1 g stationäre Phase (in Wirklichkeit zwischen 0,5 und 5 g, je nach Säulendimensionen).

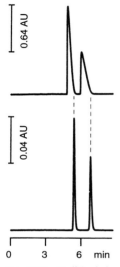

Abb. 2.23 Stoffüberladung
Oben: je 2 mg Acetophenon (erster Peak) und Veratrol; unten: je 2 µg. Säule: 3,2 mm × 25 cm; stationäre Phase: LiChrosorb SI 60 5 µm; mobile Phase: 1 ml/min Hexan/Diethylether 9 : 1; Detektor: UV 290 nm mit präparativer bzw. analytischer Zelle

„Chemisches Tailing", Unverträglichkeit der Probe mit der stationären und/oder mobilen Phase

Tailing kann auch auftreten, obwohl die unvermeidbaren Totvolumina sehr klein gehalten werden und die Probengröße weniger als 1 µg/g beträgt. In diesem Fall ist das gewählte chromatographische System aus mobiler und stationärer Phase nicht günstig und passt nicht zu der Probe; man spricht von chemischem oder thermodynamischem Tailing.
Ursachen können sein:

– Schlechte Löslichkeit der Probe in der mobilen Phase.
– Gemischter Retentionsmechanismus. In der Umkehrphasen-Chromatographie können die restlichen Silanolgruppen, welche nicht mit dem Alklylreagens reagierten (Abschnitt 7.5), mit basischen Proben in Wechselwirkung treten, siehe Abbildung 2.24.

Stationäre Phasen sollten aus hochreinem Silicagel hergestellt werden und die Silanolgruppen sollten nicht mehr zugänglich sein.
- Ionische Analyten bei Trennsystemen, welche nicht mit Ionen kompatibel sind.
- Zu aktive stationäre Phase in der Adsorptions-Chromatographie (siehe Abschnitt 9.4).

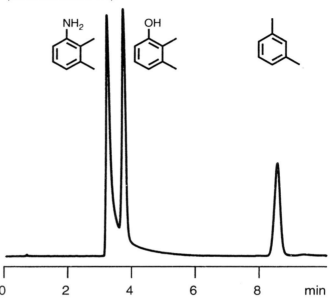

Abb. 2.24 Chemisches Tailing eines basischen Analyten
Probe: 2,3-Xylidin, 2,3-Dimethylphenol und m-Xylol; Säule: 4 mm × 25 cm; stationäre Phase: LiChrospher 60 RP-Select B 5 μm; mobile Phase: 1,5 ml/min Wasser/Methanol 35 : 65; Detektor: UV 260 nm

J. W. Dolan, LC GC Int. 2 (7, 1989) 18.

Abhilfe: Änderung von mobiler und/oder stationärer Phase, Änderung des pH-Wertes, Wechsel der Methode (z. B. Ionenpaar-Chromatographie). Auch in der Adsorptions-Chromatographie kann es angezeigt sein, den pH-Wert zu verändern: Zugabe von Essig- oder Ameisensäure bei Anwesenheit von sauren Proben, Zugabe von Pyridin, Triethylamin oder Ammoniak bei basischen Proben.

Die **Peakasymmetrie** T kann auf verschiedene Weise beschrieben werden, siehe Abbildung 2.25. Links: Auf 10 % der Peakhöhe wird eine Linie gelegt und damit die Abschnitte $a_{0,1}$ und $b_{0,1}$ definiert. Der erste beschreibt die Distanz von der Peakfront bis zum Maximum, der zweite diejenige vom Maximum bis zum Peakende.

$$T = \frac{b_{0,1}}{a_{0,1}}$$

Rechts: Für die Definition nach USP (United States Pharmacopoeia, US-amerikanisches Arzneibuch) legt man die Linie auf 5% der Peakhöhe und definiert den vorderen Abschnitt f und die Peakbreite auf 5 % Höhe $w_{0,05}$.

$$T = \frac{w_{0,05}}{2f}$$

In beiden Fällen ist T grösser als 1 bei Peaks mit Tailing und kleiner als 1 bei Peaks mit Fronting. Ein Peak mit T = 1,0 ist symmetrisch.

Aufgabe 9:

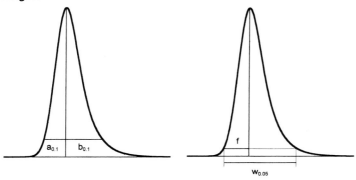

Abb. 2.25 Zwei Möglichkeiten zur Beschreibung der Peakasymmetrie

Wie gross ist das Tailing des Peaks in Abbildung 2.25 nach den beiden Methoden?

Lösung:
T ≈ 1,6 (links) bzw. 1.4 (rechts, nach USP).

Asymmetrische Peaks können mit einer Exponentiell Modifizierten *Gauß*-Funktion (EMG) beschrieben werden. Die Abweichung von der *Gauß*-Form benötigt die Erweiterung der Funktion durch einen Term mit Zeitkonstante τ.

M. S. Jeansonne und J. P. Foley, J. Chromatogr. Sci. 29 (1991) 258.

2.8
Peakkapazität und statistische Auflösungswahrscheinlichkeit

V. R. Meyer und Th. Welsch, LC GC Int. 9 (1996) 670; A. Felinger und M. C. Pietrogrande, Anal. Chem. 73 (2001) 619A.

Die Leistungsfähigkeit eines Trennsystems wird am besten durch seine Peakkapazität veranschaulicht. Diese Größe gibt an, wie viele Komponenten als Peaks der Auflösung 1 innerhalb eines bestimmten k-Werts theoretisch getrennt werden können. Dazu muss die Trennstufenzahl N der verwendeten Säule bekannt sein. Die Peakkapazität n ist proportional zur Wurzel der Trennstufenzahl:

E. Grushka, Anal. Chem. 42 (1970) 1142.

$$n = 1 + \frac{\sqrt{N}}{4} \ln(1 + k_{max})$$

k_{max}: maximaler k-Wert

Aufgabe 10:
Eine Säule mit 10'000 Trennstufen hat unter gegebenen Bedingungen eine Totzeit von 1 Minute. Wie viele Peaks können maximal in 5 Minuten mit einer Auflösung von 1 getrennt werden?

Lösung:

$$t_0 = 1 \text{ min} \qquad t_{R\,max} = 5 \text{ min} \qquad k_{max} = \frac{5 - 1}{1} = 4$$

$$n = 1 + \frac{\sqrt{10'000}}{4} \ln(1 + 4) = 1 + 25 \cdot 1{,}61$$

$$n = 41$$

Obige Gleichung gilt jedoch nur bei isokratischer Trennung und wenn die Peaks symmetrisch sind. Bei Gradiententrennung ist die Peakkapazität grösser. Tailing verringert die Peakkapazität der Säule. Zudem ist in der Praxis die Trennstufenzahl nicht über den ganzen k-Bereich konstant. Viel wichtiger ist aber, dass es sich hier um eine hypothetische Größe handelt. Wir müssen davon ausgehen, dass die Peaks *statistisch* über die zur Verfügung stehende Analysenzeit verteilt sind. Die Wahrscheinlichkeitsrechnung gestattet es, von idealen zu realitätsnahen Trennungen überzugehen, wobei die Ergebnisse geradezu entmutigend sind.

Wie groß ist die Wahrscheinlichkeit, dass eine bestimmte Komponente des Probengemisches als Einzelpeak und nicht überlagert von anderen Komponenten eluiert wird?

$$P \approx e^{-2m/n}$$

P: Wahrscheinlichkeit bezogen auf einzelne Komponente

m: Anzahl Komponenten im Probengemisch

Es ist zu beachten, dass m bei realen Proben nie bekannt ist! Es ist immer mit der Anwesenheit von unbekannten und unerwünschten Stoffen zu rechnen, welche irgendwann, vielleicht auch gleichzeitig mit dem zu untersuchenden Peak eluiert werden. Trotzdem lässt sich mit obiger Gleichung rechnen:

Aufgabe 11:
Das Probengemisch enthält 10 Komponenten. Wie groß ist die Wahrscheinlichkeit, dass ein bestimmter Peak auf der Säule mit Peakkapazität 41 als Einzelkomponente eluiert wird?

Lösung:
$m = 10$
$n = 41$
$P \approx e^{-2.10/41} = 0{,}61$

Die Wahrscheinlichkeit genügender Auflösung zu Nachbarpeaks beträgt für jeden Peak nur gut 60%! Wir können erwarten, dass von den anwesenden Komponenten sechs aufgelöst sind; die übrigen vier werden als ungenügend oder gar nicht aufgelöste Peaks eluiert. Die quantitative Analyse kann erschwert oder fast unmöglich sein, präparativ getrennte Fraktionen können unrein sein, unter Umständen, ohne dass man es merkt. Die Verhältnisse sind noch schlechter, wenn die Peaks ungleich groß sind, was ja die Regel ist.
Durch Umstellen der Gleichung lässt sich die notwendige Peakkapazität für 95% Wahrscheinlichkeit berechnen. Sie beträgt für das Gemisch mit zehn Komponenten 390, was einer Trennstufenzahl von nahezu einer Million entspricht ($k_{max} = 4$) oder einem Retentionsfaktor von 5,7 Millionen ($N = 10000$).

Wie groß ist die Wahrscheinlichkeit, dass alle Komponenten einer Mischung getrennt werden?

$$P' = \left(1 - \frac{m-1}{n-1}\right)m - 2$$

P': Wahrscheinlichkeit bezogen auf alle Komponenten

Aufgabe 12:

Wie groß ist die Wahrscheinlichkeit, dass alle Komponenten des Gemischs aus 10 Stoffen auf der Säule mit Peakkapazität 41 getrennt werden?

Lösung:

$m = 10$

$n = 41$

$$P' = \left(1 - \frac{9}{40}\right)^8 = 0{,}13$$

P' beträgt nur 13 % und ist bedeutend kleiner als P, weil nun im Gegensatz zu oben *alle* Peaks aufgelöst sein sollen. Um dieses Ziel mit einer Wahrscheinlichkeit von 95 % erreichen zu können, wäre eine Säule mit einer Peakkapazität von 1400 oder 12 Millionen Trennstufen ($k_{max} = 4$) notwendig!

Abbildung 2.26 zeigt Chromatogramme, welche im Computer mit Zufallszahlen erzeugt wurden. Sie stellen vier mögliche Peakmuster für den Fall von $m = 10$ und $n = 41$ dar, das heißt für $N = 10\,000$ und ein Retentionszeitenfenster zwischen 1 und 5 min. In einem Chromatogramm sind alle zehn Peaks sichtbar. In den anderen Fällen sind es nur neun, zuweilen mit schlechter Auflösung. Bei zwei Trennungen ist nicht bekannt, wo der zehnte Peak steckt und in einem Fall kann seine Position erahnt werden. Diese Bilder sehen wie echte Chromatogramme aus und echte Chromatogramme folgen oft diesen Regeln der Zufälligkeit des Elutionsmusters.

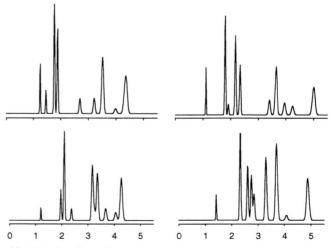

Abb. 2.26 Simulierte Chromatogramme
Die Abbildungen wurden durch Zufallszahlen erzeugt und stellen den Fall einer Trennung mit Peakkapazität 41 und 10 Probenkomponenten dar

Diese Überlegungen bedeuten nicht, dass die uns heute zur Verfügung stehenden Trennmethoden ungenügend sind. Auch höchste Trennleistung schützt nicht vor unangenehmen Überraschungen bei der quantitativen oder qualitativen Analyse. Die Kenntnis der angegebenen Gleichungen hilft, die bei komplexen Gemischen erhaltenen Trennungen realistisch einzuschätzen. *Abhilfe* kann in hochspezifischer Detektion, Derivatisierung (siehe Abschnitt 19.9), Kopplung mit spektroskopischen Methoden (6.10), optimierter Gradientenelution (18.2, 18.5) oder Säulenschalten (mehrdimensionale Trennung, 19.3) bestehen.

2.9
Temperatureinflüsse in der HPLC

Es ist nicht möglich, allgemein gültige Regeln für den Einfluss der Temperatur auf HPLC-Trennungen aufzustellen. Bei erhöhter Temperatur wird die Trennleistung einer Säule oft besser, weil die Viskosität der mobilen Phase abnimmt und dadurch der Stoffaustausch erleichtert wird; es kann aber auch eine Abnahme der Trennleistung auftreten. Der Trennfaktor kann zu- oder abnehmen. Vorteilhaft ist die Verkürzung der Analysenzeit, weil dank größeren Diffusionskoeffizienten bei höherer linearer Fließgeschwindigkeit der mobilen Phase gearbeitet werden kann. Wenn mobile Phase oder Probelösung hochviskos sind, *muss* bei höherer Temperatur gearbeitet werden: man benötigt weniger Druck, um die mobile Phase durchzupumpen bzw. die Probe lässt sich so erst einspritzen.

J. W. Dolan, J. Chromatogr. A 965 (2002) 195;
T. Greibrokk, Anal.Chem. 74 (2002) 375A;
R. G. Wolcott et al., J. Chromatogr. A 869 (2000) 211.

Zur Optimierung einer Trennung sollte immer auch abgeklärt werden, ob sie sich bei einer höheren oder tieferen Temperatur als üblich besser (das heißt schneller oder genauer) durchführen ließe. Selbst hohe Temperaturen, bis über 100 °C, lassen sich handhaben, obwohl einige apparative Änderungen notwendig sind. Abbildung 2.17 zeigt die Trennung von Cyclosporinen bei 80 °C, welche der Routineanalytik dient. Insbesondere für die Trennung von hochmolekularen Stoffen, auch Proteinen, ist dieser Temperaturbereich interessant.

Die Nachteile einer Temperaturerhöhung sind:

– Lösungsmittel oder Probekomponenten zersetzen sich eher.
– Der Dampfdruck des Lösungsmittels steigt; damit ist die Gefahr von Blasen im Detektor größer. Blasen geben eine unruhige Null-Linie, Geisterpeaks oder sogar vollständige Lichtabsorption.

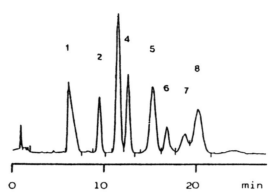

Abb. 2.27 Trennung bei höherer Temperatur (nach N. M. Djordjevic et al., J. Chromatogr. 550 (1991) 27)
Probe: Cyclosporine (CS); Säule: 4,6 mm × 25 cm; stationäre Phase: Ultrasphere ODS 5 µm; mobile Phase: 2 ml/min Acetonitril/Wasser/tert. Butylmethylether 50:45:5; Temperatur: 80° C;Detektor: UV 210 + 230 nm; 1) Iso-CS A; 2) CS C; 3) CS B; 4) CS L; 5) CS A; 6) Dihydro-CS A; 7) CS T; 8) CS G

Ein extremes Beispiel dazu: M. Vecchi, G. Englert, R. Maurer und V. Meduna, Helv. Chim. Acta 64 (1981) 2746. Es handelt sich um die Trennung von β-Carotin-Isomeren auf Aluminiumoxid mit definiertem Wassergehalt (mobile Phase Hexan). Die Trennung ändert sich bei einer Änderung der Temperaturen um 1 °C wesentlich!

– Alle chromatographischen Gleichgewichte sind temperaturabhängig, insbesondere alle Ionengleichgewichte in wässrigen mobilen Phasen (Umkehrphasen- und Ionenaustausch-Chromatographie!). Ebenso ist das Gleichgewicht zwischen im Lösungsmittel enthaltenem und am Silicagel adsorbiertem Wasser in der Adsorptions-Chromatographie temperaturabhängig und bei höherer Temperatur schwieriger zu kontrollieren. Diese Gleichgewichte beeinflussen meist die chromatographischen Eigenschaften der Säule ganz entscheidend. Die Reproduzierbarkeit kann daher bei mangelhafter Thermostatisierung schlecht sein.

– Mit steigender Temperatur nimmt die Löslichkeit von Silicagel in *allen* mobilen Phasen stark zu. Die Verwendung von silicagelgefüllten, thermostatisierten Vorsäulen vor der Probenaufgabestelle ist zu empfehlen (auch beim Arbeiten mit chemisch gebundenen Phasen auf Silicagelbasis).

Bei den teureren Kompaktgeräten mit eingebautem Säulenofen ist die Thermostatisierung kein Problem. Man kann sich aber auch behelfen, indem man die Säule mit einem Glas- oder Metallmantel umgibt und diesen dann einem Thermostatenbad anschließt. Zugleich muss die mobile Phase vor dem Eintritt in die Säule in diesem Bad thermostatisiert werden, z. B. indem man sie durch eine längere Spirale schickt, die im Bad liegt. Es gibt auch Pumpen mit thermostatisierbaren Köpfen.

Die Temperatur darf bei Silicagelsäulen maximal 120 °C, bei chemisch gebundenen Phasen maximal 80 °C betragen.

Im Übrigen ist nicht zu vergessen, dass sich die mobile Phase beim Strömen durch die Säule wegen des Strömungswiderstandes erwärmt. Als Faustregel merke man sich: *0,1 °C Temperaturerhöhung pro 1 bar Druckabfall* oder immerhin 10 °C pro 100 bar. (Für Wasser betragen die Werte nur 0,025 °C/bar oder 2,5 °C/100 bar). Bei sehr tief siedenden mobilen Phasen wie n-Pentan (Siedepunkt 36 °C) kann es notwendig werden, die Säule zu kühlen und mit kleinen Volumenströmen zu arbeiten.

Es gilt: $\Delta T = -\dfrac{\Delta p}{C_V}$

C_V: Wärmekapazität bei konstantem Volumen.

2.10
Die Grenzen der HPLC

In einer lesenswerten Arbeit zeigten *G. Guiochon* und Mitarbeiter die theoretischen Grenzen der HPLC auf. Die Autoren berechneten mit relativ einfacher Mathematik druckoptimierte Trennsäulen, bei welchen Länge L, Partikelgröße d_p und Strömungsgeschwindigkeit u der mobilen Phase so gewählt wurden, dass der zur Lösung eines Trennproblems notwendige Druck Δp minimal ist. Es zeigt sich, dass diese optimalen Säulen im Minimum ihrer *van Deemter*-Kurve betrieben werden. Unter der Voraussetzung, dass gut gepackte Säulen (reduzierte Trennstufenhöhe $h = 2$–3, siehe Abschnitt 8.5) verwendet werden können, zeigt die Studie einige überraschende Tatsachen auf:

M. Martin, C. Eon und G. Guiochon, J. Chromatogr. 99 (1974) 357.

– **„Normales" Trennproblem.** Es werden 5000 Trennstufen benötigt, die Analysenzeit (bei $k = 2$) soll 5 Minuten betragen. Daten der druckoptimierten Säule:
   $L = 10$ cm, $d_p = 6{,}3$ μm
   Der aufzuwendende Druck ist 11,8 bar (bei einer Viskosität der mobilen Phase von 0,4 mPas, was typisch ist für Adsorptions-Chromatographie; in der Umkehrphasen-Chromatographie kann die Viskosität bis zu 4,5 mal höher sein, sodass der benötigte Druck auf etwa 50 bar steigt). Es ist ein bedeutend kleinerer Druck notwendig als meist üblich.

– **Einfaches Trennproblem.** $N = 1000$, $t_R = 1$ min.
   Daten der druckoptimierten Säule:
   $L = 2{,}2$ cm, $d_p = 6{,}9$ μm, $\Delta p = 2{,}3$ bar!
   Für einfache Trennprobleme mit einem Trennfaktor von etwa 1,2 ist es sinnvoll, kurze Säulen zur verwenden. Mit (auch kommerzi-

ell erhältlichen) Säulen von 3 oder 5 cm Länge kann Zeit und Lösungsmittel gespart werden. Allerdings sind Injektions- und Totvolumen sowie die Zeitkonstante des Detektors klein zu halten, um die Trennleistung nicht zu beeinträchtigen.

Ein Beispiel der Trennung von 8 Komponenten auf einer 5 cm-Säule zeigt Abbildung 2.28.

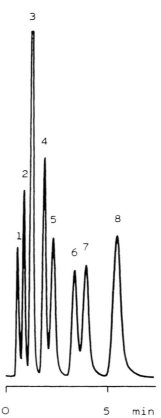

Abb. 2.28 Trennung von Phenothiazin-Derivaten auf kurzer Säule (nach Prolabo) Säule: 4 mm × 5 cm; stationäre Phase: Silicagel 6,2 µm; mobile Phase: 0,8 ml/min Diisopropylether/Methanol 1:1 mit 2,6 % Wasser und 0,2 % Triethylamin; Druck: 15 bar; Detektor: UV 254 nm; Trennstufenzahl: 850 (letzter Peak); 1) 3-Chlor-phenothiazin, 2) Chlorphenethazin, 3) Chlorpromazin, 4) Promazin, 5) 5,5-Dioxy-chlorpromazin, 6) Oxychlorpromazin, 7) 2-Chlor-10-(3-methylaminopropyl)-phenothiazin, 8) N-Oxychlorpromazin

– **Schwieriges Trennproblem.** $N = 10^5$, $t_R = 30$ min.
Daten der druckoptimierten Säule:
$L = 119$ cm, $d_p = 3{,}8$ μm, $\Delta p = 780$ bar.
Es ist nicht unmöglich, derartigen Bedingungen zu realisieren, siehe z. B. die Trennung von polyzyklischen Aromaten mit 68'000 Trennstufen.

M. Verzele und C. Dewaele, Journal of HRC & CC 5 (1982) 245.

Das Konzept des optimierten Druckes lässt sich erweitern. Die Abbildungen 2.29 und 2.30 zeigen Nomogramme für gut gepackte Säu-

Nach I. Halász und G. Görlitz, Angew. Chem. 94 (1982) 50.

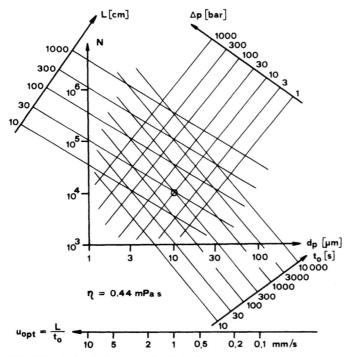

Abb. 2.29 Optimale Parameter für niederviskose mobile Phasen

len, welche im Minimum ihrer *van Deemter*-Kurve betrieben werden). Die Nomogramme zeigen die Abhängigkeit der fünf Parameter Säulenlänge, Druck, Trennstufenzahl, Partikelgröße der stationären Phase und Totzeit voneinander. Von diesen fünf Parametern sind zwei frei wählbar, die übrigen drei ergeben sich dann aus der Tatsache, dass bei optimaler Fließgeschwindigkeit gearbeitet werden soll. Abbildung 2.29 ist für niederviskose mobile Phasen berechnet, wie sie in der Adsorptions-Chromatographie auftreten (Viskosität η = 0,44 mPas, z. B. Dichlormethan). Abbildung 2.30 gilt für höherviskose, in der Regel wässrige mobile Phasen, wie sie in der Umkehrphasen- und Ionenaustausch-Chromatographie auftreten ($\eta = 1{,}2$ mPas, z. B. Methanol/Wasser 8:2).

Streng genommen gelten die Nomogramme nur für Säulen mit einer ganz bestimmten *van Deemter*-Kurve und für Proben mit definiertem Diffusionskoeffizienten. Zum Abschätzen, ob ein Trennproblem mit einem gegebenen System lösbar sein sollte oder nicht, sind sie aber in jedem Fall geeignet. Zudem führen sie dem, der sie zu lesen versteht, die „Grenzen der HPLC" vor Augen.

Aufgabe 13:

Wie viele Trennstufen sind mit 10 bar und 10 µm-Silicagel unter optimalen Bedingungen zu erreichen (niederviskoses System)?

Lösung: Diese Bedingungen sind in Abbildung 2.29 mit einem Kreis markiert. Die gesuchte Größe lässt sich ablesen: $N = 10'000$.
Weitere Bedingungen:
$L = 30$ cm, $t_0 = 300$ s, optimale Fließgeschwindigkeit $u_{opt} = 1$ mm/s.

Aufgabe 14:

Die Pumpe liefert 1000 bar. Welches sind die optimalen Bedingungen zur Realisierung von 100'000 Trennstufen (hochviskoses System)?

Lösung: Kreis in Abbildung 2.30.
$d_p = 3{,}5$ µm, $L = 100$ cm, $t_0 = 700$ s, $u_{opt} = 1{,}4$ mm/s.

R. P. W. Scott, J. Chromatogr. 468 (1989) 99.

Bei derartigen Trennproblemen ergibt sich die benötigte Trennstufenzahl N aus dem Trennfaktor α_{min} des „kritischen Peakpaars", das heißt jener zwei Komponenten des Gemischs, welche am schwierigsten zu trennen sind. Somit kann die Optimierungsstrategie auch nur auf α_{min} entwickelt werden.

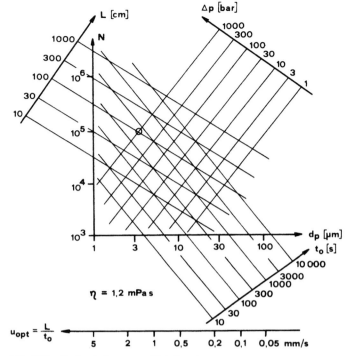

Abb. 2.30 Optimale Parameter für höherviskose mobile Phasen

Lösungen zu Aufgabe 5:
$k_1 = 0{,}51$, $\quad k_2 = 1{,}15$, $\quad k_3 = 1{,}51$, $\quad k_4 = 1{,}88$, $\quad k_5 = 2{,}50$
$\alpha_{12} = 2{,}2$, $\quad \alpha_{34} = 1{,}2$
$R_{12} = 2{,}4$, $\quad R_{34} = 0{,}79$
$N_1 = 720$, $\quad N_2 = 850$, $\quad N_3 = 760$, $\quad N_4 = 770$, $\quad N_5 = 850$

Je nach Genauigkeit, mit welcher gemessen wurde, und je nach verwendeter Formel können die Resultate etwas abweichen.

3
Pumpen

3.1
Allgemeines

Eine HPLC-Pumpe muss gleichzeitig zwei ganz verschiedenen Ansprüchen genügen: Einerseits soll sie ein robustes Gerät sein, das hohen Druck bis 350 oder sogar 500 bar erzeugen kann; andererseits verlangen wir ausgezeichnete Flussrichtigkeit und -präzision bei jeder gewählten Förderrate. Diese kann üblicherweise zwischen 0,1 und 5 oder 10 ml/min in Schritten von 0,1 ml/min eingestellt werden. Der Volumenstrom muss vom Gegendruck unabhängig sein, auch wenn dieser während einer Trennung schwankt, was bei Gradientenelution der Normalfall ist. Zudem soll der Fluss pulsationsfrei sein, vor allem wenn ein elektrochemischer, Leitfähigkeits- oder Brechungsindexdetektor eingesetzt wird.

Andere, mehr praktische Anforderungen betreffen die Einfachheit der Bedienung. Die Pumpe sollte rasch und mit wenigen Handgriffen betriebsbereit sein, eingeschlossen das „Primen" des Pumpenkopfs (d.h. das Spülen und Füllen der Ventile mit neuem Eluenten). Ihr internes Volumen sollte klein sein, um einen raschen Lösungsmittelwechsel zu ermöglichen, obwohl ein gewisses Zusatzvolumen für die Pulsationsdämpfung notwendig ist. Unterhalt und Reparaturen sollten auf einfache Weise möglich sein.

Es soll hier nochmals erwähnt sein, dass hoher Druck nicht das Ziel der HPLC ist. Druck ist leider unvermeidlich, weil die mobile Phase eine Flüssigkeit mit relativ hoher Viskosität ist, welche durch eine dichte Packung von sehr kleinen Teilchen durchgepresst werden muss. Kleine Partikel haben kurze Diffusionswege und ergeben dadurch eine große Zahl von theoretischen Trennstufen pro Längeneinheit.

3.2
Die Kurzhub-Kolbenpumpe

Die weitaus meisten HPLC-Pumpen gehören zum Typ der Kurzhub-Kolbenpumpe. Ihr allgemeiner Aufbau ist, wenn auch vereinfacht, in Abbildung 3.1 dargestellt. Die mobile Phase wird durch einen Kolben gefördert, wobei Kugelventile dafür sorgen, dass immer nur die korrekte Fließrichtung geöffnet ist. Der dunkelgrau gezeichnete Teil, welcher die Ventile trägt, ist der so genannte Pumpenkopf.

Die Förderwirkung wird durch einen Schrittmotor erzeugt, welcher eine rotierende Nockenwelle, Cam genannt, antreibt. Der Cam drückt seinerseits den Kolben vor- oder rückwärts. Mit jedem Hub verdrängt der Kolben eine kleine Flüssigkeitsmenge, üblicherweise im Bereich von 100 µl. Die Kugelventile sind in der Weise asymmetrisch gebaut, dass sie schließen, wenn Druck von oben her wirkt und öffnen, wenn der Druck von unten größer ist als von oben. Die schematischen Zeichnungen von Abbildung 3.2 erklären diesen Sachverhalt. Im Einsatz sind allerdings auch elektrisch gesteuerte Ventile, die vor allem für kleine Durchflüsse gewisse Vorteile haben.

Mit einem kreisförmigen Cam und einem gleichmäßig arbeitenden Schrittmotor wäre der Volumenstrom der Pumpe diskontinuierlich:

Um einen möglichst gleichmäßigen Fluss zu erhalten, hat der Cam eine unregelmäßige Form und dreht sich nach einem ausgeklügelten Zeitprogramm je nach seiner Position verschieden schnell. Während des Förderhubs dreht der Cam langsam; seine Form gibt Gewähr für eine konstante Flussrate. Für den Füllhub dreht sich der Cam schnell, sodass der unvermeidliche Unterbruch in der Förderung so kurz wie möglich gehalten werden kann:

Der Cam lässt sich durch einen elektronisch gesteuerten, linearen Spindelantrieb ersetzen. Durch perfekte Anpassung der Software wird eine optimale Flusskonstanz erreicht. Diese Systeme sind allerdings teurer als die konventionellen.

Der Fluss kann durch die Verwendung von zwei Kolben, welche gleichzeitig in die jeweils umgekehrte Richtung arbeiten, geglättet werden. Eine andere Möglichkeit besteht darin, dass zwei Tandemkolben in Serie geschaltet sind, wobei der erste etwas mehr Volumen verdrängt als der zweite. Dies erlaubt es, die geringe, aber doch vor-

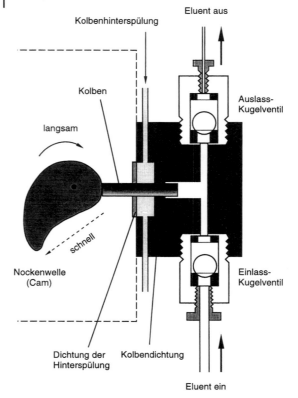

Abb. 3.1 Bauprinzip einer Kurzhub-Kolben-pumpe

handene Kompressibilität der mobilen Phase (etwa 1% pro 100 bar) zu kompensieren und die Kavitation (die Bildung von Dampfblasen während des Füllhubs) zu unterdrücken. Einige Pumpen verwenden Doppelkugelventile mit einer zweiten Sitz-und-Kugel-Kombination oberhalb der ersten. Die Elektronik der Pumpe ist zudem speziell dazu ausgerichtet, die Eluentenkompressibilität zu kompensieren.

Der Kolben ist aus Saphir oder Keramik gefertigt, daher ist er schlagempfindlich und bricht, wenn er auf den Boden fällt. Bei normalem Pumpengebrauch ist ein Kolbenbruch äußerst selten. Wenn man eine Pufferlösung bei Nichtgebrauch im Pumpenkopf belässt, kann das Lösungsmittel verdampfen und die Salze werden auskristallisieren. Wenn nun die Pumpe wieder eingeschaltet wird, zerkratzen sie die Oberfläche des Kolbens und die Förderrate wird ungenau sein. Die Kolbendichtung besteht aus einem inerten Polymer, beispielsweise Kel-F, und enthält eine eingelassene Feder, die nur von einer Seite her sichtbar ist. Folglich ist die Orientierung der Dichtung

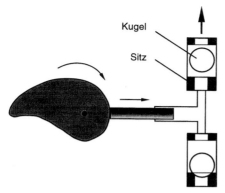

Kugel

Sitz

Abb. 3.2 a   Der Förderhub

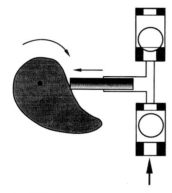

Abb. 3.2 b   Der Füllhub

wichtig, wenn sie ersetzt werden muss. Die Dichtung widersteht dem hohen Druck, für den die Pumpe gebaut ist, aber sie leckt ganz wenig. Die austretende mobile Phase schmiert den Kolben und hält die Dichtung elastisch. Die meisten Pumpen sind heute mit einer Hinterspülung ausgerüstet, wo eine Flüssigkeit (in der Regel Wasser) zirkuliert, welche den Kolben von Puffersalzen und Dichtungsabrieb reinigt. Der Spülkanal benötigt seinerseits auch eine Dichtung, nämlich ein Stück Teflon, welches nicht unter Druck steht.

Die Ventilkugeln sind aus Rubin, ihre Sitze aus Saphir. Eine Kugel dichtet in ihrem Sitz nur durch den dünnen Ring, wo sich die beiden Teile berühren. Wenn ein Staubkorn oder ein Salzkristall dort eingeklemmt ist, leckt das Ventil. Dies ist einer der Gründe, weshalb mobile Phasen streng partikelfrei sein müssen.

3.3
Unterhalt und Reparaturen

Eine Pumpe ist ein Präzisionsinstrument und muss mit ebenso viel Sorgfalt wie eine Analysenwaage behandelt werden. Man befolge alle Empfehlungen, welche im Gerätehandbuch zu finden sind. Jedoch sind auch bei bester Handhabung hin und wieder kleine Unterhaltsarbeiten nötig, wofür ebenfalls vorher das Handbuch zu konsultieren ist.

Zuweilen muss der Cam geschmiert werden. Beachten Sie die Anleitung dazu.

Wenn eine Arbeit am Pumpenkopf notwendig ist, so achte man auf Sauberkeit und gebrauche die mitgelieferten Spezialwerkzeuge. Man benötigt genügend Platz, Reinigungstüchlein, sauberes Lösungsmittel und Zeit. Eine Schale muss unter den Pumpenkopf gestellt werden, welche Kolben vor dem Absturz und Ventilkugeln vor dem Verschwinden irgendwo unter den Labormöbeln bewahrt.

Kolbendichtungen unterliegen der Alterung und müssen ersetzt werden, beispielsweise einmal jährlich; man kann sie nicht reparieren. Zu diesem Zweck entfernt man den Pumpenkopf vom Pumpengehäuse, sodass die Dichtungen sichtbar werden. Man zieht sie mit dem geeigneten Spezialwerkzeug aus ihrem Sitz. Man sollte nicht einen Schraubenzieher oder sonstiges Werkzeug benützen, da sonst die Gefahr besteht, den Pumpenkopf zu zerkratzen, sodass er später leckt. Die neuen Dichtungen werden mit einem anderen Spezialwerkzeug eingesetzt. Es ist unbedingt notwendig, die Anweisungen genau zu befolgen. Die beiden verschiedenen Seiten einer Dichtung dürfen nicht verwechselt werden. Eine falsch eingesetze Dichtung muss man entfernen und wegwerfen; man kann sie nicht mehr gebrauchen. Die neuen Dichtungen sollen mit kleiner Flussrate und ohne angeschlossene Säule eingefahren werden. Wasser ist zum Einfahren nach Möglichkeit zu vermeiden. Am besten sind Isopropanol oder Methanol geeignet.

Verstopfte oder leckende Ventile können oft durch eine Ultraschallbehandlung wieder flott gemacht werden. Unter Umständen müssen mehrere Lösungsmittel ausprobiert werden, wie Wasser mit Detergenzienzusatz, Tetrahydrofuran oder Dichlormethan. Einige Ventiltypen fallen auseinander, wenn man sie aus dem Pumpenkopf schraubt (dabei verliert man leicht die Kugel!), einige lassen sich öffnen und einige bestehen aus einer Einheit, die nicht geöffnet werden sollte. Bei den ersten beiden Ausführungen kann die Kugel ersetzt werden, vielleicht auch der Sitz, wenn diese Teile zerkratzt sind und nicht mehr dichten. Beim dritten Typ muss das ganze Ventil ersetzt werden, wenn es nicht mehr korrekt arbeitet und die Ultraschallreinigung nichts nützt.

Zwei Empfehlungen sind von höchster Wichtigkeit:
– Eine Pumpe darf nicht trockenlaufen!
– Eine Pumpe darf nicht ausgeschaltet werden, wenn sich noch Pufferlösung darin befindet! Man ersetze den Puffer immer durch Wasser; wenn es notwendig ist, ersetze man erst anschließend das Wasser durch ein organisches Lösungsmittel. Bei längerem Nichtgebrauch einer Pumpe ist es sehr empfehlenswert, sie mit einem Lösungsmittel mit mindestens 10 % organischem Anteil zu lagern. Man verhindert auf diese Weise die Algenbildung.

3.4
Andere Pumpentypen

Bei einer Sonderausführung der Kurzhub-Kolbenpumpe verdrängt der Kolben die mobile Phase nicht direkt. Er bewegt sich in einem ölgefüllten Kanal, und Öl und Eluent sind durch eine elastische Stahlmembran voneinander getrennt. Durch diese Konstruktion wird der Kolben nicht durch die mobile Phase, welche korrosiv sein kann, benetzt; ebenso kann diese nicht durch den Abrieb der Kolbendichtung verunreinigt werden.

Für sehr geringe Flüsse wird oft ein Pumpentyp eingesetzt, der das Lösungsmittel nicht durch schnelle Hübe verdrängt, sondern wie eine überdimensionierte Spritze arbeitet. Ein sich langsam vorschiebender Kolben verdrängt den Eluenten direkt aus dem Reservoir. Dieser Fluss ist pulsationsfrei. Das Reservoir hat ein beschränktes Volumen, beispielsweise 10 ml, weshalb man bei einem Einkolben-Typ die Chromatographie von Zeit zu Zeit stoppen und die Pumpe wieder füllen muss. Bequemer ist der Gebrauch einer Zweikolben-Pumpe, wo der eine Kolben den Eluenten fördert, während der andere gleichzeitig sein Reservoir füllt. Sobald der erste Kolben seinen Endpunkt erreicht hat, übernimmt der zweite die Förderung. Gradienten sind mit Spritzenpumpen nicht möglich.

Für Durchflüsse im Mikroliterbereich sind allerdings auch speziell konstruierte Zweikolbenpumpen erhältlich. Diese Geräte erlauben sogar, recht präzise Hochdruckgradienten ab etwa einem Totalfluss von 50 µl/min zu fahren.

Pneumatische Verstärkerpumpen werden zum Säulenfüllen und für Anwendungen oberhalb von 500 bar eingesetzt. Bei dieser Ausführung wirkt ein relativ kleiner Gasdruck auf einen Kolben mit großem Querschnitt, welcher auf der Flüssigkeitsseite einen kleinen Querschnitt hat. Die Kraft ist auf beiden Seiten identisch, aber der Druck ist auf der kleinen Fläche entsprechend dem Flächenverhältnis größer. Die Druckverstärkung kann bis zu siebzigfach sein; das bedeutet, dass ein Gasdruck von 10 bar einen Druck von 700 bar auf der Eluentenseite bewirkt.

Für präparative Trennungen sind Pumpen erhältlich, die selbst bei 300 bar einen Fluss von bis zu 300 ml/min liefern.

4
Bereitstellung der Apparatur bis zur Probenaufgabe

4.1
Auswahl der mobilen Phase

Die mobile Phase müssen wir natürlich vor allem nach ihren chromatographischen Eigenschaften auswählen: sie soll, in Wechselwirkung mit der geeigneten stationären Phase, unser Gemisch möglichst optimal und möglichst rasch trennen. Meist stehen zur Lösung eines Trennproblems mehrere Lösungsmittel zur Verfügung, sodass sich die Auswahl noch nach anderen Kriterien richtet:

– **Viskosität:** Ein Lösungsmittel niedriger Viskosität gibt bei einem gegebenen Volumenstrom einen kleineren Druck als ein höher viskoses. Zudem erlaubt es schnellere Chromatographie, weil der Stoffaustausch rascher vor sich geht.

Die (dynamische) Viskosität von Lösungsmitteln gibt man in mPa · s = Milli-Pascalsekunden an (früher in cP = Zenti-Poise; die Zahlenwerte ändern sich nicht).

– **UV-Durchlässigkeit:** Bei Verwendung eines UV- oder Fluoreszenz-Detektors muss die mobile Phase bei der gewünschten Wellenlänge vollständig durchlässig sein. Z. B. lässt sich Ethylacetat nicht verwenden, wenn die Detektion bei 254 nm erfolgen soll, weil er erst bei 260 nm optisch genügend transparent ist. Ebenso ist die UV-Transparenz von Puffersalzen, Ionenpaar-Reagenzien und anderen Zusätzen zu beachten.

C. Seaver und P. Sadek, LC GC Int. 7 (1994) 631.

– **Brechungsindex** bei Verwendung eines Brechungsindex-Detektors. Wenn man an der Nachweisgrenze zu arbeiten genötigt ist, sollte der Unterschied der Brechungsindizes von Lösungsmittel und Probe möglichst groß sein.

– **Siedepunkt:** Wenn man das Eluat auffangen und weiterverarbeiten will, ist ein tiefer Siedepunkt der mobilen Phase günstig; beim Eindampfen werden empfindliche Substanzen geschont. Andererseits bilden Lösungsmittel mit hohem Dampfdruck bei Arbeitstemperatur eher Dampfblasen im Detektor.

– **Reinheit:** Dieses Kriterium bedeutet je nach Verwendungszweck etwas anderes: Abwesenheit von Stoffen, welche bei der gewählten Detektionsart stören würden; Abwesenheit von Stoffen, welche bei Gradientenelution stören würden (siehe Abbildung 18.6); Abwesenheit von unverdampfbaren Rückständen bei präparativen Trennungen (siehe Aufgabe 37 in Abschnitt 20.4). Hexan für die HPLC muss nicht reines n-Hexan sein, sondern darf auch verzweigte Isomere enthalten, weil dadurch die Elutionseigenschaften nicht verändert werden (jedoch keine Benzolspuren, wenn UV-Detektion eingesetzt wird).

– **Inert gegenüber Probesubstanzen:** Die mobile Phase darf mit dem Probegemisch keine Reaktionen eingehen (Peroxide!). Bei extrem oxidationsempfindlichen Proben muss man eventuell sogar 0,05 % 2,6-di-tert.-butyl-p-Kresol (BHT) als Antioxidans dem Lösungsmittel beimischen. BHT lässt sich beim Eindampfen des Eluens leicht wieder entfernen, aber es absorbiert im UV unterhalb 285 nm.

K. E. Collins et al., LC GC Eur. 13 (2000) 464 und 642.

– **Korrosionsbeständigkeit:** Chlorierte Lösungsmittel spalten unter Lichteinfluss HCl ab. Zusammen mit praktisch immer vorhandenen Wasserspuren entsteht Salzsäure, welche rostfreien Stahl angreift. Die Korrosion wird durch Anwesenheit von polaren Lösungsmitteln verstärkt; heikel sind Gemische wie Tetrahydrofuran + Tetrachlorkohlenstoff oder Methanol + Tetrachlorkohlenstoff. Alle Komplexbildner des Eisens wirken korrosiv, also die Ionen Chlorid, Bromid, Iodid, Acetat, Citrat, Formiat etc. (Pufferlösungen!). Sehr korrosiv sind auch Puffer mit Lithiumsalzen bei tiefem pH.[1] Stahl kann selbst mit Methanol oder Acetonitril korrodieren.[2] Gegebenenfalls muss die Apparatur mit Salpetersäure passiviert[3] oder modifiziert werden[4]. In jedem Fall spüle man das System nach Verwendung einer chlorierten mobilen Phase oder einer Salzlösung mit einem halogen- und ionenfreien Lösungsmittel.

[1] *P. R. Haddad und R. C. L. Foley, J. Chromatogr. 407 (1987) 133.*
[2] *R. A. Mowery, J. Chromatogr. Sci. 23 (1985) 22.*
[3] *R. Shoup und M. Bogdan, LC GC Int. 2 (10, 1989) 16.*
[4] *M. V. Pickering, LC GC Int. 1 (6, 1988) 32.*

– **Toxizität:** Hier muss man sich selber umsichtig sein und toxische Lösungsmittel möglichst vermeiden. Chlorierte Lösungsmittel können das stark giftige Phosgen abspalten! Benzol wenn immer möglich durch Toluol ersetzen!

– **Preis!**

Generell sollten mobile Phasen nicht detektor-aktiv sein, d. h. sie sollten nicht eine Eigenschaft besitzen, die für die Detektion ausgenützt wird (Ausnahme: indirekte Detektion, siehe Abschnitt 6.9). Sonst ist es gut möglich, dass unerwünschte Basislinienphänomene und zusätzliche Peaks im Chromatogramm auftreten. Allerdings ist diese Empfehlung bei unselektiven Detektoren wie etwa dem Brechungsindexdetektor natürlich nicht umsetzbar.

4.2
Vorbereitung der mobilen Phase

Nach der richtigen Wahl der mobilen Phase gilt es, sie richtig vorzubereiten.

In den meisten Fällen ist es am besten, Lösungsmittel und Reagenzien „Für HPLC" oder von ähnlicher Qualität zu verwenden. Dies gilt sogar für Wasser, wenn die nötige Reinheit von dem im Labor eingesetzten Aufbereitungsgerät nicht erreicht wird. HPLC-Lösungsmittel garantieren die bestmögliche UV-Transparenz und die Abwesenheit von Verunreinigungen, welche die Elutionsstärke verändern oder zusätzliche Peaks bei Gradiententrennungen ergeben. Falls eine solche Qualität nicht erhältlich ist, muss man Lösungsmittel von geringerer Reinheit durch fraktionierte Destillation oder Adsorptions-Chromatographie reinigen.

Bei gemischten mobilen Phasen oder Puffern muss die Herstellungsvorschrift im Detail beschrieben werden. Die Eigenschaften des Eluenten können von der Reihenfolge der notwendigen Schritte abhängen, wie etwa dem Auflösen verschiedener Puffersalze, dem Einstellen des pH-Werts oder dem Zufügen von nicht ionischen Additiven. Werden Wasser und Methanol (in geringerem Ausmaß auch andere wasserlösliche Lösungsmittel) gemischt, so tritt ein Volumenkontraktionseffekt auf: das Volumen der Mischung ist kleiner als dasjenige der einzelnen Volumina. Deshalb ist es notwendig. die beiden Lösungsmittel separat abzumessen bevor man sie mischt.

Genaue Anleitung in „Lösungsmittel-Reinigung mit Adsorbenzien ICN", ICN Biomedicals GmbH, Postfach 369, D-37269 Eschwege, Deutschland.

Falls ein Eluent nicht direkt aus seiner Originalflasche gepumpt wird, ist es notwendig, ihn unmittelbar vor Gebrauch durch ein 0,5- oder 0,8-µm-Filter zu filtrieren. Sonst besteht immer die Gefahr, dass partikuläres Material vorhanden ist, welches die Pumpenventile schädigen, die Kapillaren und Fritten blockieren oder die Säule verstopfen könnte. Man beachte, ein Filtermaterial zu verwenden, das sich im betreffenden Lösungsmittel nicht löst.

Aus verschiedenen Gründen sollten die HPLC-Eluenten entgast werden, vor allem die polaren, welche ziemlich viel Luft lösen können (Wasser, Pufferlösungen, alle anderen wässrigen Mischungen, wasserlösliche organischen Lösungsmittel). Sonst können verschiedene Probleme auftreten: im Detektor werden Gasblasen enstehen, weil der Gegendruck dort klein ist, die Basislinie kann verrauscht sein oder kleine zusätzliche Peaks enthalten, die analytische Präzision kann beeinträchtigt werden und die Peaks können klein sein, weil gelöster Sauerstoff im tiefen UV absorbiert und die Fluoreszenz löscht. Gradiententrennungen sind besonders heikel, weil Gas freigesetzt wird, wenn sich lufthaltige Lösungsmittel mischen.

J. W. Dolan, LC GC Eur. 12 (1999) 692.

Eine mobile Phase kann off-line entgast werden, indem man sie während einer Minute unter Vakuum mit Ultraschall behandelt.

Dies reicht für mehrere Stunden und genügt, wenn an die analytische Präzision keine hohen Anforderungen gestellt werden. Mit Ionenpaar-Reagenzien können Probleme wegen des Schäumens entstehen. On-line-Entgasung ist bequemer (und teurer), entweder durch das Durchperlen von Helium (Helium ist viel weniger löslich als andere Gase) oder durch den Einsatz eines Entgasers. In diesen Geräten fließt die mobile Phase durch eine Membran, welche gasdurchlässig ist, sodass die Luft in das umgebende Vakuum austreten kann. Entgaser haben ein relativ großes internes Volumen, was von Nachteil ist, wenn das Lösungsmittel gewechselt werden muss.

Lösungsmittel und Eluenten dürfen nicht in Plastikflaschen aufbewahrt werden, weil Weichmacher und andere kleine Moleküle in die Flüssigkeit diffundieren können. Die Vorratsgefäße der mobilen Phasen sollen immer geschlossen sein, entweder gasdicht verschlossen oder nur abgedeckt, je nachdem, ob der Inhalt aufbewahrt wird oder in Gebrauch ist.

Abbildung 4.1 zeigt ein Lösungsmittelvorratsgefäß mit allen Optionen: Heizung (zum Auskochen und Thermostatisieren), Rückflusskühler, Magnetrührer (mit Vorteil glas- und nicht teflonummantelt), Vakuumpumpe, Inertgasanschluss und Übertemperatursicherung.

Das Niveau im Vorratsgefäß muss ständig überwacht werden. Die Pumpe darf nie trockenlaufen, da der mechanische Verschleiß sonst sehr groß wird. Die Zuleitung zur Pumpe soll einen möglichst weiten Durchmesser haben (ca. 2 mm).

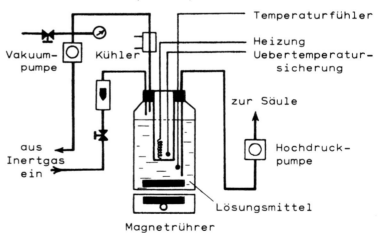

Abb. 4.1 Lösungsmittelaufbereitung (nach Hewlett-Packard)

4.3
Gradientensysteme

Bei komplexen Probegemischen kann es wünschenswert sein, die Zusammensetzung der mobilen Phase zu verändern, währenddem die Substanzen durch die Säule wandern. Die Änderung muss in der Weise geschehen, dass die Elutionskraft der mobilen Phase zunimmt; so werden Peaks, welche sonst erst spät oder überhaupt nicht eluiert würden, beschleunigt. Von der Ausführung her unterscheidet man Nieder- und Hochdruck-Gradientensysteme, je nachdem, ob die verschiedenen Lösungsmittel vor oder hinter der Hochdruckpumpe gemischt werden.

Ein *Niederdruck-Gradientensystem* (Abbildung 4.2 oben) besteht z. B. aus zwei oder mehr Vorratsgefäßen, welche über ein Schaltventil und einen Magnetmischer (Volumen < 1 ml) mit einer Pumpe verbunden sind. Die Vorratsgefäße enthalten verschieden stark eluierende Lösungsmittel. Die Anschlüsse des Ventils werden verschieden lang geöffnet, wodurch die Zusammensetzung in der Mischkammer verändert wird. Eine Pumpe fördert den Eluenten zu Injektor und Säule. Bei einer derartigen Ausführung werden die Lösungsmittel auf der Niederdruckseite der Pumpe gemischt, deshalb spricht man von einem Niederdruck-Gradientensystem. Es ist relativ billig, obwohl das Schaltventil sehr präzise gesteuert werden muss. Das Verweilvolumen (siehe unten) ist groß, und es können Probleme durch Luftblasen auftreten.

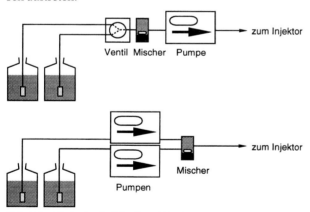

Abb. 4.2 Niederdruck- (oben) und Hochdruck-Gradientensystem (unten)

Für ein *Hochdruck-Gradientensystem* (Abbildung 4.2 unten) benötigt man zwei oder drei Hochdruckpumpen, welche verschiedene Lösungsmittel fördern (diese müssen natürlich miteinander mischbar sein!). Anfänglich fördert die Pumpe mit dem schwachen Eluenten viel (oder alles) und die Pumpe mit dem starken Eluenten wenig (oder nichts). Die Anteile am Fördervolumen jeder Pumpe werden nach und nach stufenlos oder in Stufen, linear oder exponentiell verändert. Eine elektronische Regelung muss darüber wachen, dass die Summe der geförderten Volumina stets konstant bleibt. Hier geschieht das Mischen der Lösungsmittel auf der Hochdruckseite der Pumpen, deshalb bezeichnet man diese Ausführung als Hochdruck-Gradientensystem. Weil für jedes Lösungsmittel eine eigene Pumpe benötigt wird, ist es teuer. Sein Verweilvolumen ist klein.

*L. R. Snyder und J.W. Dolan,
LC GC Int. 3 (10, 1990) 28.*

Das *Verweilvolumen* (dwell volume) ist das Volumen im HPLC-System vom Punkt, wo die Lösungsmittel gemischt werden, bis zum Eintritt in die Säule. Bei einem Niederdruck-Gradienten beinhaltet dies die Volumina von Schaltventil, Mischer, Pumpenkopf, Injektor und der Verbindungskapillaren. Bei einem Hochdruck-Gradienten ist es kleiner, weil es nur die Volumina von Mischer, Injektor und Kapillaren umfasst.

Wenn man kein Gradientensystem besitzt, kann man sich behelfen, indem man die Ansaugleitung der Pumpe nacheinander in verschiedene Vorratsflaschen legt (das ergibt einen Stufengradienten, Lufteinschlüsse vermeiden!) oder zur ersten Komponente unter Rühren eine zweite tropft, währenddem die Pumpe fördert (das ergibt einen kontinuierlichen Gradienten).

4.4
Kapillarleitungen

*S.R. Bakalyar, K. Olsen, B.
Spruce und B.G. Bragg, LC
GC Int. 3 (7, 1990) 10.*

Üblicherweise werden Kapillaren mit einem Außendurchmesser von 1/16'' (1,6 mm) verwendet, um die einzelnen Bauteile des HPLC-Geräts miteinander zu verbinden. Man hat unter anderem die Wahl zwischen Leitungen mit 0,17, 0,25, 0,5 oder 1 mm Innendurchmesser. Für alle Verbindungen, die nicht von der Probe durchflossen werden, sind die 1-mm-Kapillaren vorzuziehen, weil sie (normalerweise) nicht verstopfen und den kleinstmöglichen Strömungswiderstand aufweisen. Ihr Volumen beträgt 0,8 ml pro Meter. Für Verbindungen, die in Bezug auf das Totvolumen kritisch sind, d.h. diejenigen zwischen Injektor und Säule sowie zwischen Säule und Detektor, müssen 0,17- oder 0,25-mm-Kapillaren verwendet werden. Der 0,17-mm-Typ hat bei weitem das kleinste Totvolumen (23 μl/m), aber spezielle Vorsichtsmaßnahmen wie das sorgfältige Filtrieren von Eluent und Proben sind notwendig, um ein Verstopfen zu vermeiden. 0,25-mm-Kapillaren (mit 50 μl/m) sind weniger kritisch, aber für Säulen, welche sehr schmale Peaks erzeugen, können sie eher nicht empfohlen werden.

Allgemeine Aspekte der Totvolumina im HPLC-Instrument wurden bereits in Abschnitt 2.6 erläutert. In der Literatur wurden verschiedene Formeln zur Berechnung der maximal gestatteten Kapillarlänge l_{cap} beschrieben; eine Adaption nach *M. Martin* et al. lautet wie folgt:

$$l_{cap}[\text{cm}] = 4 \cdot 10^{10} \frac{F[\text{ml/min}]\, t_R^2[\text{min}]\, D_m[\text{m}^2/\text{s}]}{d_{cap}^4[\text{mm}]\, N}$$

M. Martin, C. Eon und G. Guiochon, J. Chromatogr. 108 (1975) 229.

F: Volumenstrom der mobilen Phase

t_R: Retentionszeit des interessierenden Peaks

D_m: Diffusionskoeffizient der Probenmoleküle in der mobilen Phase

d_{cap}: Innendurchmesser der Kapillare

N: Trennstufenzahl des interessierenden Peaks

Diese Gleichung ergibt die Kapillarlänge, welche den Peak um nicht mehr als 5% verbreitert. Für eine Abschätzung (mehr kann von dieser Formel nicht erwartet werden) genügt es, den Diffusionskoeffizienten von kleinen Molekülen als $1 \cdot 10^{-9}$ m²/s anzunehmen. Damit kann die Formel in etwas einfacherer Form dargestellt werden:

$$l_{cap}[\text{cm}] = 40 \frac{F[\text{ml/min}]\, t_R^2[\text{min}]}{d_{cap}^4[\text{mm}]\, N}$$

Aufgabe 15:

Bei einem Volumenstrom von 1 ml/min hat ein Peak eine Retentionszeit von 2,6 min auf einer Säule mit 7900 theoretischen Trennstufen. Wie lang darf eine 0,25-mm- oder eine 0,17-mm-Kapillare sein, welche den Peak um nicht mehr als 5% verbreitert?

Lösung:

$$l_{cap}[\text{cm}] = 40 \frac{1 \cdot 2,6^2}{0,25^4 \cdot 7900}\ \text{cm} = 9\ \text{cm für die 0,25-mm-Kapillare}$$

In analoger Weise berechnet sich eine Länge von 41 cm für die 0,17-mm-Kapillare.

Man sieht, dass sich der Innendurchmesser mit der vierten Potenz auswirkt! Man darf folglich relativ lange Kapillaren einsetzen, wenn sie genügend dünn sind. Für analytische Trennungen ist es nicht zulässig, an den kritischen Stellen 0,5-mm-Kapillaren zu verwenden.

Der durch Kapillaren erzeugte Strömungswiderstand Δp ist gering, wenn man ihn mit demjenigen vergleicht, den die Säule hervorruft. Er kann mit der *Hagen-Poiseuille*-Gleichung (für laminare Strömung) berechnet werden, welche mit den in der HPLC üblichen Dimensionen wie folgt lautet:

$$\Delta p[\text{bar}] = 6,8 \cdot 10^{-3} \frac{F[\text{ml/min}]\, l_{cap}[\text{m}]\, \eta[\text{mPas}]}{d_{cap}^4[\text{mm}]}$$

η: Viskosität der mobilen Phase

Für die Berechnung des Druckverlusts in kPa beträgt der Faktor 0,68.

Aufgabe 16:

Berechnen Sie den Druckverlust, den ein Fluss von 2 ml/min Wasser durch eine Kapillare von 0,8 m Länge und 0,25 mm Innendurchmesser erzeugt.

Lösung:

Wasser hat eine Viskosität von 1 mPas (Abschnitt 5.1).

$$\Delta p = 6{,}8 \cdot 10^{-3} \frac{2 \cdot 0{,}8 \cdot 1}{0{,}25^4} \, \text{bar} = 2{,}8 \, \text{bar}$$

An Materialien hat man die Wahl zwischen Stahl, Teflon und Peek. Stahl ist druckbeständig und in der Regel auch korrosionsbeständig; die Ausnahmen sind in Abschnitt 4.1 aufgeführt. Er ist nicht unbedingt biokompatibel und kann Proteine absorbieren. Teflon ist nur wenig druck- und temperaturbeständig und kann deshalb nicht überall eingesetzt werden. Peek (Polyeththeretherketon, siehe Abbildung 4.3) kann anstelle von Stahl verwendet werden, sofern man seine beschränkte Beständigkeit gegen Druck und gewisse Chemikalien beachtet: Peek ist gegenüber Dichlormethan, Tetrahydrofuran, Dimethylsulfoxid, konzentrierter Salpeter- und konzentrierter Schwefelsäure nicht beständig. Das Material ist biokompatibel. Die obere Drucklimite beträgt etwa 200 bar, obwohl gewisse Hersteller 350 bar angeben. Peekkapillaren sind farbcodiert: 0,17 mm gelb, 0,25 mm blau, 0,5 mm orange, 1 mm grau. Ultrapek und Carbon Peek haben eine etwas andere chemische Zusammensetzung als Peek, was zu besserer chemischer und Druckbeständigkeit führt.

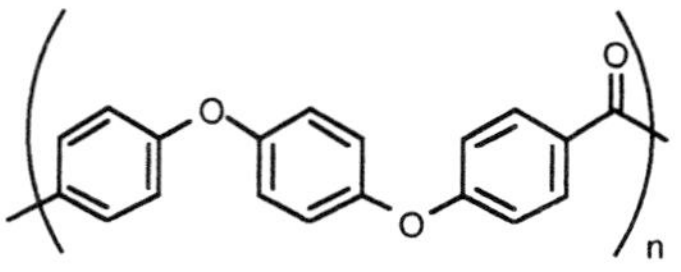

Abb. 4.3 Chemische Formel von Peek (Polyetheretherketon)

Es wird empfohlen, alle Kunststoffkapillaren ausschließlich mit Kunststoff-Fittings („fingertight") zu verwenden. Bei Stahlfittings besteht die Gefahr, dass sie zu stark angezogen werden und dadurch die Kapillare beschädigen.

Teflon- und Peekkapillaren können bequem mit einer Rasierklinge zugeschnitten werden, aber es sind auch Schneidinstrumente erhältlich. Stahl ist schwierig zu schneiden, denn dünnwandige Rohre deformieren sich leicht und dickwandige können verstopfen oder verengt werden. Am besten verwendet man ein Spezialinstrument, von denen verschiedene Typen auf dem Markt sind. Man beachte die Instruktionen. Wenn man kein solches Werkzeug zur Hand hat, feilt man mit einer dünnen Feile eine schmale Kerbe rings um die Kapillare. Man fasst sie dann mit zwei Flachzangen oder mit einem Schraubstock und einer Zange ganz nahe an der Kerbe und biegt sie hin und her, bis sie bricht. Wenn man eine frisch geschnittene Kapillare zum ersten Mal einbaut, so muss das neue Ende flussabwärts liegen, ohne dass man ein weiteres Instrument anschließt. Auf diese Weise spült man eventuelle Späne und Abrieb direkt in die Abfallflasche.

4.5
Fittings

Die kleinen Verschraubungsteile, welche zur Verbindung der einzelnen Elemente im HPLC-Gerät benötigt werden, nennt man Fittings. Meist führen sie eine Kapillare in die Säule oder in ein Bauteil. Eine mögliche Ausführung ist in Abbildung 4.4 gezeigt. Wie in der Zeichnung benützt man oft das Wort „Fitting" für denjenigen Teil, der auf der Kapillare beweglich ist; hier ist es eine Druckschraube. Sie kann aus Stahl oder Kunststoff (Kel-F oder Ketonharz) hergestellt sein.

Stahlfittings haben üblicherweise einen separaten Klemmring (Ferrule). Einige Ausführungen benützen sogar zwei Klemmringe, nämlich einen dünnen Ring und einen konischen, längeren Teil. Nach der Installation sind die Stahl-Klemmringe dauerhaft auf die Kapillare geklemmt, welche etwas verdrückt wird. Sie können nicht mehr entfernt werden. Obwohl sich Stahlfittings auch auf Teflon- oder Peek-Kapillaren montieren lassen, wird dies eher nicht empfohlen, weil der Kunststoff bei unsachgemässer Installation zu stark komprimiert wird. In jedem Fall sind Schraubenschlüssel für die Montage notwendig.

Kunststoff-Fittings haben ein separates oder integriertes Ferrule; im zweiten Fall bestehen Schraube und Klemmring aus einem Stück. Die Kompression der Kapillare ist mit Kunststoff-Fittings weniger stark, sodass man sie wieder entfernen kann. Sie sind für alle Arten von Plastikkapillaren zu empfehlen, aber man kann sie auch mit Stahlkapillaren verwenden. Für die Montage sind keine Werkzeuge nötig, sie sind „fingertight".

Die Installation muss stets genau nach der mitgelieferten Anleitung geschehen. Überdrehen und jede Art von Murks sind unbedingt zu vermeiden (es geschieht aber dennoch immer wieder). Am besten zieht man die Schraube nur wenig an und vergewissert sich dann, ob die Verbindung druckfest ist und nicht leckt. Wenn nötig, zieht man nun etwas mehr an. Zu stark angezogene Fittings können die Kapillare und die ganze Verschraubung beschädigen; sie haben eine kurze

J. W. Batts, All About Fittings, Scivex, Upchurch Scientific Division, P. O. Box 1529, Oak Harbor, WA 98 277, USA.

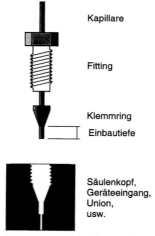

Kapillare

Fitting

Klemmring
Einbautiefe

Säulenkopf,
Geräteeingang,
Union,
usw.

Abb. 4.4   Hochdruckverbindung

Lebensdauer und können nicht oft wieder verwendet werden. Gewinde und konische Flächen müssen von Silicagel und anderem Staub peinlich sauber gehalten werden.

Es sind viele verschiedene Typen von zahlreichen Herstellern erhältlich. Die verschiedenen Marken dürfen nicht untereinander ausgetauscht werden! Sie unterscheiden sich oft im Winkel des Klemmrings und in der Einbautiefe, welche von 0,170" = 4,32 mm (Rheodyne) bis 0,080" = 2,03 mm (Valco) variiert. Das Gewinde ist üblicherweise englisch und nicht metrisch, aber auch die Gewindelänge ist nicht bei allen Fabrikaten gleich. Wenn die Einbautiefe der Kapillare kleiner als verlangt ist, so liegt ein Totvolumen vor; ist sie größer, so wird die Kapillare beschädigt oder die Säulenfritte in das chromatographische Bett gestoßen.

Beachte: Die Bezeichnung 1/16"-Fitting bedeutet, dass es für Kapillaren von 1/16" Außendurchmesser geeignet ist. Die Schraube ist viel dicker, beispielsweise 5/16".

4.6
Probenaufgabesysteme

Die Probenaufgabe ist einer der kritischen Punkte in der HPLC. Auch die beste Säule liefert schlechte Trennungen, wenn die Injektion nachlässig geschieht.

Theoretisch sollte das Probegemisch als unendlich kleines Volumen in der Mitte des Säulenanfangs plaziert werden. Weiter muss man darauf achten, dass mit der Injektion keine Luft in die Säule gelangt. Für die Probenaufgabe bestehen verschiedene Möglichkeiten:

– mit Injektionsspritze und Septum
– mit Dosierschlaufe
– mit automatischem Injektionssystem (Autosampler)

Obwohl die Injektion durch ein *Septum* in den Säulenkopf hinein die direkteste Art der Probenaufgabe mit kleinster Bandenverbreiterung ist, ist sie für die HPLC ungeeignet. Sie ist nur bei Drucken unter 100 bar möglich. Es besteht immer die Gefahr der Verstopfung der Nadel durch Septummaterial, zudem muss das Septum gegenüber der verwendeten mobilen Phase chemisch beständig sein.

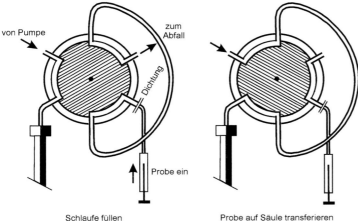

Schlaufe füllen   Probe auf Säule transferieren

Abb. 4.5   Dosierschlaufe

Die Funktion von *Dosierschlaufen* ist aus Abbildung 4.5 klar ersichtlich:

J. W. Dolan, LC Magazine 3 (1985) 1050.

Man füllt die Schlaufe (loop) mit Probelösung und dreht dann den Innenkörper mit den Kanälen, um die Schlaufe in den Eluentenstrom zu bringen.   Diese Ventile nennt man, da sie sechs Anschlüsse haben, Six-port-Ventile.
Schlaufen lassen sich mit zwei verschiedenen Methoden verwenden:
– Vollständige Füllung. Beim Füllen der Schlaufe kann die Probe das vorher darin enthaltene Lösungsmittel nicht als Pfropfen verdrängen, sondern vermischt sich mit ihm. Aus diesem Grund muss bei quantitativen Bestimmungen mit externem Standard die Schlaufe mit dem fünffachen Volumen an Probelösung beschickt werden, damit sie nicht mehr als 1% Rest-Lösungsmittel enthält. Beispiel: eine 20 µl-Schlaufe soll mit 100 µl Probelösung gefüllt werden. (Bei einer quantitativen Analyse mit internem Standard kann natürlich eine kleinere, beliebige Menge eingespritzt werden.)

– Teilweise Füllung. Für Arbeiten, bei welchen keine Probelösung verloren gehen darf, soll die Schlaufe nach Herstellerangaben nur zur Hälfte gefüllt werden. Der Verlust beruht auf der teilweisen Vermischung von Probe und der sich bereits in der Schlaufe befindlichen Flüssigkeit; die Ursache ist das parabelförmige Strömungsprofil in der Kapillare. Um dies zu verhindern, kann man versuchen, die Probe mit „leading bubble", das heißt einer der injizierten Lösung vorauslaufenden kleinen Luftblase einzuspritzen.

M. C. Harvey und S. D. Stearns, J. Chromatogr. Sci. 20 (1982) 487.

Auf jeden Fall soll die Schlaufe in entgegengesetzter Richtung von der mobilen Phase duchströmt werden als wie sie gefüllt wurde; das ist in Abbildung 4.5 so dargestellt. Auf die Weise unterdrückt man die Bandenverbreiterung beim Transfer auf die Säule, auch wenn die Probe nur einen Bruchteil des Schlaufenvolumens füllt.

Dosierschlaufen gibt es in Größen von 5 bis 2000 µl. Sie lassen sich am Dosierventil anschrauben und leicht auswechseln. Kleinere Probenmengen, wie sie für 3 µm- und Mikrosäulen benötigt werden, injiziert man am besten mit einem speziellen Ventil. Dieses hat keinen äußeren, sondern einen internen Loop von 0,5–5 µl Inhalt.

Die Rotordichtung (die in Abbildung 4.5 schraffierte Fläche in der Mitte des Ventils) besteht üblicherweise aus Vespel, das beste mechanische Eigenschaften hat und im pH-Bereich von 0–10 verwendet werden kann. Falls die mobile Phase einen höheren pH-Wert besitzt, benötigt man eine Tefzel-Dichtung, welche bis pH 14 beständig ist. Dieses Material ist allerdings mechanisch weniger günstig, und seine Kanäle verformen sich unter hohem Druck. Die Oberflächen von Tefzel sind rauher als solche, die man bei der Bearbeitung von Vespel erhält. Daher wird empfohlen, Rotordichtungen aus Tefzel nur wenn nötig einzusetzen.

J. W. Dolan, LC GC Eur. 14 (2001) 276.

Das Herzstück eines *Autosamplers* ist ebenfalls ein Sechswegventil. Seine Schlaufe kann wie bei manueller Injektion teilweise oder vollständig gefüllt werden. Zwischen den einzelnen Proben sind Spülschritte nötig, die ebenfalls automatisiert sind. Die verschiedenen Flüssigkeiten – Probe, mobile Phase, Spülflüssigkeit – können voneinander durch eingezogene Luftblasen getrennt werden. Es sind verschiedene Ausführungen der automatischen Injektion (und Variationen davon) in Gebrauch.

– Pull-loop-Injektion (Abbildung 4.6 A): Die flüssige Probe wird mit einer Spritze vom Vial (Probenfläschchen) durch die Schlaufe gezogen. Um eine Serie von Proben abarbeiten zu können, müssen sich entweder die Vials oder die Nadel bei Position 1 bewegen. Dieses Prinzip ist technisch einfach. Es wird aber zusätzliche Probenlösung benötigt, um die Kapillare zwischen Vial und Schlaufe zu füllen; dieses Material fliesst nachher in den Abfall und geht verloren. Der beim Ziehen entstehende Unterdruck kann zu Kavitation, d.h. zu Blasenbildung und dadurch zu Ungenauigkeiten führen.

- Push-loop-Injektion (Abbildung 4.6 B): Diese Ausführung ahmt die manuelle Injektion nach, indem die Probenflüssigkeit in die Spritze gezogen und anschliessend durch eine Niederdruck-Dichtung in die Schlaufe gedrückt wird. Die Spritze muss sich bewegen, je nach Konstruktion des Autosamplers auch die Vials. Das Injektionsvolumen kann in einem weiten Bereich gewählt werden und es geht nur wenig Probe verloren.

- Integral-loop-Injektion (Abbildung 4.6 C): Hier ist es die Schlaufe selbst, die sich zwischen dem Vial und einer Hochdruckdichtung des Sechswegventils bewegt. Es geht keine Probe verloren und das Problem der Verschleppung (siehe unten) existiert kaum. Die Hochdruck-Dichtung kann die schwache Stelle dieses Injektionsprinzips sein.

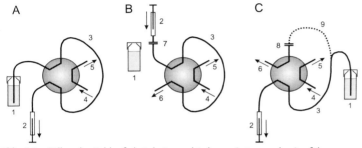

Abb. 4.6 Füllen der Schlaufe bei drei verschiedenen Autosampler-Ausführungen: A Pull-loop, B Push-Loop, C Integral-Loop
1: Proben-Vial, 2: Spritze mit Schrittmotor,
3: Schlaufe, 4: von der Pumpe, 5: zur Säule,
6: zum Abfall, 7: Niederdruck-Dichtung, 8: Hochdruck-Dichtung, 9: Position der beweglichen Schlaufe wenn das Ventil gedreht und die Probe auf die Säule transferiert wird

Autosampler können nicht den letzten Tropfen in einem Vial ausnützen, weil die Nadel einen gewissen Abstand zum Boden des Fläschchens haben muss. Ein möglicher Ausweg ist die Verwendung von Vials mit konischer Innenform oder eines konischen Einsatzes, der auf einer kleinen Feder ins Vial gestellt wird (Abbildung 4.7).

Der Injektor ist Teil des Verweilvolumens der HPLC-Apparatur (siehe Abschnitt 4.3). Dies ist zu beachten, wenn das Schlaufenvolumen massiv verändert wird, beispielsweise von 50 µl auf 1 ml. Es kann dann notwendig sein, das Gradientenprofil einer schwierigen Trennung anzupassen.

Die Spülflüssigkeit besteht üblicherweise aus der mobilen Phase, jedoch ohne Pufferzusätze. Sie muss ausgezeichnete Lösungseigenschaften in Bezug auf die Probenrückstände haben, von denen Nadel und Kapillaren gereinigt werden sollen.

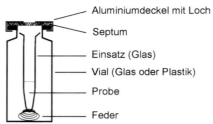

Aluminiumdeckel mit Loch

Septum

Einsatz (Glas)

Vial (Glas oder Plastik)

Probe

Feder

Abb. 4.7 Vial mit konischem Einsatz und Feder für kleine Probenvolumina

J. W. Dolan, LC GC Eur. 14 (2001) 148 und 664.

Wichtige Eigenschaften aller Injektionssysteme sind ihre Präzision und Verschleppung (carry-over, das Erscheinen von Spuren der vorherigen Probe im Chromatogramm). Beide Werte werden bestimmt wie in Abschnitt 24.2 beschrieben. Die Präzision sollte besser als 0,3 % relative Standardabweichung sein. Die Verschleppung sollte weniger als 0,05 % betragen. Diese Werte sind allerdings nur mit gut gewarteten Geräten zu erreichen, bei denen die Verschleissteile (Nadel, Rotordichtung) neuwertig sind; zudem muss die Probe günstige Löslichkeits-Eigenschaften aufweisen und nicht auf den Oberflächen von Kapillaren oder Dichtungen adsorbieren.

4.7
Probelösung und Probevolumen

Guide to Sample Preparation, Supplement zu LC GC Europe, Advanstar, 2000; S. C.Moldoveanu und V. David, Sample Preparation in Chromatography, Elsevier, Amsterdam 2002.
M. C. Hennion, J. Chromatogr. A 856 (1999) 3; C. F. Poole, Trends Anal. Chem. 22 (2003) 362.

Die *Probenvorbereitung* stellt unter Umständen, beispielsweise in der klinischen Chemie und oft in der Umweltanalytik, große Probleme. Allgemeine Verfahren sind Filtration (eventuell durch eine besonders ausgewählte Membrane, welche gewisse Stoffe selektiv zurückhält), Festphasenextraktion mit Wegwerfkartuschen (auch diese mit abgestimmter Selektivität), Proteinfällung und Entsalzung.
Ein Spezialfall ist die Probenvorbereitung für die Trennung von Biopolymeren.

Die *Probelösung* darf keine Feststoffe enthalten, nötigenfalls muss man sie vorher filtrieren. Am einfachsten löst man die Probe in der mobilen Phase selbst auf, falls dies wegen ihrer Löslichkeit möglich ist. (Extreme Unlöslichkeit in der mobilen Phase kann zu Tailing und Verstopfen der Säule führen, man sollte also einen anderen Eluenten suchen.) Will man die Totzeit als Brechungsindexänderung registrieren, so wählt man zum Lösen ein schwächeres Lösungsmittel als die mobile Phase, welches ihr aber chemisch möglichst verwandt ist; z. B. Pentan für die Elution mit Hexan (normale Phase) oder Wasser für die Elution mit Methanol (Umkehrphase). Die erzielbare Bodenzahl soll sogar höher sein, wenn man die Probe in einem deutlich schwächeren Lösungsmittel dosiert, als die mobile Phase selber darstellt: die Komponenten werden so am Säulenanfang konzentriert. Ist das Lösungsmittel für die Probe deutlich stärker als die mobile Phase, so kann dies zu merklicher Bandenverbreiterung führen, unter Umständen sogar zu komischen Peakformen. Abbildung 4.8 zeigt dies im Fall einer Umkehrphasentrennung, wo die mobile Phase nur 8% Acetonitril enthält. Wenn die Probelösung mehr Acetonitril als die mobile Phase enthält (was bei Umkehrphasentrennung eine höhere Elutionskraft bedeutet), so wird zunächst Bandenverbreiterung, bei noch höherem Gehalt eine massive Peakverzerrung beobachtet.

Siehe Fig. 8 und 9 in P. J. Naish, D. P. Goulder und C. V. Perkins, Chromatographia 20 (1985) 335.

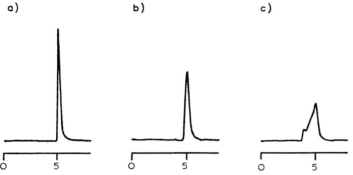 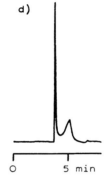

Abb. 4.8 Einfluss des Lösungsmittels für die Probe auf die Peakform Probe: Phenylalanin; mobile Phase: Puffer pH 3,5/Acetonitril 92:8; stationäre Phase: Umkehrphase; Detektion: UV 210 nm; Probe gelöst in Puffer mit a) 0%, b) 30%, c) 50%, d) 70% Acetonitril (nach N. E. Hoffman, S. L. Pan und A. M. Rustum, J. Chromatogr. 465 (1989) 189)

Über die Menge, welche eingespritzt werden kann, wurde bereits in Abschnitt 2.7 gesprochen. Diese Menge lässt sich in mehr oder weniger Lösungsmittel auflösen. Die Bandenverbreiterungs-Theorie legt nahe, das Probevolumen möglichst klein zu halten. Andererseits kann es günstig sein, die Probe in einem relativ großen Volumen zu lösen, um lokale Überladungseffekte am Säulenanfang zu vermeiden. Offensichtlich gibt es aber eine obere Grenze für das Dosiervolumen (die man beim präparativen Arbeiten bewusst überschreitet), weil die Peakbreite beim Austritt aus der Säule mindestens so groß ist wie das Volumen beim Einspritzen. Das Dosiervolumen sollte also kleiner sein als die Bandenverbreiterung (gemessen als Elutionsvolumen), die in der Säule auftritt, damit die Bodenzahl nicht rapid sinkt.

5
Lösungsmitteleigenschaften

5.1
Tabelle organischer Lösungsmittel

Die Tabelle listet eine große Anzahl von Lösungsmitteln in der Reihenfolge ihrer Polarität auf. Viele von ihnen sind als mobile Phasen ungeeignet aus Gründen, die in Abschnitt 4.1 diskutiert werden. Die Tabelle macht klar, wieso eine bestimmte Verbindung keine gute Wahl ist; beispielsweise weil ihre UV-Absorption oder ihre Viskosität zu groß ist. Einige Lösungsmittel werden für gewisse Anwendungen in geringer Konzentration als Additive verwendet: mit einem kleinen Zusatz eines Amins wird die mobile Phase basisch, mit einer Säure erhält man einen sauren Eluenten.

Die Tabelle enthält die folgenden Eigenschaften der Lösungsmittel:

Stärke: ε° ist ein Parameter, der die Elutionsstärke des Lösungsmittels beschreibt, wenn es als mobile Phase auf Silicagel verwendet wird. Er ist ein Maß für die Adsorptionsenergie eines Lösungsmittelmoleküls pro Flächeneinheit des Adsorbens. Eine Liste von Eluenten nach ihrer Stärke wird als *eluotrope Reihe* bezeichnet. (In vielen Tabellen wird ε° für Aluminiumoxid angegeben, was höhere Werte ergibt: ε° (Al_2O_3) = 1,3 ε° (SiO_2).)

Viskosität: η ist in mPa s bei 20°C angegeben. Lösungsmittel mit einer höheren Viskosität als Wasser mit η = 1,00 sind für die HPLC weniger günstig, weil bei ihrer Verwendung der Druck hoch ist.

Brechungsindex: Wie die Abkürzung zeigt ist n_D^{20} bei 20°C angegeben.

UV-Grenze: Dies ist die Wellenlänge, bei welcher die Extinktion des reinen Lösungsmittels, mit 1 cm Schichtdicke gegen Luft gemessen, 1,0 ist (10 % Transmission). Die angegebenen Werte gelten nur für sehr reine Lösungsmittel. Weniger saubere Lösungsmittel haben höhere UV-Grenzen.

Siedepunkt: Ein zu tiefer Siedepunkt ist weniger angenehm. Es besteht die Gefahr von Dampfblasen in der Apparatur. Beim Entgasen können Lösungsmittelverluste entstehen.

Dipolcharakter: π^* ist ein Maß für die Fähigkeit des Lösungsmittels, mit einem gelösten Stoff über Dipol- und Polarisationskräfte in Wechselwirkung zu treten.

Azidität: α ist ein Maß für die Fähigkeit des Lösungsmittels, mit einem basischen gelösten Stoff (Akzeptor) als Wasserstoffbrückendonor in Wechselwirkung zu treten.

Basizität: β ist ein Maß für die Fähigkeit des Lösungsmittels, mit einem sauren gelösten Stoff (Donor) als Wasserstoffbrückenakzeptor in Wechselwirkung zu treten.

Beachte: π^*, α und β sind normiert, sodass ihre Summe 1,00 ergibt. Sie stellen somit nur relative Werte dar. Diese so genannten *solvatochromen Parameter* sind für die Charakterisierung der Selektivitätseigenschaften eines Lösungsmittels nützlich, siehe Abschnitt 5.2. Lösungsmittel mit kleiner Polarität, von den Fluoralkanen bis zu Tetrachlorkohlenstoff, gehen mit den Analyten keine Wechselwirkungen über Dipole oder Wasserstoffbrücken ein, daher sind für sie keine solvatochromen Parameter aufgeführt.

L.R. Snyder, P.W. Carr und S. C. Rutan, J. Chromatogr. A 656 (1993) 537.

5.2
Lösungsmittelselektivität

Die wirkungsvollste Maßnahme zur Beeinflussung einer Trennung ist eine Änderung der Selektivität des Phasensystems. Dies kann man durch den Einsatz einer anderen Methode (beispielsweise Normal- oder Umkehrphasen-Chromatographie), einer anderen stationären Phase (beispielsweise Octadecyl- oder Phenyl-Silicagel) oder einer anderen mobilen Phase erreichen. Im letzteren Fall ist es am besten, Lösungsmittel zu wählen, die sich stark in ihren Selektivitätseigenschaften unterscheiden. Diese Eigenschaften sind in Tabelle 5.1 als solvatochrome Parameter aufgeführt.
Verwendet man diese Parameter zur Konstruktion eines Diagramms, wie es in Abbildung 5.1 dargestellt ist, erhält man ein Selektivitätsdreieck, welches die Unterschiede der Lösungsmittel in Bezug auf ihre sauren (α), basischen (β) und Dipoleigenschaften (π^*)

Eluotrope Reihe mit Lösungsmitteleigenschaften

Lösungsmittel	Stärke $\varepsilon°$	Viskosität η (mPa s)	Brechungs-index n_D^{20}	UV-Grenze (nm)	Siede-punkt (°C)	Dipol π^*	Azidität α	Basizität β
Fluoralkan FC-78	−0,19	0,4	1,267	210	50			
n-Pentan	0,00	0,23	1,3575	195	36			
n-Hexan	0,00	0,33	1,3749	190	69			
Isooctan	0,01	0,50	1,3914	200	99			
Cyclohexan	0,03	1,00	1,4262	200	81			
Cyclopentan	0,04	0,47	1,4064	200	49			
Tetrachlorkohlenstoff	0,14	0,97	1,4652	265	77			
p-Xylol	0,20	0,62	1,4958	290	138	0,81	0,00	0,19
Diisopropylether	0,22	0,37	1,3681	220	68	0,36	0,00	0,64
Toluol	0,22	0,59	1,4969	285	111	0,83	0,00	0,17
Chlorbenzol	0,23	0,80	1,5248	290	132	0,91	0,00	0,09
Benzol	0,25	0,65	1,5011	280	80	0,86	0,00	0,14
Diethylether	0,29	0,24	1,3524	205	34,5	0,36	0,00	0,64
Dichlormethan	0,30	0,44	1,4242	230	40	0,73	0,27	0,00
Chloroform	0,31	0,57	1,4457	245	61	0,57	0,43	0,00
1,2-Dichlorethan	0,38	0,79	1,4448	230	83	1,00	0,00	0,00
Triethylamin	0,42	0,38	1,4010	230	89	0,16	0,00	0,84
Aceton	0,43	0,32	1,3587	330	56	0,56	0,06	0,38
Dioxan	0,43	1,54	1,4224	220	101	0,60	0,00	0,40
Essigsäuremethylester	0,46	0,37	1,3614	260	56	0,55	0,05	0,40
Tetrahydrofuran	0,48	0,46	1,4072	220	66	0,51	0,00	0,49
tert. Butylmethylether	0,48	0,35	1,3689	220	53	0,36	0,00	0,64
Essigsäureethylester	0,48	0,45	1,3724	260	77	0,55	0,00	0,45
Dimethylsulfoxid	0,48	2,24	1,4783	270	189	0,57	0,00	0,43
Nitromethan	0,49	0,67	1,3819	380	101	0,64	0,17	0,19
Acetonitril	0,50	0,37	1,3441	190	82	0,60	0,15	0,25
Pyridin	0,55	0,94	1,5102	305	115	0,58	0,00	0,42
Isopropanol	0,60	2,3	1,3772	210	82	0,22	0,35	0,43
Ethanol	0,68	1,20	1,3614	210	78	0,25	0,39	0,36
Methanol	0,73	0,60	1,3284	205	65	0,28	0,43	0,29
Essigsäure	groß	1,26	1,3719	260	118	0,31	0,54	0,15
Wasser	größer 1,00		1,3330	< 190	100	0,39	0,43	0,18
Salzlösungen, Puffer	sehr groß							

Wird bei 350 bar fest!

Aceton hat bei 210 nm ein „UV-Fenster", wenn er genügend verdünnt ist. Wasser/Aceton 9:1 gibt dort eine Extinktion von etwa 0,4.

darstellt. Die größten Unterschiede im Elutionsmuster können erwartet werden, wenn man Lösungsmittel wählt, die im Dreieck möglichst weit voneinander entfernt sind. Da man in den meisten Fällen ein Gemisch aus zwei Lösungsmitteln A und B verwendet, kommen nur solche in Frage, die miteinander mischbar sind. Das übliche A-Lösungsmittel in der Normalphasen-Chromatographie ist Hexan, in der Umkehrphasen-Chromatographie ist es Wasser. Folglich ist die Auswahl an möglichen B-Lösungsmitteln beschränkt. Mit Bezug auf die Selektivität macht es keinen großen Sinn, eine Normalphasentrennung sowohl mit Diethylether wie auch mit tert. Butylmethylether zu versuchen, weil alle aliphatischen Ether im Selektivitätsdreieck an derselben Stelle zu finden sind. Analog ist es für Umkehrphasentrennungen nicht notwendig, mehrere aliphatische Alkohole auszuprobieren.

Benzol und seine Derivate werden selten eingesetzt, weil mit ihnen die UV-Detektion nicht möglich ist.

L.R. Snyder, P.W. Carr und S. C. Rutan, J. Chromatogr. A 656 (1993) 537.

5.3
Mischbarkeit

Abbildung 5.2 ermöglicht einen Überblick über die Mischungseigenschaften der üblichen HPLC-Lösungsmittel bei Raumtemperatur. Mischbarkeit ist temperaturabhängig; zudem sind viele Lösungsmittelpaare in gewissen Volumenverhältnissen teilweise miteinander mischbar. Dies wird in der Abbildung nicht dargestellt, weil es immer empfehlenswert ist, Lösungsmittel zu verwenden, die über den ganzen Bereich von reinem A zu reinem B vollständig mischbar sind.

Lösungsmittel, welche mit allen anderen (von Hexan bis Wasser) vollständig mischbar sind: Aceton, konz. Essigsäure (Eisessig), Dioxan, absoluter Ethanol, Isopropanol und Tetrahydrofuran.

5.4
Puffer

In der Ionenaustausch- und oft auch in der Umkehrphasen-Chromatographie werden Puffer als mobile Phase benötigt. Wenn ionische oder ionisierbare Analyten getrennt werden müssen, ist die genaue Einhaltung eines definierten pH-Werts oft, wenn auch nicht immer, eine unbedingte Notwendigkeit. Je nach Trennmethode müssen die Stoffe in die undissoziierte oder die ionisierte Form gezwungen werden. Der gewählte pH-Wert des Puffers muss mindestens zwei Ein-

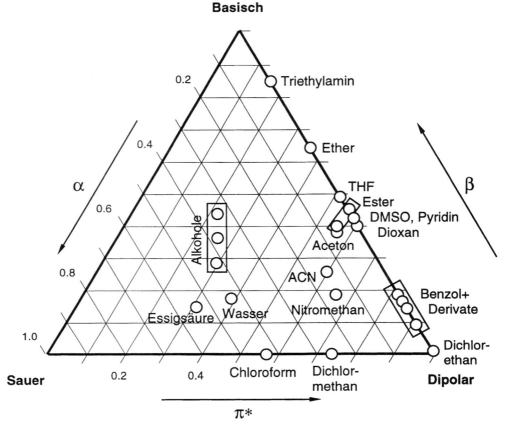

Abb. 5.1 Das Selektivitätsdreieck

heiten vom pK$_S$-Wert der interessierenden Komponenten entfernt sein, damit die große Mehrzahl der Moleküle in einer einzigen Form vorliegt.

Saure Analyten: Puffer-pH 2 Einheiten tiefer als pK$_S$ gibt undissoziierte Moleküle. Puffer-pH 2 Einheiten höher als pK$_S$ gibt Ionen (Anionen).

Basische Analyten: Puffer-pH 2 Einheiten höher als pK$_S$ gibt undissoziierte Moleküle. Puffer-pH 2 Einheiten tiefer als pK$_S$ gibt Ionen (Kationen).

Als Startpunkt ist eine Ionenstärke von 25 mM günstig. Eine zu kleine Ionenstärke zeigt kaum Wirkung, das heißt, die Pufferkapazität ist gering. Hohe Ionenstärken (z. B. 100 mM) können zu Löslichkeitsproblemen mit organischen Lösungsmitteln führen. Es ist zu

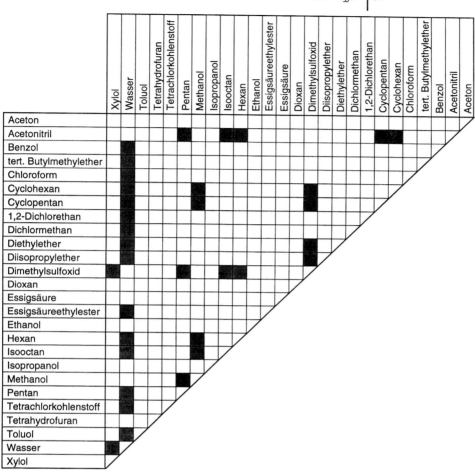

Abb. 5.2 Mischbarkeitsgraphik. Nicht mischbare Lösungsmittelpaare sind grau bezeichnet.

empfehlen, die vollständige Mischbarkeit des gewählten Puffers mit dem gewählten organischen Lösungsmittel über den ganzen Bereich von 0 bis 100 % B zu überprüfen. Eine Filtration *nach* der Herstellung ist bei Pufferlösungen unbedingt notwendig. Sie sind auf Bakterienwachstum anfällig, deshalb kann es von Vorteil sein, 0,1 % Natriumazid zuzufügen. Eine Pufferlösung sollte nach Gebrauch nicht im HPLC-System und in der Säule verbleiben. Sie muss durch Wasser und, bei Umkehrphasen, nachher durch organisches Lösungsmittel ersetzt werden. Wenn dies zu mühsam ist (beispielsweise jeden Abend), so lässt man die Pumpe bei geringem Fluss eingeschaltet.

Puffer sind im Bereich innerhalb von $\pm$ 1 pH-Einheit um ihren pK_S-Wert herum wirksam. Die Tabelle führt einige übliche Pufferionen mit ihren pK_S-Werten auf.

Trifluoressigsäure TFA ist ein gebräuchlicher, flüchtiger Pufferzusatz für die Trennung von Proteinen und Peptiden. Sie zersetzt sich rasch und sollte nicht länger als nötig aufbewahrt werden. Pufferlösungen sollte man täglich frisch zubereiten. TFA gibt Geisterpeaks bei Gradiententrennungen.

pK_S-Werte von üblichen Puffern

Ion	pK_S
Acetat	4,8
Ammonium	9,2
Borat	9,2
Citrat	3,1, 4,7, 5,4
Diethylammonium	10,5
Formiat	3,7
Glycinium	2,3, 9,8
1-Methylpiperidinium	10,3
Perchlorat	−9
Phosphat	2,1, 7,2, 12,3
Pyrrolidinium	11,3
Triethylammonium	10,7
Trifluoracetat	0,2
Tris	8,3

Tris-(hydroxymethyl)aminomethan

Der pH-Wert eines Puffers ist in Wasser eindeutig definiert und kann aus der Zusammensetzung von Salz und Säure bzw. Base berechnet werden. In Gegenwart eines organischen Lösungsmittels sind die Ionenverhältnisse komplizierter und der pH-Wert verändert sich. Es ist jedoch nicht nötig, sich mit diesen Effekten zu beschäftigen. Beim Herstellen der mobilen Phase muss der pH-Wert der *wässrigen* Lösung korrekt eingestellt werden; wie er sich nach dem Zumischen des organischen Anteils verändert, wird man nicht messen.

In vielen Fällen stellt man die Pufferlösung aus einem käuflichen Konzentrat her; bei richtigem Verdünnen wird man den gewünschten pH-Wert erreichen, der eigentlich nicht noch kontrolliert werden muss. Kann oder will man keine Pufferkonzentrate kaufen, so ist es oft am einfachsten, die benötigten Chemikalien (Menge selbst berechnet oder aus Tabellenwerken entnommen) einzuwägen und auf das nötige Volumen zu verdünnen.

G.W. Tindall und J.W. Dolan, LC GC Europe 16 (2003) 64.

Flüchtige Puffer, die man für Lichtstreuungsdetektoren, die Kopplung mit Massenspektroskopie und präparative Trennungen benötigt, sind in nachstehender Tabelle aufgelistet.

Flüchtige Puffersysteme

D. Patel, Liquid Chromatography Essential Data, Wiley, Chichester 1997, S. 89.

pH	Zusammensetzung	Gegenion

pH	Zusammensetzung	Gegenion
2,0	Ameisensäure	H^+
2,3 – 3,5	Pyridin / Ameisensäure	$HCOO^-$
3,0 – 6,0	Pyridin / Essigsäure	CH_3COO^-
6,8 – 8,8	Trimethylamin / HCl	Cl^-
7,0 – 12,0	Trimethylamin / CO_2	CO_3^-
7,9	Ammoniumbicarbonat	HCO_3^-
8,0 – 9,5	Ammoniumcarbonat / Ammoniak	CO_3^-
8,5 – 10,0	Ammoniak / Essigsäure	CH_3COO^-
8,5 – 10,5	Ethanolamin / HCl	Cl^-

5.5
Haltbarkeit von mobilen Phasen

Man sollte immer nur so viel mobile Phase bereit stellen, wie man in nächster Zeit benötigen wird. Die Haltbarkeit ist bei wässrigen Lösungen ohne Zusatz eines organischen Lösungsmittels sehr beschränkt, wenn man strenge Qualitätsstandards einhalten will oder muss.

Daten nach B. Renger, Byk Gulden, Konstanz, persönliche Mitteilung 1998.

Gereinigtes Wasser aus Reinstwasseranlage	3 Tage
Wässrige Lösungen (nicht pufferhaltig)	3 Tage
Pufferlösungen	3 Tage
Wässrige Lösungen mit < 15% org. Lösungsmittel	1 Monat
Wässrige Lösungen mit > 15% org. Lösungsmittel	3 Monate
Organische Lösungsmittel	3 Monate

6
Detektoren

6.1
Allgemeines

Der Detektor soll erkennen, wann eine Substanzbande aus der Säule eluiert wird. Er muss also irgendwie die Änderung der Zusammensetzung der mobilen Phase feststellen, diese in ein elektrisches Signal umwandeln und das Signal dem Schreiber, Bildschirm oder Integrator weiterleiten. Der Schreiber zeichnet dieses dann als Abweichung von der Basislinie.

Der ideale Detektor sollte
- entweder alle eluierten Peaks gleich empfindlich registrieren oder aber nur gerade diejenigen Stoffe, die uns interessieren,
- gegenüber Temperaturänderungen und Änderungen der Zusammensetzung der mobilen Phase (z. B. bei Gradientenelution) unempfindlich sein,
- sehr kleine Substanzmengen noch erfassen können (Spurenanalyse),
- nichts zur Bandenverbreiterung beitragen, also ein ganz kleines Zellvolumen besitzen,
- rasch reagieren, damit auch schmale Peaks, welche in kurzer Zeit durch die Zelle strömen, richtig erfasst werden,
- leicht zu handhaben, robust und billig sein.

Das sind natürlich zum Teil utopische Forderungen, zum Teil schließen sie sich gegenseitig aus. Zur Charakterisierung von Detektoren dienen daher folgende Angaben:

Konzentrations- oder Stoffstromabhängigkeit
Konzentrationsabhängige Detektoren erzeugen ein Signal S, welches proportional zur *Konzentration c* der Probe im Eluat ist:
$$S \sim c \; [g/ml]$$

Stoffstromabhängige Detektoren erzeugen ein Signal, welches proportional zum *Stoffstrom*, das heißt zur Anzahl n Probemoleküle oder -ionen pro Zeiteinheit Δt im Eluat ist:

$$S \sim \frac{n}{\Delta t} \; [\text{g/s}]$$

Um festzustellen, zu welcher Sorte der verwendete Detektor gehört, stellt man im Peakmaximum die Pumpe ab: bei konzentrationsabhängigen Detektoren behält das Signal (der Schreiberausschlag) seinen aktuellen Wert bei, während es bei stoffstromabhängigen Detektoren auf den ursprünglichen Wert (die Basislinie) absinkt.

Mit Ausnahme des stoffstromabhängigen elektrochemischen, Lichtstreuungs-, Leitfähigkeits- und Fotoleitfähigkeitsdetektors sind alle in den Abschnitten 6.2 bis 6.7 beschriebenen Detektoren konzentrationsabhängig.

Selektivität (Spezifität)

Unselektive Detektoren (bulk-property detectors) reagieren auf eine Gesamteigenschaft der Lösung, welche durchfließt. Ein Brechungsindexdetektor erfasst den Brechungsindex des Eluats. Die reine mobile Phase hat einen bestimmten Brechungsindex; werden irgendwelche Substanzen eluiert, so verändert er sich. Dieser Detektor „sieht" jede Änderung des Brechungsindex und registriert jeden Peak. Er ist nicht selektiv. Daher kann der Brechungsindexdetektor, wie auch der Leitfähigkeitsdetektor, kaum für Gradientenelution eingesetzt werden.

Ein UV-Detektor erfasst dagegen nur Stoffe, welche bei der gewählten Wellenlänge eine gewisse Mindestabsorption von ultraviolettem Licht zeigen. Er ist selektiv.

Rauschen (Noise)

Verstärkt man das Signal eines Detektors genügend, so erkennt man, dass er eine unruhige Basislinie hat, obwohl kein Peak eluiert wird.

J. W. Dolan, LC GC Eur. 14 (2001) 530; J. W. Dolan, LC GC Eur. 15 (2002) 142.

Hochfrequentes Rauschen (Abbildung 6.1a) kann von ungenügender Erdung des Detektors und/oder des Schreibers herrühren, aber auch von der Verstärkerelektronik. Auch bei guter Erdung und modernster Elektronik ist ein minimales Rauschen feststellbar. Das hochfrequente Rauschen ist von niederfrequentem (langsamerem) Rauschen überlagert (Abbildung 6.1b).

a) b)

Abb. 6.1 Hoch- und niederfrequentes Rauschen

Meist rührt es von der mobilen Phase her (Verunreinigungen, Blasen, Silicagelkörnchen, Änderungen des Durchflusses), aber auch von raschen Schwankungen der Umgebungstemperatur (wenn man den Detektor an einem zugigen Ort aufstellt). Netzstörungen können eine weitere Ursache sein, z. B. die Schaltimpulse eines Thermostaten. Dann empfiehlt sich die Verwendung eines Netzfilters. Unter Umständen hilft auch ein selbst gebastelter „Faradaykäfig" aus Aluminiumfolie.

Nachweisgrenze

Das kleinste erfassbare Signal kann nicht kleiner sein als die doppelte Höhe des größten Rauschpeaks, in Abbildung 6.2 z. B. 5 ng Dithianon (ein Pestizid). Würde noch weniger injiziert, so könnte man das Signal nicht mehr vom Rauschen unterscheiden. Für die qualitative Analyse sollte ein Signal/Rausch-Verhältnis von 3 bis 5 nicht unterschritten werden, für die quantitative Analyse sollte es größer als 10 sein.

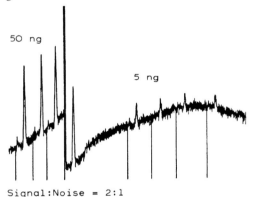

Abb. 6.2 Kleinstes erfassbares Signal Stationäre Phase: Perisorb A; mobile Phase: n-Heptan/Essigester 95:5; Detektor: UV 254 nm (nach F. Eisenbeiss und H. Sieper, J. Chromatogr. 83 (1973) 439)

(Vorsicht bei Angaben wie: „Detektor X kann noch 1 ng Benzol erfassen". Diese Stoffmenge ist von vielen Einflussgrößen abhängig; bei konzentrationsabhängigen Detektoren ist ohnehin die Angabe „Erfassungsgrenze 1 ng/ml" korrekter.)

Drift

Darunter versteht man ein Abwandern der Basislinie; sie erscheint dann in der Datenerfassung als schräger Strich, siehe Abbildung 6.3. Unmittelbar nach dem Einschalten des Detektors ist das Driften normal. Wenn aber Elektronik und Lampen ihre Betriebstemperatur erreicht haben, sollte die Basislinie gerade verlaufen, wenn nicht folgende Ursachen eine Drift bewirken:

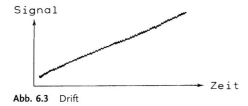

Abb. 6.3 Drift

– Gradientenelution (der Brechungsindex der mobilen Phase ändert sich, was auch von UV-Detektoren erkannt werden kann).
– Nach einem Lösungsmittelwechsel ist die vorherige mobile Phase noch nicht vollständig verdrängt.
– Änderung der Zusammensetzung der mobilen Phase (Verdampfung, zu starkes Entgasen mit Helium).
– Änderung der Umgebungstemperatur.

Linearer Bereich

Der ideale Detektor gibt sowohl bei großen wie auch bei minimalen Probemengen ein Signal, dessen Fläche der eingespritzten Menge proportional ist. Diese Linearität ist bei realen Detektoren natürlich nicht unendlich groß, sollte aber einen möglichst weiten Bereich umfassen. Die Steigung der Linie in Abbildung 6.4, d. h. die Größe der „Antwort" des Detektors auf eine bestimmte Konzentrationsänderung, wird *Response* genannt.

Der lineare Bereich ist bei UV-Detektoren größer als bei Brechungsindexdetektoren. Er liegt bei den meisten Detektoren in der Größenordnung von 1:10 000; das heißt: Wenn die untere Grenze des linearen Bereiches z. B. bei $5 \cdot 10^{-8}$ g/ml liegt, so ist die obere Grenze $5 \cdot 10^{-4}$ g/ml Komponente.

Zeitkonstante

Die Zeitkonstante τ ist ein Maß dafür, wie rasch der Detektor einen Peak registriert. Da der Detektor zusammen mit der Datenerfassung verwendet wird, ist die Zeitkonstante dieser Kombination von Interesse. Die Zeitkonstante ist die Zeit, welche ein System mindestens benötigt, um 63 % (oft wird auch 98 % definiert) des Vollausschlages zu erreichen. Wenn man in der HPLC auch ganz schmale Peaks detektieren will (nämlich die rasch eluierten, Volumen < 100 µl), sollte die Zeitkonstante nicht größer als 0,3 Sekunden sein, für schnelle HPLC nicht größer als 0,1 Sekunden. Eine allzu kleine Zeitkonstante vergrößert das Rauschen, eine zu große verbreitert die Peaks, siehe Abbildung 6.5. Bei besseren Detektoren kann man die Zeitkonstante wählen.

Signal

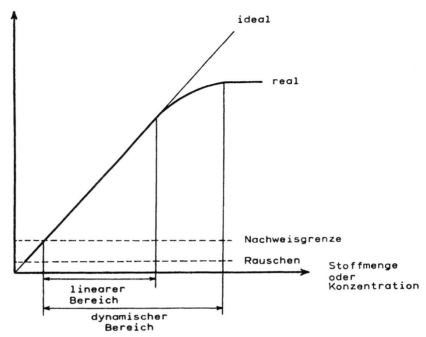

Abb. 6.4 Linearer Bereich eines Detektors

Zellvolumen

Das Zellvolumen soll vernachlässigbar wenig zur Bandenverbreiterung beitragen. Daher soll es weniger als 1/10 des Elutionsvolumens des schmalsten (ersten) Peaks betragen. Üblich sind Zellvolumina von 8 µl. Ein allzu kleines Zellvolumen beeinträchtigt die Nachweisgrenze (da ja eine gewisse Stoffmenge in der Zelle vorhanden sein muss, um ein Signal erzeugen zu können). Für Mikro-HPLC muss die Zelle allerdings deutlich kleiner als 8 µl sein. Die Zelle sollte keine toten Winkel haben, damit der Peak vom nachfolgenden Eluens vollständig weggespült wird.

Beim Verlassen der Säule hat das Eluat den größten Teil des ursprünglichen Druckes verloren. Die Gefahr der Blasenbildung ist an dieser Stelle am größten und trotz allen Vorsichtsmaßnahmen nie ganz auszuschließen. Es ist daher günstig, eine längere Stahlkapillare oder einen Kapillar-Teflonschlauch an den Ausgang des Detektors zu schrauben, um die Zelle unter einem geringen Überdruck (1 bis 2 bar) zu halten. Dabei ist jedoch die Druckfestigkeit der Zelle zu beachten. (Dies gilt auch beim Hintereinanderschalten von Detektoren.) Es gibt UV-Detektoren, deren Zelle bis zu 150 bar aushalten kann.

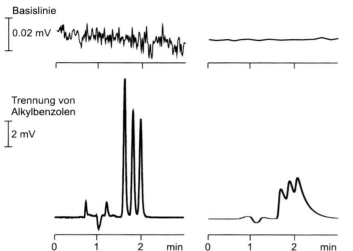

0.1 s   **8 s**

Basislinie

0.02 mV

Trennung von
Alkylbenzolen

2 mV

0   1   2 min   0   1   2 min

Abb. 6.5 Einfluss der Zeitkonstante
Probe: Ethyl-, Butyl-, und tert. Butylben-
zol; Säule: 4 mm × 12,5 cm; stationäre Phase: LiChrospher RP-18 5 µm;
mobile Phase: 1 ml/min Wasser/Metha-
nol 95:5; Detektor: UV 250 nm (nach
D. Stauffer, Hoffmann-La Roche, Ba-
sel).

Achtung: Enthält die mobile Phase einen kleinen Zusatz eines viel
stärker polaren Stoffes (z. B. 1 % Ethanol in Hexan), so kann sich
auf den Fenstern der Zelle ein Film dieses polaren Stoffes bilden.
Wird ein relativ polarer Peak eluiert, so kann er diesen Film ablösen,
was Geisterpeaks hervorruft.

6.2
UV-Detektoren

Der UV-Detektor wird am häufigsten verwendet, weil er ziemlich
empfindlich sein kann, einen großen linearen Bereich besitzt, relativ
unempfindlich gegenüber Temperaturschwankungen ist und auch
bei Gradientenelution eingesetzt werden kann.

Diodenarray-Detektoren siehe Abschnitt 6.10.

Er registiert Substanzen, die ultraviolettes (ggf. sichtbares) Licht absorbieren. Eine Absorption bei einer größeren Wellenlänge als 200
nm tritt dann auf, wenn das Molekül mindestens

– eine Doppelbindung benachbart zu einem Atom mit einsamen
  Elektronenpaaren
  $X{=}Y{-}Z|$ (z. B. Vinylether)
– Brom, Iod oder Schwefel
– eine Carbonylgruppe $C{=}O$

– eine Nitrogruppe NO_2
– zwei konjugierte Doppelbindungen X$=$X—X$=$X

– einen aromatischen Ring ⬡

– Bromid, Iodid, Nitrat oder Nitrit enthält.

Diese Gruppen absorbieren nicht alle gleich stark und nicht bei derselben Wellenlänge. Die Intensität der Absorption und die Lage des Absorptionsmaximums wird auch von benachbarten Atomgruppen im Molekül beeinflusst.

Ein Maß für die Fähigkeit der Lichtabsorption ist der Extinktionskoeffizient ε, der in Handbüchern für viele Stoffe tabelliert zu finden ist. Aromaten haben hohe Extinktionskoeffizienten, Ketone (mit der funktionellen Gruppe C$=$O) einen vergleichsweise kleinen.

Wie stark der Lichtstrahl beim Durchtritt durch die Detektorzelle abgeschwächt wird, hängt vom Extinktionskoeffizienten, von der molaren Konzentration c der Substanz und von der Länge der Zelle d ab. Das Produkt aus ε, c und d nennt man Extinktion E.

$$E = \varepsilon cd$$

E ist eigentlich dimensionslos, doch es ist üblich, eine Extinktion von 1 als 1 Absorptionseinheit zu bezeichnen (absorption unit AU). Die kaum mehr gebräuchliche Bezeichnung „1 AUFS" oder „1 absorption unit full scale" bedeutet, dass der Schreiber bei Vollausschlag eine Extinktion von 1 anzeigt.

Die mobile Phase soll so gewählt werden, dass sie bei der Wellenlänge, welche die Lampe des Detektors aussendet, optisch durchlässig ist, d.h. ihr Extinktionskoeffizient null (oder wenigstens auf null abgleichbar) ist. Die Höhe eines Peaks ist, gemäß obiger Gleichung, abhängig vom Extinktionskoeffizienten und der Konzentration einer durchfließenden Substanz. Stoffe mit großem ε werden größere Peaks geben als solche mit kleinem ε, wenn gleiche Menge injiziert wurden.

Weil die Größe des Signals von der durchstrahlten Schichtdicke d abhängt, sind die Durchflusszellen in UV-Detektoren möglichst lang, häufig 10 mm. Damit das Zellvolumen trotzdem klein bleibt, sind sie sehr dünn. Das Licht tritt in Längsrichtung durch die Zelle. Ein vereinfachtes Bauprinzip ist in Abbildung 6.6 gezeigt.

Mit Hilfe eines Gitters wird die gewünschte Lichtwellenlänge in den Strahlengang gebracht. Vor der Zelle, die von der mobilen Phase durchflossen wird, ist ein Plättchen aus Quarzglas positioniert, das einen kleinen Teil des Lichts auf die Referenz-Fotodiode reflektiert, während die Hauptmenge durch Plättchen und Zelle auf die Mess-Fotodiode fällt. Kleine, immer mögliche Schwankungen der Lichtintensität können dank der Referenzdiode elektronisch eliminiert werden. Die Detektorzelle hat eine optimierte Geometrie, welche dazu

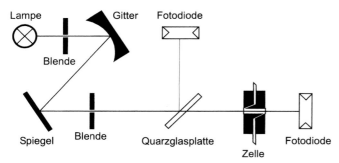

Abb. 6.6 Prinzip eines UV-Detektors

führt, dass Brechungsindexschwankungen im Eluenten (welche bei Gradiententrennungen immer auftreten) zu möglichst geringer Basisliniendrift oder -fluktuation führen.

Als Lichtquelle werden Niederdruck-Quecksilberdampflampen, Cadmium-, Zink-, Deuterium- und Wolframlampen verwendet.
Niederdruck-Quecksilberdampflampen emittieren hauptsächlich Licht von 253,7 nm. Die schwächeren Emissionen bei anderen Wellenlängen müssen sorgfältig ausgefiltert werden, weil sonst der lineare Bereich kleiner würde. Solche Fixwellenlängendetektoren sind bis zu 20mal empfindlicher als Detektoren mit variabler Wellenlänge. Bei 254 nm absorbieren alle aromatischen Moleküle stark; auch Stoffe mit Carbonyl- und ähnlichen Gruppen und mehrfach konjugierten Doppelbindungen können erfasst werden, wenn ihr Absorptionsmaximum nicht zu weit von 254 nm entfernt liegt. Als Ergänzung nach kürzeren Wellenlängen dienen *Cadmiumlampen* mit 229 nm- und *Zinklampen* mit 214 nm-Strahlung. Zieht man phosphoreszierende Schichten zu Hilfe, welche von der Lampe angestrahlt werden, so kann man solche Detektoren auch bei einigen anderen (längeren) Wellenlängen brauchen.
Deuteriumlampen senden ein kontinuierliches UV-Spektrum (bis etwa 340 nm) aus. Die Wellenlänge, bei der man detektieren will, lässt sich dem Problem anpassen. Solche Detektoren sind weniger empfindlich als Fixwellenlängendetektoren (ihr Rauschen ist größer), doch wird das teilweise oder vollständig kompensiert, weil man ja die Wellenlänge auf das Absorptionsmaximum der interessierenden Substanz abstimmen kann. Es ist auch möglich, durch geeignete Wahl störende Peaks verschwinden zu lassen, um die Richtigkeit der Integration oder die Selektivität zu verbessern. Abbildung 6.7 vergleicht unselektive Detektion (alle Peptide werden registriert) mit selektiver (nur Peptide mit aromatischen Aminosäuren werden registriert).

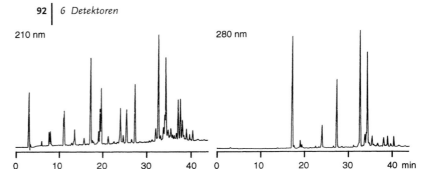

Abb. 6.7 Wahl der Wellenlänge und Selektivität (nach P. von Haller, Departement für Chemie und Biochemie, Universität Bern)
Probe: Fragmente aus dem tryptischen Abbau von α-Lactalbumin; Säule: 4,6 mm × 25 cm; stationäre Phase: Aquapore Butyl 5 μm; mobile Phase: 1ml/min Wasser/Acetonitril mit 0,1 % Trifluoressigsäure, Gradient von 0 bis 50 % Acetonitril in 50 min. 210 nm ist unselektiv, 280 detektiert nur die Fragmente mit aromatischen Aminosäuren.

Wolframlampen emittieren im nahen UV und im sichtbaren Gebiet (ca. 340 bis 850 nm). Sie sind die ideale Ergänzung zu den Deuteriumlampen.

Bei den beiden letzten Lampentypen muss die spektrale Bandbreite nicht so eng sein wie bei registrierenden Spektralfotometern. Eine Bandbreite von ca. 10 nm ist üblich (d.h. das gefilterte Licht ist nicht monochromatisch, sondern umfasst einen Bereich von z.B. 280 bis 290 nm bei einer gewählten Wellenlänge von 285 nm). Dies hat den Vorteil, dass mehr Lichtintensität zur Verfügung steht und damit die Empfindlichkeit gesteigert wird. Zu groß darf die Bandbreite aber nicht sein, da sonst der lineare Bereich des Signals eingeschränkt wird.

6.3
Brechungsindex-Detektoren

Nach dem englischen Wort „refractive index" für Brechungsindex auch *RI-Detektoren* genannt.

Brechungsindexdetektoren sind unselektiv und werden gerne als Ergänzung zu den UV-Detektoren verwendet. Sie registrieren alle Substanzen, die einen anderen Brechungsindex als die reine mobile Phase aufweisen. Das Signal ist umso größer, je stärker sich die Brechungsindizes von Probe und Eluens unterscheiden. In kritischen Fällen kann man die Nachweisgrenze durch richtige Wahl des Lösungsmittels verbessern.

RI-Detektoren sind etwa 1000 mal weniger empfindlich als UV-Detektoren (Nachweisgrenze unter günstigsten Bedingungen etwa $5 \cdot 10^{-7}$ g Probe/ml Eluat, im Gegensatz zu $5 \cdot 10^{-10}$ g/ml mit UV). Da sich der Brechungsindex einer Flüssigkeit um etwa $5 \cdot 10^{-4}$ Einheiten pro °C verändert, ist eine sehr gute Thermostatisierung der Zelle notwendig, besonders dann, wenn der Durchfluss größer als 1 ml/min ist. Die Zelle ist zudem in einem Metallblock eingebaut, der als Wärmepuffer wirkt. Das Eluat durchläuft vor der Messzelle eine Stahlkapillare (Achtung Totvolumen!), damit es der Detektortemperatur angeglichen wird. Es ist auch notwendig, eine Referenzzelle mit reiner mobiler Phase zu füllen. Deshalb kann man RI-Detektoren nicht für Gradientenelution verwenden, es sei denn, man bringe es mit großem Aufwand fertig, die Änderung der Zusammensetzung in beiden Zellen zeitlich genau aufeinander abzustimmen. Durchflussschwankungen der mobilen Phase vergrößern das Rauschen stark. Pulsationen müssen daher sorgfältig gedämpft werden. Die Zellen der kommerziell erhältlichen Geräte sind nicht druckfest.

In der Literatur wurden mehrere Möglichkeiten zur Brechungsindex-Detektion vorgeschlagen. Davon sind vor allem zwei Systeme in Gebrauch.

Ablenkungs-Refraktometer

Seine Zelle ist durch eine schräge Trennwand zweigeteilt. Die eine Seite wird mit der Referenz gefüllt, die andere vom Eluat durchflossen. Die Ablenkung des Lichtstrahls verändert sich, wenn die Messzelle einen anderen Brechungsindex als die Referenzzelle aufweist, wenn also eine eluierte Probenkomponente durchgeschwemmt wird. Das Licht tritt durch eine Blende, zweimal (Hin- und Rückweg!) durch eine Linse und zweimal durch die Doppelzelle. Wenn sich in der Messzelle reine mobile Phase befindet, so justiert man den Lichtstrahl mithilfe der beweglichen Glasplatte genau auf den Schlitz vor der Fotozelle. Bei Änderung des Brechungsindex in der Messzelle wird das Licht anders abgelenkt und tritt nicht mehr durch den Spalt. Die Fotozelle ändert ihren Widerstand, was in einer passenden Brückenschaltung zu einer Spannungsänderung und somit zum Signal führt.

Interferometer

Das Licht wird durch einen doppelbrechenden Strahlenteiler in zwei Strahlen von gleicher Intensität geteilt, durch Mess- oder Referenzzelle geführt und mit einem zweiten Strahlenteiler wieder vereinigt, das heißt zur Interferenz gebracht. Wenn sich die in Mess- und Referenzzelle befindlichen Lösungen in ihrem Brechungsindex unterscheiden, so haben die beiden Lichtstrahlen nicht die gleiche Laufzeit und werden sich im zweiten Strahlenteiler teilweise auslöschen. Der Durchlauf einer Probenkomponente wird also wie bei den anderen Brechungsindex-Detektoren als Lichtschwächung registriert.

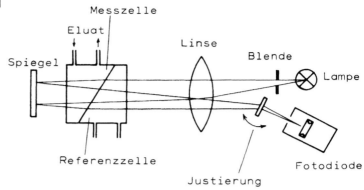

Abb. 6.8 Ablenkungs-Refraktometer

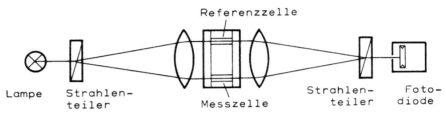

Abb. 6.9 Interferometer

Das Interferometer ist etwa 10 mal empfindlicher als die anderen Refraktometer (mit analytischer Zelle; es kann aber auch die präparative Zelle mit kleinerer Schichtdicke verwendet werden). Die hohe Empfindlichkeit wirkt sich nachteilig aus in der Anfälligkeit auf Störungen wie Durchflussschwankungen, unvollständige Säulenkonditionierung und anderes. Das heißt, dass man besonders sorgfältig arbeiten muss, will man die mit dem Interferometer möglichen relativ tiefen Nachweisgrenzen erreichen. Das Volumen der empfindlichsten Zelle beträgt 15 µl, dasjenige der kleinsten, weniger empfindlichen 1,5 µl.

6.4
Fluoreszenz-Detektoren

Stoffe, die fluoreszieren oder von denen fluoreszierende Derivate hergestellt werden können, werden von diesem Detektor sehr empfindlich und spezifisch erfasst. Die Empfindlichkeit kann 1000 mal höher sein als bei UV-Detektion. Die Zelle wird mit Licht geeigneter Wellenlänge bestrahlt und das emittierte längerwellige Licht senkrecht zur Einstrahlungsrichtung aufgefangen. Um die Lichtausbeute und damit die Empfindlichkeit zu steigern, wird eine relativ große

Zelle verwendet (20 µl oder größer). Einfache Geräte (wie in Abbildung 6.10) haben eine fixe Anregungswellenlänge, wobei die Bandbreite nicht eng sein muss, und einen fixen Wellenlängenbereich zur Detektion des Fluoreszenzlichts. Bei komfortableren Geräten lässt sich die Anregungswellenlänge wählen. Die teuersten, universellen Geräte haben je einen Monochromator für Anregungs- und Fluoreszenzlicht, wodurch die Detektion höchst spezifisch (aber weniger empfindlich) wird.

Es ist darauf zu achten, dass nicht Begleitstoffe, ein ungeeignetes Lösungsmittel oder Sauerstoff in der mobilen Phase die Fluoreszenz löschen. Der lineare Bereich ist systemabhängig (und zwar von Probe, Lösungsmittel und Begleitkomponenten) und kann relativ klein sein.

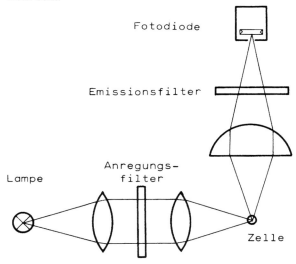

Fotodiode

Emissionsfilter

Anregungs-
filter

Lampe

Zelle

Abb. 6.10 Fluoreszenz-Detektor

6.5
Elektrochemische (amperometrische) Detektoren

Die Elektrochemie lässt sich in interessanter Weise für den spezifischen Spurennachweis von leicht oxidierbaren oder reduzierbaren organischen Verbindungen nutzen. Die Nachweisgrenze kann außerordentlich tief sein. Diese Detektoren zeichnen sich durch einen einfachen Aufbau und einen tiefen Preis aus.

Die Detektorzelle, in welcher eine elektrochemische Reaktion abläuft, besitzt drei Elektroden. Zwischen Arbeits- und Referenzelektrode liegt ein wählbares Potenzial. Der durch die elektrochemische

M. Warner, Anal. Chem. 66 (1994) 601 A; B. E. Erickson, Anal. Chem. 72 (2000) 353 A.

Reaktion entstehende Strom wird über eine Hilfselektrode abgeleitet, sodass er das Potenzial der Referenzelektrode nicht beeinflussen kann. Die Arbeitselektrode besteht aus Glaskohlenstoff (glassy carbon), Kohlepaste oder amalgamiertem Gold. Als Referenz dient oft eine Silber/Silberchlorid-Elektrode. Der Stahlblock des Detektors stellt die Hilfselektrode dar, welche den Strom aus der elektrochemischen Reaktion abzieht und dadurch das Potenzial in der Zelle konstant hält.

Ob sich eine Substanz zum Nachweis mit elektrochemischer Detektion eignet und welches Potenzial günstig ist, kann mit zyklischer Voltammetrie abgeklärt werden. Oxidativ (mit positivem Potenzial) detektierbar sind u. a. aromatische Hydroxyverbindungen, aromatische Amine, Indole, Phenothiazine und Mercaptane. Die reduktive Detektion (mit negativem Potenzial) wird selten verwendet, weil Probleme durch gelösten Sauerstoff oder Schwermetalle (z. B. aus Stahlkapillaren) auftreten können. Sie ist interessant für Nitrosamine und eine große Anzahl umweltbelastender Stoffe.

Das Milieu in der Zelle muss natürlich für eine elektrochemische Reaktion geeignet sein. Die mobile Phase muss leitend, aber nicht unbedingt wässrig sein; apolare Lösungsmittel und damit die Adsorptions-Chromatographie sind mit elektrochemischer Detektion unvereinbar. Die mobile Phase soll keine Chloride oder Hydroxycarbonsäuren enthalten. Die elektrochemische Reaktion verläuft in einer Ausbeute von 1–10%, sodass die überwiegende Menge der Probe die Zelle unverändert verlässt. Bei einem Umsetzungsgrad von gegen 100 % spricht man von *coulometrischer Detektion*. Diese Geräte sind nicht empfindlicher als amperometrische Detektoren.

Y. Takata, Methods Chromatogr. 1 (1996) 43.

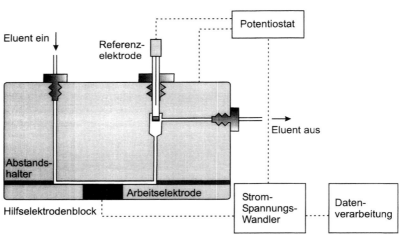

Abb. 6.11 Elektrochemischer Detektor.

Eine spezielle Technik ist die *gepulste amperometrische Detektion* für den Nachweis von –COH-Verbindungen, insbesondere Kohlenhydraten. Diese Analyten können auf einer Silber- oder Gold-Arbeitselektrode bei hohem pH oxidiert werden, aber die Elektrodenoberfläche wird durch die Reaktionsprodukte sehr schnell vergiftet. Deshalb liegt sie nicht auf einem konstanten Potenzial; es wird in definierten Schritten über einen Zeitraum von 0,1 bis 1 s verändert. Einer der Schritte dient zur Detektion der Analyten (beispielsweise während 200 ms), die anderen sind für die Reinigung der Oberfläche nötig.

T. R. I. Cataldi, C. Campa und G. E. De Benedetto, Fresenius J. Anal. Chem. 368 (2000) 739.

Arbeits- und Referenzelektrode von elektrochemischen Detektoren werden im Gebrauch rasch kontaminiert und ihre Lebensdauer ist begrenzt. Die Referenzelektrode muss nach drei bis zwölf Monaten ersetzt werden. Die Oberfläche der Arbeitselektrode ist von Zeit zu Zeit mit Aluminiumoxid-Paste zu polieren, um Beläge zu entfernen.

6.6
Lichtstreuungs-Detektoren

Der Lichtstreuungs-Detektor (Evaporative Light Scattering Detector ELSD) ist ein Instrument für den unselektiven Nachweis von nicht flüchtigen Verbindungen. Das Eluat aus der Säule wird in einem Strom von Inertgas zerstäubt. Die entstandenen Tröpfchen werden anschliessend verdampft, sodass Partikel zurückbleiben, welche durch einen Lichtstrahl driften und ihn streuen. Das Streulicht wird von einer Fotodiode registriert (Abbildung 6.12).

C. S. Young und J. W. Dolan, LC GC Eur. 16 (2003) 132.

Aus dieser Beschreibung wird klar, dass die mobile Phase flüchtig sein muss. Das gilt auch für Puffer und Zusätze. Flüchtige Puffer können mit Ameisen-, Essig- und Trifluoressigsäure hergestellt werden; alle diese Stoffe müssen von hoher Reinheit sein. Das Zerstäubergas ist üblicherweise Stickstoff.

Der Detektorresponse ist eine komplexe Funktion der injizierten Analytmenge und nicht der chemischen Zusammensetzung oder der Anwesenheit von funktionellen Gruppen. Die Basislinie ist von den UV- und Brechungsindex-Eigenschaften der mobilen Phase unabhängig, somit ist der Lichtstreuungs-Detektor ausgezeichnet gradiententauglich. Sein linearer Bereich ist deutlich kleiner als der dynamische. Eine typische Nachweisgrenze beträgt 5 ng je Probenkomponente.

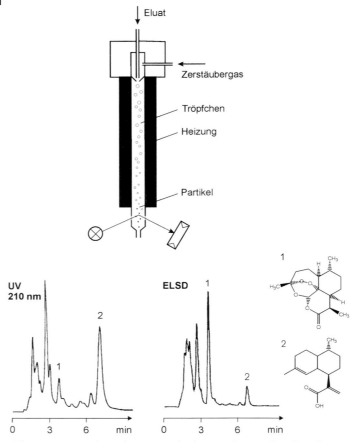

Abb. 6.12 Prinzip des Lichtstreuungsdetektors und Anwendung für Pflanzen-
inhaltsstoffe (Chromatogramme nach J.L. Veuthey, Chimie analytique pharmaceu-
tique, Universität Genf)
Probe: Extrakt aus Artemisia annua (Beifuss); Säule: 4 mm × 12,5 cm; stationäre
Phase: Nucleosil 100 C_{18} 5 µm; mobile Phase: 1 ml/min Wasser mit Trifluoressigsäure pH 3 / Acetonitril 39:61. 1: Artemisinin, 2: Artemisinsäure

6.7
Andere Detektoren

Leitfähigkeitsdetektor

Als klassischer Detektor der Ionenchromatographie misst er die Leitfähigkeit des Eluats, welche (bei richtiger Konstruktion der Zelle)
proportional zur Konzentration ionischer Proben ist. Seine Empfindlichkeit sinkt mit zunehmender Eigenleitfähigkeit der mobilen
Phase. Das aktive Zellvolumen ist mit 2 µl sehr klein. Gute Leitfähig-

keitsdetektoren besitzen eine automatische Temperaturkompensation (die Leitfähigkeit ist stark temperaturabhängig) und eine elektronische Unterdrückung der Untergrundleitfähigkeit. Der lineare Bereich ist nicht groß.

Fotoleitfähigkeitsdetektor

Es handelt sich um einen empfindlichen und selektiven Detektor für organische Halogen- und Stickstoffverbindungen. Am Säulenausgang wird das Eluat gesplittet. Die eine Hälfte fließt durch die Referenzzelle eines Leitfähigkeitsdetektors. Die andere Hälfte wird mit UV-Licht von 214 oder 254 nm bestrahlt, wobei sich geeignete Probemoleküle zu ionischen Bruchstücken zersetzen. Die dank diesen Ionen erhöhte Leitfähigkeit wird in der Messzelle registriert.

Infrarotdetektor

Jedes organische Molekül absorbiert bei bestimmten Wellenlängen infrarotes Licht. Beim Einsatz des IR-Detektors muss die mobile Phase so gewählt werden, dass sie bei der benötigten Wellenlänge nicht selbst absorbiert. Für die selektive Detektion von Estern wären als mobile Phase z. B. Hexan, Dichlormethan oder Acetonitril geeignet, nicht aber Essigsäureethylester. Die Empfindlichkeit ist nicht größer als bei Brechungsindex-Detektoren.

Die meistgebrauchten Wellenlängen sind:

Wellenlänge [µm]	angeregte Bindung	zum Nachweis von
3,38–3,51	C—H	Alkanen
3,24–3,31	C—H	Alkenen
5,98–6,09	C=C	Alkenen
5,76–5,81	C=O	Estern
5,73–6,01	C=O	Ketonen

Radioaktivitätsdetektor

Radioaktivitätsdetekoren dienen vor allem zum Nachweis der β-Strahler ^{3}H, ^{14}C, ^{32}P, ^{35}S und ^{131}I. Der für diese relativ schwache Strahlung notwendige Szintillator wird entweder als Flüssigkeit zwischen Säule und Detektor zugemischt oder ist als Feststoff in der Zelle enthalten.

A. C. Veltkamp et al., Europ. Chromatogr. News 1 (2, 1987) 16.

Reaktionsdetektoren sind in Abschnitt 19.9 erwähnt.
Kopplung mit spektroskopischen Methoden (HPLC-UV, HPLC-MS, HPLC-NMR) siehe Abschnitt 6.10.

6.8
Mehrfachdetektion

Diodenarray-Detektoren können das Eluat gleichzeitig bei mehreren verschiedenen Wellenlängen messen wie auch das Verhältnis von Extinktionen. Auf diese Weise erhält man bei unbekannten Proben viel mehr Information aus dem Chromatogramm und wichtige Hinweise für die qualitative Analyse. Auch für das in Abbildung 6.7 gezeigte Problem ist dies eine gute Lösung. Analog dazu sind elektrochemische Detektoren im Handel, welche das Eluat gleichzeitig bei zwei verschiedenen Potenzialen untersuchen.

Die *Serieschaltung* von zwei verschiedenen Detektoren kann sehr interessant sein. Ein Beispiel dafür ist die in Abbildung 6.13 gezeigte Analyse von toxischen Aminen, welche in Lebensmitteln vorkommen können. Nicht alle dieser Amine fluoreszieren; die Charakteristik UV-Absorption/Fluoreszenz kann für die positive Peakidentifikation herbeigezogen werden.

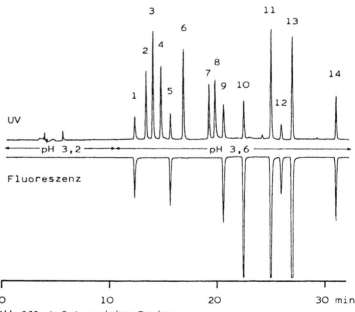

Abb. 6.13 In Serie geschaltete Detektoren
(nach G. A. Gross und A. Grüter, J. Chromatogr. 592 (1992) 271)
Probe: heterozyklische aromatische Amine; Säule: 4,6 mm × 25 cm; stationäre Phase: TSK gel ODS80, 5 μm; mobile Phase: 1 ml/min, Gradient mit 0,01 M Triethylamin in Wasser, pH 3,2 bzw. 3,6 und Acetonitril; Detektoren: UV 263 nm und Fluoreszenz; 1) und 5) sind Pyrido-imidazole; 2) und 4) sind Imidazo-chinoline; 3), 6), 7) und 8) sind Imidazo-chinoxaline; 9), 10), 11), 13) und 14) sind Pyrido-indole; 12) ein Imidazo-pyridin

Das Eluat soll den Detektor mit kleinerem Zellvolumen zuerst durchfließen. Ausnahme: Detektoren, bei welchen die Probesubstanzen verändert werden wie im elektrochemischen Detektor, sollen zuhinterst stehen.

Die *Parallelschaltung* von Detektoren mithilfe eines Splitters ist in speziellen Fällen angebracht. Beispielsweise wurde die parallele Dreifachdetektion von Katecholaminen beschrieben: elektrochemisch und zwei verschiedene Arten der Derivatisierung mit anschließender Fluoreszenzdetektion.

H. Yoshida, S. Kito, M. Akimoto und T. Nakajima, J. Chromatogr. 240 (1982) 493.

6.9
Indirekte Detektion

Die Möglichkeit zur indirekten Detektion besteht immer dann, wenn die mobile Phase selbst eine Eigenschaft hat, die von einem selektiven Detektor wahrgenommen wird. Am einfachsten zu realisieren ist indirekte UV-Detektion. Dazu wird eine mobile Phase eingesetzt, welche im UV absorbiert. Dies kann durch die Verwendung eines geeigneten organischen Lösungsmittels oder durch den Zusatz eines beliebigen UV-absorbierenden Stoffes geschehen. In einer derartigen mobilen Phase werden nichtabsorbierende Probenkomponenten als negative Peaks detektiert: bei ihrem Erscheinen im Detektor gelangt mehr Licht in die Fotodiode als vorher. Ein Beispiel für indirekte UV-Detektion ist in Abschnitt 13.4 zu finden. Für maximale Analysengenauigkeit sollte die mobile Phase so zusammengesetzt sein, dass ihre Extinktion etwa 0,4 beträgt. Bei zu hoher Extinktion (größer als etwa 0,8, je nach Gerät), arbeitet der Detektor nicht mehr im linearen Bereich und quantitative Analyse ist nicht möglich. Für die Wahl des Reagens bei einem gegebenen Trennproblem gibt es Richtlinien.

E. E. Lazareva, G. D. Brykina und O. A. Shpigun, J. Anal. Chem. 53 (1998) 202.

E. Arvidsson, J. Crommen, G. Schill und D. Westerlund, J. Chromatogr. 461 (1989) 429.

Indirekte Detektion ist mit allen selektiven Detektionsprinzipien möglich, beispielsweise mit Fluoreszenzdetektion (die mobile Phase muss fluoreszieren) oder mit elektrochemischer Detektion (die mobile Phase muss elektrochemisch aktiv sein). Sogar die indirekte Detektion mit Atomabsorption wurde beschrieben, wobei die mobile Phase Lithium oder Kupfer enthielt und das Spektrometer mit einer Lithium- oder Kupferlampe betrieben wurde.

S. Maketon, E. S. Otterson und J. G. Tartier, J. Chromatogr. 368 (1986) 395.

Die bei indirekter Detektion auftretenden Systempeaks sind besonders zu beachten, siehe Abschnitt 19.11. Bei der quantitativen Analyse darf nicht vergessen werden, dass die Peakfläche nicht nur von der Stoffmenge, sondern auch vom k-Wert des Peaks (relativ zum k-Wert des Systempeaks) und von der Konzentration an detektoraktivem Stoff in der mobilen Phase abhängt; dies ist genauer bei *Schill* und *Crommen* nachzulesen.

G. Schill und J. Crommen, Trends Anal. Chem. 6 (1987) 111.

6.10
Kopplung mit Spektroskopie

HPLC kann mit zahlreichen anderen analytischen Methoden kombiniert werden, aber das wichtigste Prinzip ist die Kopplung mit Spektroskopie. Chromatographie und Spektroskopie sind orthogonale Techniken, das heißt, man erhält mit ihnen sehr verschiedenartige Information. Chromatographie ist eine Trennmethode, Spektroskopie ist eine Technik, welche einen „Fingerabdruck" von Molekülen liefert. Die Kopplung mit Atomspektrometrie wird selten eingesetzt, obwohl damit beispielsweise Schwermetalle in Umweltproben oder metallhaltige Proteine nachgewiesen werden können. Vier andere Methoden, HPLC-UV, HPLC-FTIR, HPLC-MS und HPLC-NMR, sind wichtiger, weil mit ihnen ausgezeichnete Spektren erhalten werden, was die Strukturaufklärung ermöglicht.

P.C. Uden, J. Chromatogr. A 703 (1995) 393; A. Sanz-Medel, Anal. Spectrosc. Libr. 9 (1999) 407.

HPLC-UV: Der Diodenarraydetektor

L. Huber und S.A. George, eds., Diode Array Detection in HPLC, Dekker, New York 1993.

Verglichen mit herkömmlichen UV-Detektoren ist der Diodenarray-Detektor mit inverser Optik gebaut. Das Bauprinzip ist aus Abbildung 6.14 ersichtlich. Das ganze Licht fällt durch die Messzelle und wird erst nachher spektral aufgeteilt; dieser Polychromator ist ein Gitter (es könnte auch ein Prisma sein). Der spektrale Lichtfächer fällt auf das Diodenarray, ein Chip mit zahlreichen (100 bis 1000) lichtempfindlichen Dioden, welche nebeneinander angeordnet sind. Jede Diode empfängt somit nur einen bestimmten Bruchteil der Information, welche sie an die Datenverarbeitung weitergibt.

Dieses Gerät erlaubt es, aus UV-Spektren eine Fülle von interessanter Information zu gewinnen. Die wichtigsten Möglichkeiten zeigt Abbildung 6.15.

a) Während des Chromatogramms können die Spektren der gefundenen Peaks registriert und gespeichert werden. Dieser Vorgang, inklusive Datenverarbeitung, dauert höchstens eine halbe Sekunde, sodass auch für einen schmalen Peak mehrere Spektren registriert werden. Zur Identifikation können sie on-line mit den Daten einer Spektrenbibliothek verglichen werden. Um eine bessere Aussage machen zu können, berechnet der Computer die zweite Ableitung eines Spektrums, welche im Vergleich zum Original mehr Maxima und Minima enthält.

b) Die Kenntnis der Absorptionsspektren der beteiligten Stoffe erlaubt nun die Detektion bei ausgesuchten Wellenlängen. Störende Peaks können zum Verschwinden gebracht werden (siehe auch Abbildung 6.7). Dank günstiger Wahl der Detektionsbedingungen ist oft die fehlerfreie quantitative Bestimmung einer Komponente auch bei an sich ungenügender Auflösung möglich.

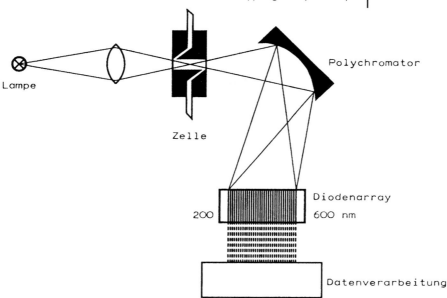

Abb. 6.14 Prinzip eines Diodenarray-Detektors

Die Detektionswellenlänge(n) lässt sich während eines Chromatogramms verändern.

c) Wenn bei zwei bestimmten Wellenlängen registriert wird, kann der Computer das Verhältnis der gemessenen Extinktionen berechnen. Falls dieses Verhältnis während der ganzen Breite eines Peaks konstant ist, so ist er wahrscheinlich rein (es sei denn, ein zweiter Peak mit gleicher Symmetrie liege genau unter dem ersten oder die Verunreinigung besitze ein identisches UV-Spektrum). Ist das Verhältnis nicht konstant, so ist der Peak mit Sicherheit nicht rein.

d) Die Subtraktion von zwei Wellenlängen erlaubt die Verringerung der Basisliniendrift bei Gradientenelution und des Rauschens. Die Referenzwellenlänge kann beliebig dort gewählt werden, wo keine der interessierenden Probenkomponenten absorbiert.

HPLC-FTIR

Die Kopplung mit Fourier-Transform Infrarot-Spektroskopie gestattet die Aufnahme von Spektren. Wird eine Durchflusszelle verwendet, so ist die Nachweisgrenze recht hoch. Interessanter und flexibler, aber technisch aufwendiger sind Interfaces mit Lösungsmittelelimination, die auch Spektren von Spurenbestandteilen erfassen können. Voraussetzung ist eine flüchtige mobile Phase; sie darf wässrig sein.

G. W. Somsen, C. Gooijer und U. A. Th. Brinkman, J. Chromatogr. A 856 (1999) 213.

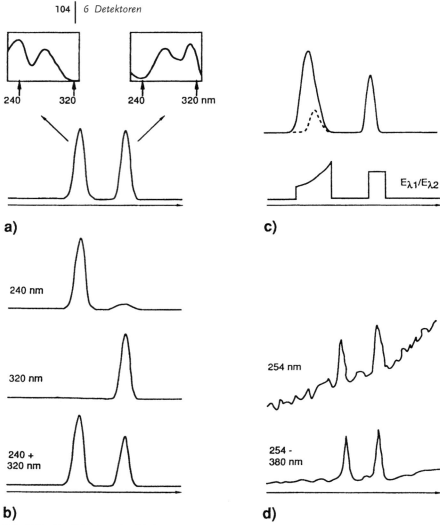

240   320   240   320 nm

a)

c)

$E_{\lambda 1}/E_{\lambda 2}$

240 nm

320 nm

240 +
320 nm

b)

254 nm

254 -
380 nm

d)

Abb. 6.15 Möglichkeiten des Diodenarray-Detektors
a) Spektrenaufnahme während der Trennung;
b) Chromatogramm bei verschiedenen Wellenlängen registriert; c) Peakreinheitskontrolle; d) Chromatogramm ohne und mit Subtraktion einer Referenzwellenlänge

HPLC-MS

Massenspektrometer für die HPLC bestehen aus drei Teilen: dem Interface, wo das Eluat eintritt und die Ionen erzeugt werden, dem Massenanalysator und dem Detektor, einem Elektronenvervielfacher, welcher die Intensität des Ionenstrahls misst. Dank den verschiedenen Möglichkeiten, Ionen bei Atmosphärendruck zu generieren, ist HPLC-MS mit relativ geringem instrumentellem Aufwand möglich. Es sind vor allem zwei Ionisierungstechniken im Einsatz.

W. M. A. Niessen, J. Chromatogr. A 794 (1998) 407; LC GC Europe, Guide to LC-MS, Advanstar, Dec. 2001; R. Willoughby, E. Sheehan und S. Mitrovich, A Global View of LC/MS, Global View Publishing, Pittsburgh, PA, USA, 2nd edition 2002; R. E. Ardrey, Liquid Chromatography – Mass Spectrometry: An Introduction, Wiley, Chichester 2003.

APCI: Atmospheric pressure chemical ionization (Abbildung 6.16).
- Ionen werden durch Koronaentladung (3-6 kV) erzeugt.
- Erzeugt Molekülionen $(M+H)^+$ (keine Spektren), negative Ionisierung ist auch möglich.
- Günstig für kleine, mittel- bis apolare Moleküle; sie benötigen allerdings eine gewisse Protonenaffinität und Flüchtigkeit.
- Nicht günstig für thermolabile Analyten.
- Für wässrige und nichtwässrige mobile Phasen, Fluss muss ≥ 1 ml/min betragen.
- Bei nichtwässrigen Eluenten sind keine Zusätze nötig; während der Ionisation sind Reaktionen mit dem Lösungsmittel möglich.
- Bei wässrigen Eluenten sind unter Umständen Zusätze nötig für gute Ionisation.
- Stoffstromabhängiges Signal.

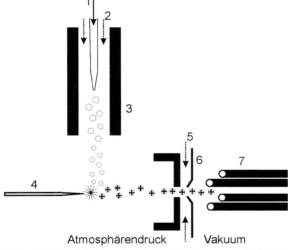

Abb. 6.16   HPLC-MS-Interface für APCI 1) Eluat aus HPLC; 2) Zerstäubergas; 3) Heizung; 4) Nadel für Koronaentladung; 5) Abschirmgas; 6) Skimmer; 7) Quadrupol.

ESI oder APESI: (Atmospheric pressure) electrospray ionization (Abbildung 6.17).

– Ionen werden durch „Coulomb-Explosion" (Zerfall) von geladenen Tröpfchen erzeugt.

– Erzeugt einfach oder mehrfach geladene Ionen; in letzterem Fall entstehen Spektren mit vielen Peaks, die allerdings nicht mit einem klassischen MS-Spektrum aus Molekülbruchstücken zu verwechseln sind.

– Günstig für thermolabile Analyten und Makromoleküle inkl. Biopolymere.

– Günstig für wässrige Eluenten, Fluss muss klein sein, deshalb auch für Mikro-HPLC geeignet.

– Für positive Ionisierung ist pH ≈ 5 günstig, Zusätze sind Ameisen- und Essigsäure, eventuell zusammen mit Ammoniumacetat:
Analyt + HA → AnalytH$^+$ + A$^-$

– Für negative Ionisierung ist pH ≈ 9 günstig; Zusätze sind Ammoniak, Triethylamin und Diethylamin, eventuell zusammen mit Ammoniumacetat:
AnalytH + B → Analyt$^-$ + HB$^+$

– Konzentrationsabhängiges Signal.

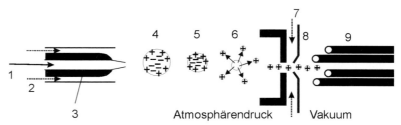

Abb. 6.17   HPLC-MS-Interface für ESI
1) Eluat aus HPLC; 2) Zerstäubergas; 3) Hochspannung; 4) geladenes Tröpfchen (zu groß gezeichnet); 5) Verdampfung; 6) Coulomb-Explosion; 7) Abschirmgas; 8) Skimmer; 9) Quadrupol.

Als Massenanalysatoren werden vor allem Quadrupole und Ionenfallen eingesetzt. Beide Systeme sind relativ günstig und robust, gestatten aber nur eine Auflösung von etwa 1 Dalton.

HPLC-NMR

K. Albert et al., J. High Resol. Chromatogr. 22 (1999) 135; K. Albert, J. Chromatogr. A 856 (1999) 199.

Magnetische Kernresonanz kann mit HPLC gekoppelt werden, wenn man die Lösungsmittel richtig auswählt (*ein* Lösungsmittelsignal kann unterdrückt werden, aber die übrigen sind durch die Verwendung von deuterierten Lösungsmitteln zu vermeiden) und wenn die Konzentration der Analyten nicht zu tief ist. Die Nachweisgrenze hängt von der Frequenz ab, sodass 500- bis 800-MHz-Geräte notwendig sind. Ist die Konzentration hoch genug, so ist on-line HPLC-

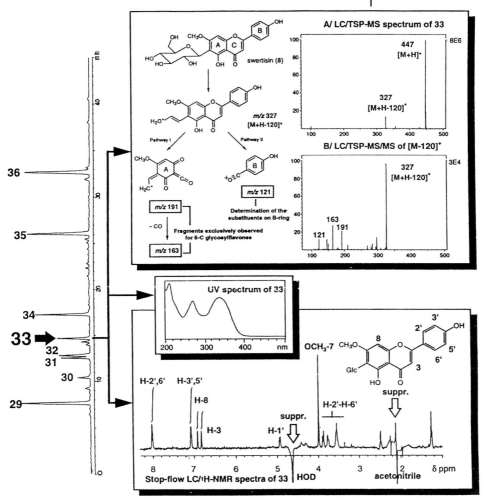

Abb. 6.18 Peakidentifikation durch LC-MS, LC-MS-MS, LC-UV und LC-NMR (nach J.L. Wolfender, S. Rodriguez und K. Hostettmann, J. Chromatogr. A 794 (1998) 299). Chromatogramm (vertikal): Probe: Extrakt aus Gentiana ottonis; Säule: 3,9 mm × 15 cm + Vorsäule; stationäre Phase: Nova-Pak C_{18} 4 μm; mobile Phase: 1 ml/min Wasser/Acetonitril mit 0,05 % Trifluoressigsäure, Gradient von 5 bis 65 % Acetonitril in 50 min; Detektor: UV 254 nm. MS: Thermospray-Interface, Quadrupolgerät. UV: Diodenarray. NMR: D_2O anstatt H_2O, stop-flow, 500 MHz. Peak 33 ist das Glucosylflavon Swertisin.

NMR möglich; meist werden jedoch die einzelnen Peaks in Schlaufen gespeichert und off-line so lange gemessen, bis die NMR-Signale intensiv genug sind.

LC-UV, LC-MS und LC-NMR können kombiniert eingesetzt werden, wie Abbildung 6.18 mit der Strukturaufklärung der Komponenten eines Pflanzenextrakts zeigt.

J. L. Wolfender, K. Ndjoko und K. Hostettmann, J. Chromatogr. 1000 (2003) 437.

7
Säulen und stationäre Phasen

7.1
Säulen für die HPLC

Die meisten HPLC-Säulen bestehen aus *Stahl 316* (Bezeichnung nach USA-Norm AISI). Es handelt sich um einen austenitischen Chrom-Nickel-Molybdän-Stahl. Er ist bei den in der HPLC üblichen Drucken beständig und auch relativ inert gegen chemische Korrosion (wichtigste Ausnahmen: Chlorid-Ionen, Lithium-Ionen bei tiefem pH). Es ist sehr wichtig, dass die Innenseite einer Trennsäule keine Rauigkeiten, Riefen oder mikroporösen Strukturen aufweist. Stahlrohre müssen daher entweder präzisionsgebohrt oder nach einer üblichen Herstellung (Ziehen) poliert oder elektropoliert werden.

Glasrohre sind glatt, chemisch inert (sie können die Probesubstanzen nicht verändern) und korrodieren nicht. Für die HPLC verwendet man stahlummantelte Glasrohre, die druckfest sind.

Selten wird *Tantal* verwendet, das weniger korrosionsanfällig als Stahl ist und eine glatte Oberfläche aufweist. Doch ist es so schlecht verformbar, dass die Fittings statt aufgeklemmt angeklebt werden müssen. Tantal ist sehr teuer.

Der druckfeste Kunststoff *Peek* (siehe Abschnitt 4.4) lässt sich nicht nur für Kapillaren, sondern auch für Säulenrohre verwenden.

Ein spezielles Säulensystem sind die weichen *Polyethylenrohre* von Waters, welche in einem passenden Gehäuse durch eine Hydraulikflüssigkeit komprimiert werden. Auf diese Weise passt sich die Säulenwand genau der Füllung an und Wandeffekte sowie Kanalbildung werden vermieden.

Für analytische Zwecke werden meist Säulen mit einem inneren *Durchmesser* von 2 bis 5 mm verwendet. Dickere Säulen dienen zum präparativen Arbeiten, ihre Durchmesser liegen zwischen 10 mm und 1 inch = 25,4 mm. Mehrere Firmen bieten auch präparative Säulen mit einem Innendurchmesser von 10 cm und mehr (bis

1 m) an. Mikro- und Kapillarsäulen werden in Abschnitt 22.1 behandelt.

Arbeitet man mit stationären Phasen von 5 oder 10 µm Partikeldurchmesser, so liegt die *Länge* der Säule üblicherweise zwischen 5 und 30 cm. Werden höhere Trennleistungen benötigt, so ist es meist besser, eine stationäre Phase mit kleinerem Partikeldurchmesser zu verwenden als die Säule zu verlängern. Eine längere Säule erhöht das Retentionsvolumen und verringert dadurch die Konzentration der Peaks im Eluat (siehe Abschnitt 19.2), sodass die Nachweisgrenze schlechter wird. Für präparative Arbeiten werden allerdings Säulen von bis zu einem Meter Länge eingesetzt.

Der *Säulenabschluss* kann auf verschiedene Weise gestaltet werden, wie Abbildung 7.1 zeigt. Die ersten kommerziellen Säulen waren wie Typ A ausgerüstet mit Außengewinde am Verbindungsstück. Diese Konfiguration kann jahrelang verwendet werden, wenn sie mit Gefühl behandelt wird, d. h. wenn die Verschraubungen nicht mehr als nötig angezogen werden. Wird zu viel Kraft angewendet, so verliert die Verbindung relativ schnell ihre Dichtigkeit. Aus diesem Grund wurde Typ B entwickelt.

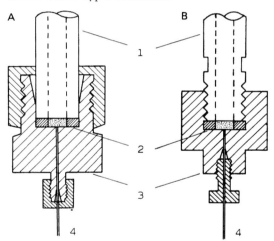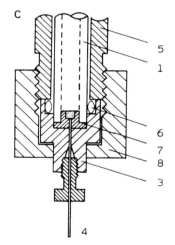

Abb. 7.1 Verschiedene Säulenabschlüsse
A: Verbindungsstück mit Außengewinde; B: Verbindungsstück mit Innengewinde; C: Kartuschensystem (vereinfacht); 1) Säule; 2) Fritte aus Sintermetall und Kel-F; 3) Verbindungsstück; 4) $\frac{1}{16}$"-Kapillare; 5) Hülse; 6) Hochdruckdichtung; 7) Säulendichtung mit Fritte; 8) Überwurfmutter

C zeigt die Konstruktion des Säulenabschlusses bei *Kartuschen*. Hier wird die Säule mit einer Hülse und zwei Überwurfmuttern in die richtige Position gebracht. Weil die eigentliche Säule keine Fittings trägt, ist sie preisgünstig, kann schnell und ohne Werkzeuge ausgewechselt werden und ist totvolumenfrei (mit entsprechenden Adaptern) mit weiteren Säulen zu koppeln.

Als Säulenverschluss dienen Stahlfritten, deren Porenweite kleiner sein muss als die Korngröße der Säulenpackung. Der übliche Porendurchmesser ist 2 μm, aber für stationäre Phasen von 3,5 μm Korngröße und weniger werden 0,5-μm-Fritten benötigt. Verstopfte Fritten ersetzt man am besten; wenn man sich dies nicht leisten kann, so versuche man eine Reinigung im Ultraschallbad.

Vorteile von Säulen mit kleinem Innendurchmesser

Dünne Säulen bieten zwei Vorteile im Vergleich zu solchen mit grösserem Durchmesser:

– Geringerer Lösungsmittelverbrauch (und weniger Abfall). Das Retentionsvolumen V_R ist proportional zum *Quadrat* des Säulendurchmessers d_c:

$$V_R \sim d_c^2 \quad \left(\text{denn } V_R = (k+1)\, \frac{\varepsilon \cdot d_c^2 \cdot \pi \cdot L_c}{4} \right).$$

Werden mit einer 4,6-mm-Säule 10 ml mobile Phase benötigt, um einen bestimmten Peak zu eluieren, so sind es nur:
4,8 ml mit einer 3,2-mm-Säule,
1,9 ml mit einer 2-mm-Säule,
0,5 ml mit einer 1-mm-Säule (20 x weniger Lösungsmittel!).
– Besseres Verhältnis von Signalhöhe zu Probenmenge. Die Peakmaximumkonzentration c_{max} ist proportional zum *reziproken Quadrat* des Säulendurchmessers d_c:

$$c_{max} \sim \frac{1}{d_c^2} \quad \left(\text{denn } c_{max} = \frac{c_i \cdot V_i}{V_R} \sqrt{\frac{N}{2\pi}} \text{, siehe Abschnitt 19.2, und } V_R \sim d_c^2 \right).$$

Erhält man mit einer 4,6-mm-Säule ein Signal von 0,1 mV, wenn beispielsweise 1 μg injiziert wird, so ergibt dies:
0,21 mV mit einer 3,2-mm-Säule,
0,53 mV mit einer 2-mm-Säule,
2,1 mV mit einer 1-mm-Säule (20 x höheres Signal!).

7.2
Vorsäulen

Wie aus Abbildung 7.2 ersichtlich ist, werden Vorsäulen auf zwei verschiedene Arten eingesetzt.
Vorsäulen, welche vor der Probenaufgabestelle plaziert sind, dienen zum Konditionieren der mobilen Phase. Ihr Inhalt löst sich teilweise

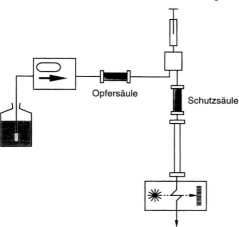

Abb. 7.2 Vorsäulen

auf, daher nennt man sie Opfersäulen. Jedes Lösungsmittel löst Silicagel in Form von Kieselsäure; dieser Angriff nimmt mit steigender Polarität und Ionenstärke und bei höheren pH-Werten der mobilen Phase zu. Daher kann eine mit grobem Silicagel gefüllte Opfersäule eingesetzt werden, wenn man eine stationäre Phase aus Silicagel oder auf Silicagelbasis verwendet. Dadurch ist die mobile Phase beim Eintritt in die Trennsäule bereits mit Kieselsäure gesättigt, was deren Lebensdauer erhöht.

Dagegen dienen kurze Schutzsäulen zwischen Probenaufgabe und Trennsäule zum Schutz derselben. Sie sind mit der identischen oder mit einer chemisch ähnlichen stationären Phase wie die Hauptsäule gefüllt und halten Verunreinigungen und stark retardierte Stoffe zurück. Dies ist wichtig beim Arbeiten mit biologischen Flüssigkeiten oder bei der in Abbildung 1.2 gezeigten direkten Getränkeanalyse. Eine korrekt ausgewählte und installierte Schutzsäule beeinträchtigt die Trennleistung nicht. Sie wird in regelmäßigen Zeitabständen oder nach einer bestimmten Anzahl Injektionen ersetzt, um eine maximale Lebensdauer der Trennsäule zu ermöglichen.

7.3
Allgemeines über stationäre Phasen

M. R. Buchmeiser, J. Chromatogr. A 918 (2001) 233.

Wie bereits in Abschnitt 2.2 erläutert, ist es zum Erzielen einer hohen Trennstufenzahl notwendig, dass die Diffusionswege in den Poren der stationären Phase kurz sind. Für die HPLC benützt man deswegen Mikroteilchen. In ein 5-μm-Teilchen kann ein Probemolekül höchstens 2,5 μm tief eindiffundieren. Die Leistungssteigerung mit kleinen Korngrößen zeigen die beiden Chromatogramme der

Trennung von Phenolen (Abbildung 7.3): Um 7000 Trennstufen zu erreichen, muss die Säule mit 10-μm-Material 20 cm lang sein (unten), diejenige mit 3-μm-Material nur 6 cm (oben). Die Analyse ist im einen Fall nach 15 Minuten beendet, im anderen bereits nach einem Zehntel dieser Zeit. Diese enorme Einsparung an Analysenzeit ist einerseits der kürzeren Säule zu verdanken und andererseits dem Umstand, dass Packungen aus kleinen Partikeln ihr *van Deemter*-Minimum bei höheren Volumenströmen haben als Packungen aus größeren Partikeln.

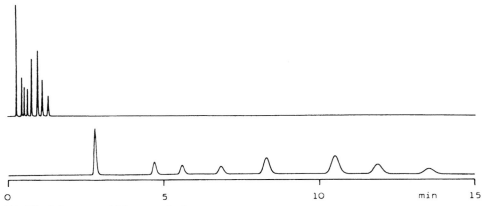

Abb. 7.3 Leistungsvergleich von stationären Phasen verschiedener Korngröße

Oben: Säule 4,6 mm × 6 cm mit 3 μm ODS-Hypersil, Volumenstrom 2 ml/min. Unten: Säule 4,6 mm × 20 cm mit 10 μm ODS-Hypersil, Volumenstrom 0,7 ml/min. Mobile Phase: Acetonitril/Wasser 1:1. Probe: je 1 μl Phenolmischung (nach Hewlett-Packard).

R. E. Majors, LC GC Int. 7 (1994) 8.

Die *Korngrößenverteilung* sollte möglichst eng sein (Durchmesserverhältnis des kleinsten zum größten Korn 1:1,5 oder 1:2, wie bereits erwähnt). Dies ist nötig, weil offenbar die kleinsten vorkommenden Körner die Permeabilität der Säule bestimmen und die größten ihre Bodenzahl. Kleines Korn bedeutet hohen Strömungswiderstand, großes Korn starke Bandenverbreiterung. Deshalb ist auf manchen Produkten eine Korngrößenanalyse der betreffenden Charge angegeben. Beispiel:

$d_{10} = 4$ μm, $d_{50} = 5$ μm, $d_{90} = 7$ μm

Das bedeutet: 10% des Materials ist kleiner als 4 μm

50% des Materials ist kleiner als 5 μm

90% des Materials ist kleiner als 7 μm

Diese Angaben sagen nichts aus über das kleinste und größte vorkommende Korn.

Diese Darstellung der Korngrößenverteilung mag etwas eigenartig erscheinen. Sie rührt von der praktischen Durchführung der Korngrößenanalyse her (Sieben, Windsichten, Sedimentation, optische Methoden, Coulter-Counter).

Die Eigenschaften der stationären Phasen können bei ein und demselben Produkt von Charge zu Charge etwas ändern. Muss man über lange Zeit hinaus Serienanalysen durchführen, so lohnt es sich unter Umständen, von einer Charge einen größeren Vorrat zu kaufen.

Es sind verschiedene Typen von stationären Phasen im Gebrauch: Poröse Partikel, unporöse Partikel kleiner Korngröße, Dünnschichtteilchen, Perfusionsphasen und monolithische Materialien.

Poröse Partikel

Dies ist der übliche Typ von stationären Phasen für die HPLC. Die Korngröße der Partikel beträgt 3, 3,5, 5 oder 10 µm. Als Faustregel gilt, dass sich die Trennleistung, d. h. die Trennstufenzahl pro Längeneinheit, beim Schritt von 10 auf 5 und auf 3 µm jedes Mal etwa verdoppelt, während sich der Druck jedes Mal vervierfacht. Die innere Struktur ist vollkommen porös und kann am besten mit einem Schwamm verglichen werden (allerdings ist sie im Gegensatz zum Schwamm starr und druckbeständig). Die mobile Phase (und die Analyten) fließt innerhalb der Poren nicht, sondern bewegt sich nur durch Diffusion.

Unporöse Partikel kleiner Korngröße

Wenn die stationäre Phase unporös ist, fällt der Beitrag des Stoffaustausches zur Bandenverbreiterung, der so genannte C-Term der *van Deemter*-Kurve (siehe Abschnitte 2.2 und 8.6), weg oder wird sehr klein, weil keine Diffusion in Poren stattfindet. Dadurch wird die Kurve rechts von ihrem Minimum sehr flach und schnelle Chromatographie ohne Verschlechterung der Trennleistung ist möglich. Ein Beispiel mit der Trennung von 8 Stoffen in 70 Sekunden ist in Abbildung 1.1 gezeigt. Damit aber die Probenkapazität (bzw. die spezifische Oberfäche) der stationären Phase nicht übermässig klein wird, ist es notwendig, kleine Korngrößen um 1–2 µm zu verwenden. Die Kapazität ist etwa 50mal kleiner als diejenige von porösen Phasen und der Strömungswiderstand ist hoch. Das Retentionsvolumen der Peaks ist klein, weil das Porenvolumen wegfällt; der Bruchteil der mobilen Phase in der Säule (die Säulenporosität ε) ist nur etwa 0,4 verglichen mit etwa 0,8 bei einer Säule mit poröser Packung. Daher müssen Totvolumina in der Apparatur und Zeitkonstanten klein gehalten werden. Es scheint, dass die Trennung von Biopolymeren in Bezug auf Denaturierung und Ausbeute günstiger ist.

Dünnschichtteilchen (Porous Layer Beads PLB's)

Dies sind große Partikel mit einem Durchmesser um 30 µm, welche man deshalb trocken packen kann. Sie bestehen aus einem unporösen Kern, beispielsweise aus Glas, welcher mit einer 1–3 µm dicken Schicht eines chromatographisch aktiven Materials beschichtet ist. PLB's werden nur noch selten verwendet; sie können als Packung in Schutzsäulen dienen oder als Reparaturmaterial für Säulen, deren chromatographisches Bett nach längerem Gebrauch zusammengefallen ist.

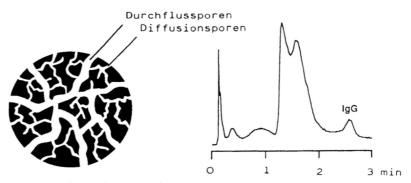

Abb. 7.4 Perfusionschromatographie
Links: Partikel der stationären Phase; rechts: schnelle Trennung von Immunglobulin G aus Zellkultur (nach N. B. Afeyan, S. P. Fulton und F. E. Regnier, J. Chromatogr. 544 (1991) 267); Säule: 4,6 mm × 10 cm; stationäre Phase: Poros M für hydrophobic interaction, 20 µm; mobile Phase: Gradient von 2 bis 0 M Ammoniumsulfat in Wasser innerhalb 5 Minuten, 10 ml/min; Detektor: UV 280 nm

Perfusionspartikel

Wie die unporösen Materialien wurden auch die Perfusionsphasen mit dem Ziel entwickelt, schnelle Trennungen von Biopolymeren zu ermöglichen. Sie bestehen aus hochvernetztem Styrol-Divinylbenzol mit zwei Typen von Poren: sehr großen *Durchflussporen* von etwa 600 bis 800 nm Durchmesser und viel engeren *Diffusionsporen* von etwa 80 bis 150 nm. Die ganze, innere und äußere Oberfläche der Partikel ist mit der aktiven stationären Phase (beispielsweise Umkehrphase, Ionenaustauscher, Affinitätsphase) bedeckt. Die Durchflussporen sind so weit, dass die mobile Phase durchfliessen kann, während sie in den Diffusionsporen stagniert. Die Analyten werden durch den strömenden Eluenten rasch hinein- und heraustransportiert, und die Diffusionswege in den engen Poren sind kurz, daher ist die Trennung schnell und die *van Deemter*-Kurve günstig (Abbildung 7.4). Es ist nicht notwendig (und auch nicht möglich), sehr kleine Partikel herzustellen. Typisch sind 20-µm-Phasen, wodurch der Strömungswiderstand der Packung klein wird.

Monolithische Phasen (Abbildung 7.5)

Es ist möglich, stationäre Phasen zu synthetisieren, welche aus einem einzigen Stück porösen Materials, wie Silicagel oder organisches Polymer, bestehen. Mit einer derartigen Struktur besteht das chromatographische Bett nicht aus Partikeln, sondern aus einem porösen Stab, welcher das zylindrische Innenvolumen der Säule vollständig ausfüllt. Der Durchmesser der großen Poren (durch welche die mobile Phase strömt) ist z.B. 2 μm der Durchmesser der Skelett-

N. Tanaka et al., Anal. Chem. 73 (2001) 420 A; D. Lubda et al., LC GC Eur. 14 (2001) 730; H. Zou et al., J. Chromatogr. A 954 (2002) 5.

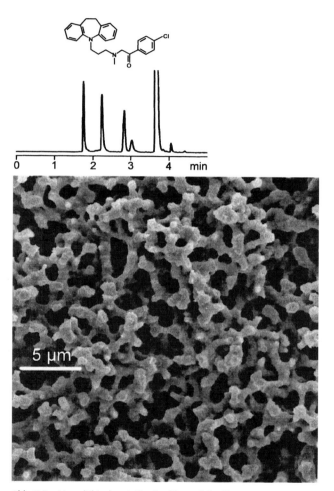

Abb. 7.5 Monolithische stationäre Phase (Merck)
Oben: Trennung von Gamonil und Nebenprodukten. Säule: 7,2 mm × 8,3 cm; stationäre Phase: SilicaROD RP 18 e; mobile Phase: Wasser mit 20 mM Phosphorsäure / Acetonitril, kombinierter Lösungsmittel- und Flussgradient, 10–50% Acetonitril bzw. 3–9 ml/min; Detektor: UV 256 nm. Unten: Rasterelektronenmikroskop-Aufnahme der stationären Phase.

struktur z. B. 1,6 µm und der Durchmesser der Mesoporen z. B. 12 nm. Solche Materialien weisen eine Porosität von mehr als 0,8 auf. Ihre Trennleistung ist derjenigen von gepackten Phasen vergleichbar, ihre *van Deemter*-Kurve ist sehr günstig.

7.4
Silicagel

K. K. Unger, Porous Silica, Elsevier, Amsterdam, 1979; J. Nawrocki, J. Chromatogr. A 779 (1997) 29.

Silicagel (Kieselgel) ist ein Adsorbens mit hervorragenden Eigenschaften. Es kann auch für die Ausschluss-Chromatographie verwendet werden und ist die Grundlage für zahlreiche chemisch modifizierte stationäre Phasen. Es besteht aus Siliziumatomen, welche durch Sauerstoffatome dreidimensional verbrückt sind. Abbildung 7.6 zeigt, dass das Netzwerk an der Oberfläche mit OH-Gruppen, den so genannten Silanolgruppen, gesättigt ist. Weil das Material amorph ist und eine heterogene Oberfläche hat, ist es nicht einfach, wohl definierte Silicagele herzustellen. Obwohl alle funktionellen Gruppen auf der Oberfläche als adsorptive Zentren wirken, unterscheiden sich die verschiedenen Typen in ihren Eigenschaften:

– Freie Silanole sind schwach sauer, daher werden basische Analyten vorzugsweise hier adsorbieren. Dieser Effekt kann zu chemischem Tailing Anlass geben.
– Geminale Silanole sind nicht sauer.
– Assoziierte (vicinale) Silanole sind nicht sauer. Stoffe mit OH-Gruppen werden vorzugsweise hier adsorbieren.
– Silanole neben Metallkationen sind stark sauer. Sie erhöhen die Heterogenität der Oberfläche und können die Trennung von basischen Stoffen stark beeinträchtigen.
– Siloxane entstehen durch die Kondensation von assoziierten Silanolen. Wird Silicagel ausgeheizt, so erhöht sich die Konzentration von Siloxanen, während der Silanolgehalt abnimmt.

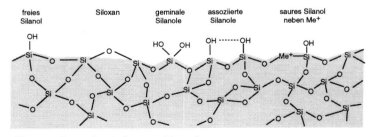

Abb. 7.6 Chemischer Aufbau von Silicagel

Silicagel kann durch eine Anzahl von verschiedenen Synthesen hergestellt werden, beispielsweise durch die vollständige Hydrolyse von Natriumsilikat oder die Polykondensation von emulgiertem Polyethoxysiloxan, gefolgt von weitgehender Entwässerung. Die erhaltenen Gele sind je nach Methode unregelmäßig oder kugelförmig; überdies hängen die Eigenschaften des Endprodukts von den Reaktionsbedingungen ab (pH, Konzentration, Zusätze, sogar von Rührgeschwindigkeit und Kesselgröße). Einer der wichtigsten Parameter ist der Metallgehalt der Edukte, denn dieser bestimmt die Konzentration der sauren Silanole. „Herkömmliche" Silicagele sind mit bis zu 250 ppm Natrium und 150 ppm Aluminium, nebst anderen Kationen, verunreinigt. Ihre Oberflächenreaktion kann sogar basisch sein, je nach Typ und Menge der eingebauten Ionen. „Moderne" Silicagele mit tiefem Metallgehalt weisen nicht mehr als 1 ppm Natrium, Calcium, Magnesium und Aluminium auf, nebst etwas höheren Gehalten an Eisen. Nur solche Gele sind für die Trennung von basischen Stoffen geeignet, und zwar sowohl in normaler Phase (als Silicagele) wie auch in umgekehrter Phase (als chemisch gebundene Phasen).

Neben der Form (unregelmäßig oder rund) können auch andere Parameter bei den verschiedenen Fabrikaten variieren:

Porenweite: Sie sollte größer als 5 nm sein. Makromoleküle müssen auf weitporigen Gelen (z. B. 30 nm) getrennt werden.

Spezifische Oberfläche: Diese ist umgekehrt proportional zur Porenweite: etwa 100 m^2/g für 30-nm-Material, 300 m^2/g für 10-nm-Material und 500 m^2/g für 6-nm-Material. Je kleiner die spezifische Oberfläche, desto kleiner die *k*-Werte bei konstanten chromatographischen Bedingungen (siehe Abschnitt 2.3). Dieser Effekt wurde mit der Trennung von 12 Farbstoffen auf verschiedenen Silicagelen schön demonstriert.

J. F. K. Huber und F. Eisenbeiss, J. Chromatogr. 149 (1978) 127.

Porenweitenverteilung: Eine enge Porenweitenverteilung ist Voraussetzung für symmetrische Peaks.

Dichte: Die Dichte von Silicagel beträgt etwa 2,2 g/cm^3; die Packungsdichte in der Säule variiert je nach Fabrikat von etwa 0,3 bis 0,6 g/cm^3.

Die *pH-Beständigkeit* von Silicagel ist beschränkt und umfasst etwa den Bereich von pH 1 bis 8.

Zum Einsatz in der *Ausschluss-Chromatographie* werden Silicagele mit Porenweiten bis zu 400 nm hergestellt (bei einer Korngröße von 10 μm). Diese Phasen müssen eine genau definierte Porenweite und Porenweitenverteilung aufweisen, während adsorptive Eigenschaften unerwünscht sind.

7.5
Chemisch modifiziertes Silicagel

R. P. W. Scott, Silica Gel Bonded Phases: Their Production, Properties, and Use in LC, Wiley, Chichester, 1993; B. Buszewski et al., J. High Resol. Chromatogr. 21 (1998) 267.

Silicagel trägt oberflächlich OH-Gruppen (Silanolgruppen). An diesen Stellen lässt sich das Silicagel chemisch verändern; so erhält man stationäre Phasen mit ganz spezifischen Eigenschaften. Die Möglichkeiten sind in Abbildung 7.7 schematisch dargestellt.

I. Die Silanolgruppe lässt sich mit einem Alkohol R-OH verestern. R kann ein Alkylrest oder ein Rest mit einer funktionellen Gruppe sein. Die Reaktion ist aus sterischen Gründen nur an der Oberfläche des Silicagels möglich (natürlich auch an der „inneren", den Poren zugewandten Oberfläche) und nicht im Inneren des Festkörpers, sodass die gebundenen Reste wie Schwänze vom Silicagel abstehen. Deshalb spricht man von „Bürsten".
    Veresterte Silicagele sind hydrolyseempfindlich und daher kaum im Gebrauch.

II. Umsetzung mit Thionylchlorid SOCl$_2$ ergibt Chloride, welche bei Reaktion mit Aminen eine Si—N-Bindung bilden. R kann beliebig sein. Diese Produkte sind stabiler gegen Hydrolyse.

III. Am stabilsten sind Silicagele, bei denen die funktionelle Gruppe über eine Si—O—Si—C-Bindung gebunden ist (Umsetzung mit Mono- oder Dichlorsilanen). Die meistverwendete derartig chemisch modifizierte Phase ist Octadecylsilan (ODS) mit R = —(CH$_2$)$_{17}$—CH$_3$. Dieser Rest ist extrem apolar, sodass er in der Umkehrphasen-Chromatographie bevorzugt verwendet wird.

G. E. Berendsen, K. A. Pikaart und L. de Galan, J. Liquid Chromatogr. 3 (1980) 1437.

Vorschrift zur Herstellung von chemisch gebundenen Phasen: 100 ml trockenes Toluol + 4 g getrocknetes Silicagel + 2,5 ml trockenes Pyridin mit einem vierfachen Überschuss (berechnet für Silicagel mit einer Oberflächenbelegung von 2,4 Gruppen pro nm^2) an Silanverbindung R—Si(CH$_3$)$_2$—Cl versetzen. Während 40 bis 150 Stunden (vom Rest R abhängig) auf einer Temperatur halten, die 10 °C tiefer als der Siedepunkt der flüchtigsten Komponente liegt. Hin und wieder sorgfältig umschwenken. Abnutschen, waschen und trocknen.
Eine Nachbehandlung mit Trimethylchlorsilan kann die Anzahl der aus sterischen Gründen nicht umgesetzten Silanolgruppen verringern. Diese Behandlung wird *end-capping* genannt.

M. Petro und D. Berek, Chromatographia 37 (1993) 549.

IV. Diese und ähnliche Reaktionen ergeben Polymerstrukturen (keine Bürsten). Es handelt sich um „gebundene Silikonöle",

I   ⬡–Si–OH + HO–R $\xrightarrow[\text{3–8 h}]{150\text{–}250\,^{\circ}\text{C}}$ ⬡–Si–OR + H_2O

II   ⬡–Si–OH + $SOCl_2$ ⟶ ⬡–Si–Cl + SO_2 + HCl

⬡–Si–Cl + H_2N–R ⟶ ⬡–Si–NH–R + HCl

III   ⬡–Si–OH + Cl–Si(CH$_3$)$_2$–R $\xrightarrow{\text{wasserfrei}}$ ⬡–Si–O–Si(CH$_3$)$_2$–R + HCl

IV   ⬡–Si–OH + Cl–SiR$_2$–Cl $\xrightarrow{\text{wasserfrei}}$ ⬡–Si–O–SiR$_2$–Cl + HCl

$\downarrow H_2O$

⬡–Si–O–SiR$_2$–OH + HCl

⬡–Si–O–SiR$_2$–OH + Cl–SiR'$_2$–Cl $\xrightarrow{H_2O}$ ⬡–Si–O–SiR$_2$–O–(SiR'$_2$–O)$_n$–H

⬡ = Silicagel

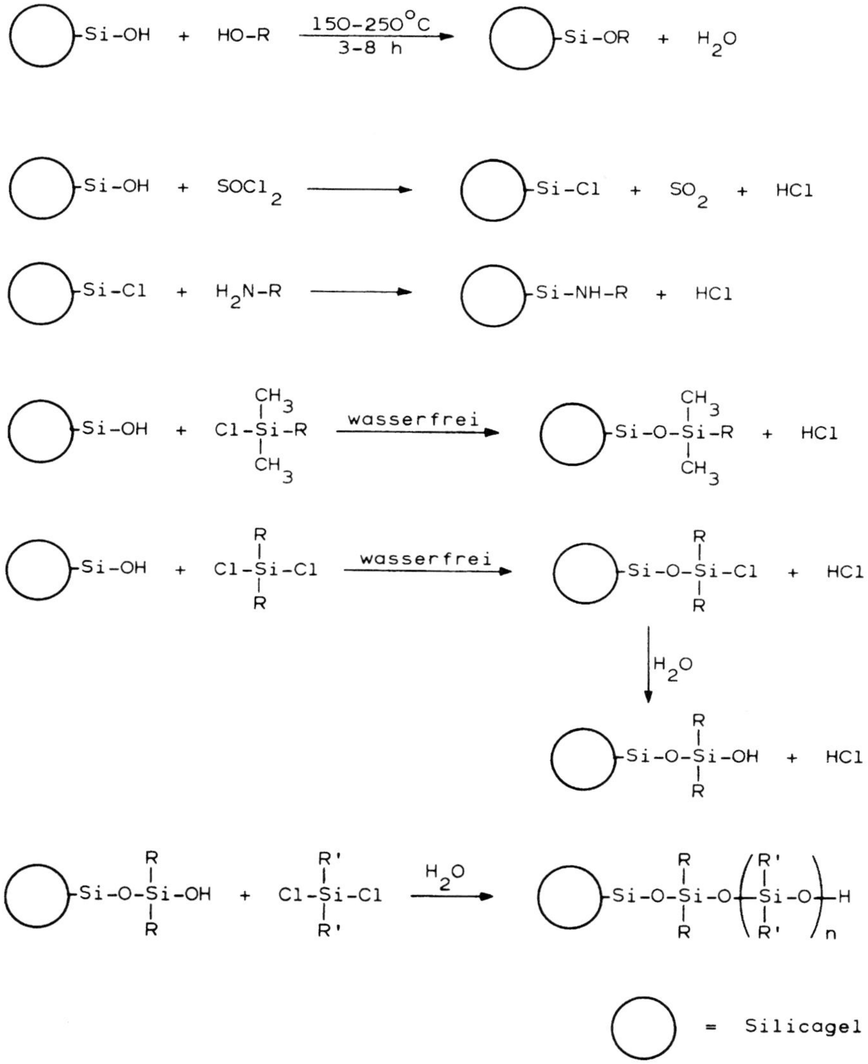

Abb. 7.7 Chemische Veränderung von Silicagel

so genannte Polysiloxane. Die vernetzte Polymerschicht kann beliebig dick sein. Die Synthesemöglichkeiten sind sehr vielfältig. Sehr vorteilhaft ist die Abschirmung des Silicageluntergrundes durch das Polymer, sodass eine gute pH-Beständigkeit erreicht werden kann.

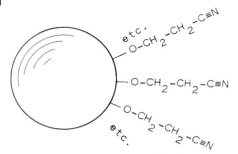

Abb. 7.8 Silicagel mit Bürstenoberfläche (Beispiel Propionitrilgruppen)

Übersicht über die angebotenen funktionellen Gruppen

L. C. Sander, K. E. Sharpless und M. Pursch, J. Chromatogr. A 880 (2000) 189.

Triacontyl	$-(CH_2)_{29}-CH_3$
Docosyl	$-(CH_2)_{21}-CH_3$
Octadecyl	$-(CH_2)_{17}-CH_3$
Octyl	$-(CH_2)_7-CH_3$
Hexyl	$-(CH_2)_5-CH_3$
Trimethyl	$-Si(CH_3)_3$

Beispiel für eine Phase mit „polar embedded group", zeigt gegenüber polaren Analyten andere Selektivität als reine Alkylphasen, für Eluenten mit hohem Wassergehalt.

Alkylcarbamat	$-C-O-CO-NH-(CH_2)_n-CH_3$
Cyclohexyl	$-C_6H_{11}$
Phenyl	$-C_6H_5$
Diphenyl	$(-C_6H_5)_2$
Dimethylamino	$-N(CH_3)_2$
Amino	$-NH_2$
Nitro	$-NO_2$
Nitril	$-C\equiv N$
Oxypropionitril	$-O-CH_2-CH_2-C\equiv N$
vic. Hydroxyl (Diol)	$\begin{matrix} -CH-CH_2 \\ \;\;\;\mid\quad\;\;\mid \\ \;\;OH\;\;\;OH \end{matrix}$

M. R. Euerby, A. P. McKeown und P. Petersson, J. Sep. Sci. 26 (2003) 295.

Fluoralkyl	$-(CF_2)_n-CF_3$
Polycaprolactam (Polyamid, Nylon)	$-[NH-(CH_2)_5-C=O]_n$

Silicagel lässt sich auch mit Gruppen funktionalisieren, die zum Ionenaustausch, zur Affinitäts-Chromatographie oder zur Enantiomerentrennung geeignet sind. Das Angebot an speziellen Phasen zur Trennung von Biopolymeren ist sehr groß.

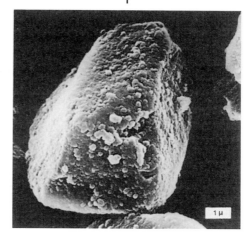

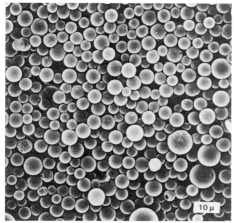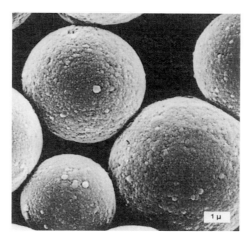

Abb. 7.9 Irreguläres und kugeliges HPLC-Material im Rasterelektronenmikroskop (Aufnahmen: Laboratorium für Elektronenmikroskopie im anorganisch-chemischen Institut der Universität Bern) Vergrößerungen je 700fach (links) bzw. 7000fach (rechts) Oben: Gebrochenes Silicagel, mittlere Korngröße 5 μm (Baker Silicagel). Unten: Kugelförmiges Silicagel, mittlere Korngröße 5 μm (Spherisorb ODS, d. h. chemisch modifiziertes Silicagel).

Chemische Stabilität von gebundenen Phasen

L.R. Snyder, J.J. Kirkland und J.L. Glajch, Practical HPLC Method Development, Second edition, Wiley, New York, 1997, S. 193–203; J.J. Kirkland et al., J. Chromatogr. A 728 (1996) 259 und 762 (1997) 97.

Hohe pH-Werte führen zur Auflösung des Silicagel-Gerüsts.
Tiefe pH-Werte führen zur Hydrolyse der Siloxanbindung: Si-O-Si-R → Si-OH + HO-Si-R. Vorzugsweise werden die endgecappten kleinen Gruppen angegriffen. Deshalb können Phasen mit End-capping ihre Eigenschaften verändern, wenn sie bei pH < 3 gebraucht werden.

Langkettige Alkylphasen (z.B. Octadecyl) sind stabiler als kurzkettige (z.B. Dimethyl).
Die chemische Stabilität ist höher bei Materialien, welche aus hochreinem Silicagel mit tiefem Metallgehalt hergestellt wurden, welche eine dichte Belegung mit gebundener Phase aufweisen, welche mit end-capping nachbehandelt wurden und für welche sterisch schützende Derivatisierungsreagenzien eingesetzt wurden (Abbildung 7.10). Die Lebensdauer einer Säule ist kürzer bei hoher Temperatur, bei hoher Pufferkonzentration und bei der Verwendung von ungeeigneten Puffern: anorganische Puffer wie Phosphat oder Carbonat sind aggressiver als organische wie Tris oder Glycin.

Abb. 7.10 Voluminöse Seitengruppen schützen die gebundene Phase vor chemischem Angriff

7.6
Styrol-Divinylbenzol

H.W. Stuurman, J. Köhler, S.O. Jansson und A. Litzén, Chromatographia 23 (1987) 341; L.L. Lloyd, J. Chromatogr. 544 (1991) 201.

Vernetztes Polystyrol ist eine vielseitige stationäre Phase. Es entsteht durch die Copolymerisation von Styrol mit Divinylbenzol.

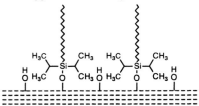

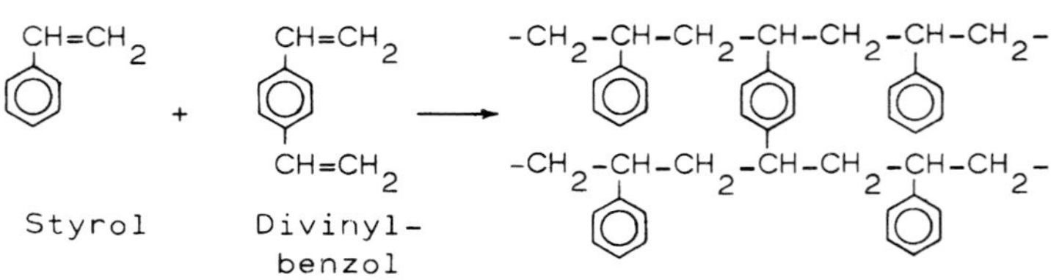

Styrol   Divinyl-
          benzol

Abb. 7.11 Styrol-Divinylbenzol-Harz

Die bei der Reaktion zugesetzte Menge an Divinylbenzol bestimmt den Vernetzungsgrad und damit die Porenstruktur. Harze mit weniger als 6% Divinylbenzol sind nicht druckstabil und können nicht als HPLC-Phasen angesehen werden. *Halbharte Polystyrole* mit 8% Divinylbenzol sind bis etwa 60 bar stabil. Je nach Lösungsmittel und Ionenstärke ändert sich ihr Packungsvolumen (beispielsweise quellen sie bei kleiner und schrumpfen bei hoher Ionenstärke), deshalb sollte man eine einmal gewählte mobile Phase nicht wechseln. *Harte Polystyrole* sind echte Hochleistungs-Materialien. Dank ihrem hohen Vernetzungsgrad quellen sie nicht und sind bis 350 bar stabil.

Styrol-Divinylbenzol-Phasen können entweder nur Mikroporen oder aber sowohl Mikro- und Makroporen aufweisen. Die mehrere 10 nm weiten Makroporen ermöglichen größeren Molekülen einen besseren Zugang zu den aktiven Stellen.

Abb. 7.12 Porenstruktur von Styrol-Divinyl-benzol-Harz

Im Gegensatz zu Silicagel ist Styrol-Divinylbenzol von pH 1 bis pH 13 beständig.

Styrol-Divinylbenzol lässt sich mit wässrigen mobilen Phasen als Umkehrphasen-Material verwenden. Hierbei lässt die ausgezeichnete pH-Stabilität einen größeren Spielraum zum Finden der günstigen Eluentenzusammensetzung zu als dies mit Umkehrphasen auf Silicagelbasis möglich wäre (siehe Abbildung 7.13). Mit weniger polaren Lösungsmitteln entsteht ein Trennsystem in normaler Phase.

Werden in das Gerüst entsprechende Gruppen eingebaut, so entstehen Ionenaustauscher, siehe Abbildung 7.14. Analog können $C_{18}H_{37}$-Reste eingefügt werden, sodass eine Octadecylphase entsteht, welche im Gegensatz zu einer Phase auf Silicagelbasis keine nicht umgesetzten OH-Gruppen enthalten kann.

Styrol-Divinylbenzol ist außerdem, nach Vernetzung zu wohl definierten Poren, die wichtigste stationäre Phase für die Gelpermeations-Chromatographie.

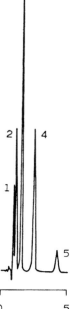

O   5   min

Abb. 7.13 Trennung von Chlorphenolen auf
Styrol-Divinylbenzol (nach Hamilton)
Säule: 4,2 mm × 15 cm; stationäre Phase:
PRP-1 10 µm; mobile Phase: 0,1 N Na_3PO_4
pH 12/Acetonitril 2:5, 2 ml/min; Detektor: UV
254 nm; 1) p-Chlorphenol; 2) 2,4-Dichlorphe-
nol; 3) 2,4,5- und 2,4,6-Trichlorphenol;
4) 2,3,5,6-Tetrachlorphenol; 5) Pentachlorphe-
nol

$$-CH_2-CH-CH_2-$$
$$SO_3^-$$

$$-CH_2-CH-CH_2-$$
$$^+N(CH_3)_3$$

Kationenaustauscher   Anionenaustauscher

Abb. 7.14 Ionenaustauschergruppen im Harz

7.7
Einige weitere stationäre Phasen

Aluminiumoxid ist basisch, durch geeignete Behandlung kann aber auch neutrales und saures Aluminiumoxid hergestellt werden. Das neutrale ist für die Adsorptions-Chromatographie vorzuziehen. Basisches Aluminiumoxid ist ein schwacher Kationenaustauscher, saures ein schwacher Anionenaustauscher. Aluminiumoxid ist speziell zur Trennung von kondensierten Aromaten und von Strukturisomeren geeignet. Im Gegensatz zu Silicagel ist es im pH-Bereich 2–12 stabil. Störungen durch Chemisorption sind mit Aluminiumoxid häufiger als mit Silicagel, besonders bei sauren Probekomponenten; dies kann sich in Tailing äußern. Aluminiumoxid sollte nicht über 150 °C erhitzt werden. Schüttgewicht von Aluminiumoxid: ca. 0,9 g/cm^3, Dichte: ca. 4,0 g/cm^3, Packungsdichte: ca. 0,94 g/cm^3. Aluminiumoxidsäulen haben kleinere Bodenzahlen als vergleichbare Silicagelsäulen. Das Material kann derivatisiert werden.

C. Laurent, H. A. H. Billiet und L. de Galan, Chromatographia 17 (1983) 253.

J. J. Pesek und M. T. Matyska, J. Chromatogr. A 952 (2002) 1.

Magnesiumsilikat muss mit Vorsicht verwendet werden; es kann viele Stoffe chemisorbieren, z. B. Aromaten, Amine und Ester.

Poröses Glas entsteht durch gezielte Entmischung (eigentlich Entglasung) von Borosilikatglas. B_2O_3 wird dabei in kleinen Tröpfchen ausgeschieden. Mit Wasserdampf kann es aus der zurückbleibenden SiO_2-Matrix entfernt werden. Dieses Material wird oft CPG = controlled pore glass genannt. Es ist druckstabil, ausgezeichnet chemikalienbeständig (Ausnahme: starke Alkalien) und sterilisierbar. Die OH-Gruppen an seiner Oberfläche lassen sich chemisch modifizieren. Es stellt somit ein Material dar, das sich ähnlich vielfältig wie Silicagel einsetzen lässt: zur Adsorptions-, Verteilungs-, Ionenaustausch-, Ausschluss- und Affinitäts-Chromatographie.

R. Schnabel und P. Langer, J. Chromatogr. 544 (1991) 137.

Hydroxy-Methacrylat-Gel ist durch die vielen OH-Gruppen sehr polar. Es kann für die Gelfiltration oder derivatisiert für die Affinitäts-Chromatographie verwendet werden. Der Hydroxyalkylrest lässt sich vom Glykol oder vom Glyzerin ableiten.

Hydroxylapatit ist hexagonal kristallines Calciumphosphat $Ca_{10}(PO_4)_6(OH)_2$. Es kann druckbeständig (bis 150 bar) hergestellt werden und eignet sich besonders zur Trennung von Proteinen und anderen Biopolymeren.

T. Kawasaki, J. Chromatogr. 544 (1991) 147; S. Doonan, Methods Mol. Biol. (Totowa) 59 (1996) 211.

S. Hjerten, in: HPLC of Proteins, Peptides and Polynucleotides, M. T. W. Hearn, ed., VCH, New York 1991, S. 119–148.

Agarose ist ein vernetztes Polysaccharid, welches im pH-Bereich von 1–14 beständig ist und vielfältig deriviert werden kann, beispielsweise zu Phasen für die Affinitäts-Chromatographie.

P. Ross und J.H. Knox, Adv. Chromatogr. 37 (1997) 121.

Poröser Grafit (porous graphitic carbon PGC) ist eine vollständig poröses Material mit einzigartigen Umkehrphasen-Eigenschaften, aber es kann auch in normaler Phase verwendet werden. PGC besitzt eine kristalline Grafitoberfläche. Er ist von 10 M Säure bis 10 M Base stabil und auch bei hohen Temperaturen beständig. Die Selektivität (die Elutionsreihenfolge) ist anders als bei Umkehrphasen auf Silicagelbasis. PGC wird für die Trennung von sehr polaren und ionischen Verbindungen empfohlen, wie auch für Stereoisomere. Er ist für große, eher starre Moleküle mit einer Vielzahl von funktionellen Gruppen geeignet, wie sie viele Naturstoffe und neue Pharmaka darstellen. Abbildung 7.15 zeigt die Trennung von zwei Isomeren einer Prodrug mit der Summenformel $C_{50}H_{80}N_8O_{20}PK$.

Titandioxid ist kristallines TiO_2 mit basischen OH-Gruppen auf der Oberfläche (im Gegensatz zu Silicagel), daher ist es bei hohem pH stabil. Es kann in normaler wie auch in umgekehrter Phase eingesetzt werden.

C. J. Dunlap, C. V. McNeff, D. Stoll und P. W. Carr, Anal. Chem. 73 (2001) 599 A.

Zirkondioxid ZrO_2 hat ähnliche Eigenschaften wie Titandioxid, kann aber mit den Analyten auch durch Ligandaustausch in Wechselwirkung treten, da es eine *Lewis*-Säure ist. Es kann derivatisiert werden.

K. S. Boos und A. Rudolphi, LC GC Int. 11 (1998) 84 und 224.

Phasen mit beschränkter Oberflächenzugänglichkeit wurden für die Analyse von Pharmaka und Metaboliten in Serum (und anderen Körperflüssigkeiten) entwickelt. Proteine werden auf ihnen gar nicht retardiert, sofern pH und Ionenstärke der mobilen Phase richtig gewählt sind, dagegen ist die Selektivität für kleine, mittelpolare Moleküle gut. Es ist deshalb möglich, Serum direkt in eine HPLC-Säule einzuspritzen, ohne dass die Proteine denaturiert werden oder durch irreversible Adsorption die Säule mit der Zeit unbrauchbar machen. Eine Möglichkeit für die Konzeption einer derartigen Phase ist in Abbildung 7.16 gezeigt. Die Porenweite ist so klein, dass die Proteine gar nicht ins Innere der Partikel eindringen können (vergleiche den Mechanismus der Ausschluss-Chromatographie, Kapitel 15); zudem ist die Außenseite weder adsorptiv noch denaturierend. Die für die selektive Trennung der kleinen Probenmoleküle verantwortliche eigentliche stationäre Phase befindet sich im Innern der Poren.

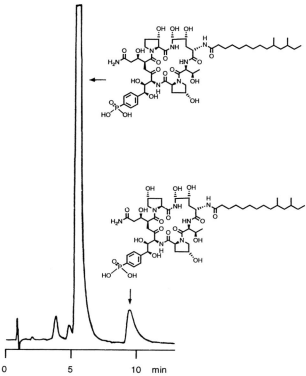

Abb. 7.15 Trennung von Prodrug-Isomeren auf porösem Grafit (nach C. Bell, E.W. Tsai, D.P. Ip and D.J. Mathre, J. Chromatogr. A, 675 (1994) 248) Säule: 4,6 mm × 10 cm; stationäre Phase: Hypercarb 5 μm; mobile Phase: 1,5 ml/min 0,02 M Kaliumphosphat pH 6,8/Acetonitril 55 : 45; Detektor: UV 220 nm.

7.8
Vorsichtsmassnahmen und Regeneration

Bei Nichtgebrauch bewahrt man Chromatographiesäulen lösungsmittelgefüllt, luftdicht verschlossen und erschütterungsfrei auf. Wasser ist als Aufbewahrungsflüssigkeit in der Regel ungünstig, weil Pilzwachstum auftreten kann. Salzlösungen (Puffer) können kristallisieren und dadurch die Säule verstopfen.
Etikette mit Bezeichnung des Lösungsmittels nicht vergessen!

Bei unvorsichtigem oder längerem Gebrauch kann es geschehen, dass die Säule, besonders in den obersten Zonen der Packung,

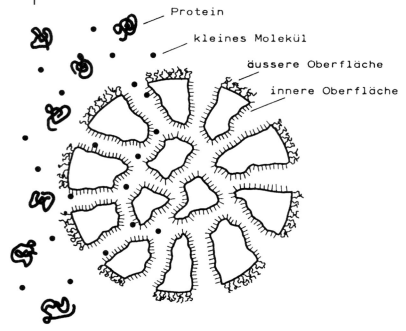

Abb. 7.16 Phase mit beschränkter Oberflächenzugänglichkeit

durch stark adsorbierte Stoffe verschmutzt wird. Die Trennleistung sinkt dadurch. Bevor man die Säule fortwirft bzw. leert, kann man (ohne Garantie!) versuchen, sie zu regenerieren. Vorsäulen müssen vor dem Regenerieren entfernt werden! Eventuell Säule zum Regenerieren umkehren.

Silicagelsäulen
Folgende Lösungsmittel sollen mit einem Durchfluss von 1 bis 3 ml/min durchgepumpt werden:

75 ml Tetrahydrofuran
75 ml Methanol
bei Verunreinigung mit basischen Stoffen 75 ml 1–5%ige wässrige Essigsäure
bei Verunreinigung mit sauren Stoffen 75 ml 1–5%iges wässriges Pyridin
75 ml Tetrahydrofuran
75 ml tert. Butylmethylether
75 ml n-Hexan (falls man nachher mit Hexan oder Heptan chromatographieren will, sonst bei Ether aufhören)

Falls die Trennleistung sinkt, weil das Silicagel zu viel Wasser adsorbiert hat, kann dieses auf chemischem Weg entfernt werden. Das hierzu notwendige Reagens kann selber hergestellt oder gebrauchsfertig gekauft werden (Alltech).

R. A. Bredeweg, L. D. Rothman und C. D. Pfeiffer, Anal. Chem. 51 (1979) 2061.

Octadecyl-, Octyl-, Phenyl- und Nitrilsäulen

Folgende Lösungsmittel sollen mit einem Durchfluss von 0,5–2 ml/min durchgepumpt werden:

R. E. Majors, LC GC Eur. 16 (2003) 404.

75 ml Wasser, währenddessen 4 mal je 100 µl Dimethylsulfoxid einspritzen
75 ml Methanol
75 ml Chloroform
75 ml Methanol
eventuell auch Wasser → Schwefelsäure ($c = 0,1$ mol/l) → Wasser

Falls eine Säule ihre chemisch gebundene Phase verloren hat, kann man versuchen, diese durch geeignete Silanverbindungen wieder an das Silicagel zu binden.

C. T. Mant und R. S. Hodges, J. Chromatogr. 409 (1987) 155.

Anionenaustauschersäulen

Folgende Lösungsmittel mit einem Durchfluss von 0,5 bis 2 ml/min durchpumpen:

75 ml Wasser
75 ml Methanol
75 ml Chloroform
danach wieder zurück

Kationenaustauschersäulen

Folgende Lösungsmittel mit einem Durchfluss von 0,5 bis 2 ml/min durchpumpen:

75 ml Wasser, währenddessen 4 mal je 200 µl Dimethylsulfoxid einspritzen
75 ml Tetrahydrofuran
danach wieder zurück

Für Anionen- und Kationenaustauschersäulen kann auch folgende Sequenz günstig sein:

75 ml Wasser
75 ml Lösung ($c = 0,1$–$0,5$ mol/l) des vorher verwendeten Puffers (Erhöhung der Ionenstärke)
75 ml Wasser
75 ml Schwefelsäure ($c = 0,1$ mol/l)
75 ml Wasser
75 ml Aceton
75 ml Wasser

75 ml EDTA-Natriumsalz ($c = 0{,}1$ mol/l)
75 ml Wasser

Für Kationenaustauscher auf Styrol-Divinylbenzol-Basis: Natronlauge ($c = 0{,}2$ mol/l) über Nacht bei etwa 70 °C durchpumpen (entfernt Bakterien, welche auf der Oberfläche der Partikel sitzen könnten).

Styrol-Divinylbenzol-Säulen

Folgende Lösungsmittel mit einem Durchfluss von 0,5 bis 2 ml/min durchpumpen:

40 ml Toluol oder peroxidfreies (< 50 ppm) Tetrahydrofuran
200 ml 1%ige Mercaptoessigsäure in Tetrahydrofuran oder Toluol, wenn die Säule durch Styrol-Butadien-Kautschuk oder natürlichen oder synthetischen Gummi verstopft ist.

C. T. Wehr und R. E. Majors, LC GC Int. 1 (4, 1988) 10.

Für Säulen, welche zur Trennung von Biopolymeren dienen, sind besondere Regenerationsprozeduren zu beachten.

Es kann auch angezeigt sein, die Säule zu öffnen, um das chromatographische Bett begutachten zu können. Falls die Packung zusammengefallen ist (Abbildung 7.17 A), so repariere man die Säule wie folgt:

B Mit einem feinen Spatel das überflüssige Füllmaterial entfernen und das Bett ausebnen.

C Totvolumen mit Glaskügelchen ca. 35 µm oder mit geeigneten Dünnschichtteilchen auffüllen, Säule schließen. Man ersetze die Fritte durch eine neue.

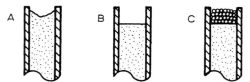

Abb. 7.17 Reparatur von Säulen mit zusammengefallener Packung

Es ist natürlich anzustreben, durch sorgfältige Behandlung der Säule (Pulsationsdämpfung, richtige Vorbereitung von mobiler Phase und Probe, Vermeiden von Ausfällungen in der Säule) derartige Regenerations- und Reparaturversuche gar nicht nötig werden zu lassen. Nicht nur als Anfänger, sondern auch als Routinier lese man daher die ausgezeichneten Artikel von *Rabel* sowie *Nugent* und *Dolan*.

F. M. Rabel, J. Chromatogr. Sci. 18 (1980) 394; K. D. Nugent und J. W. Dolan, J. Chromatogr. 544 (1991) 3.

Bei Kartuschen mit *axial komprimierbarem* chromatographischem Bett lässt sich der Hohlraum über einer zusammengefallenen Packung durch einfaches Nachziehen der Endfittings beseitigen.

Säulen leeren

Will man eine Säule leeren, so sollte man das Material nicht mit Spateln, Drähten oder Ähnlichem herauskratzen. Die Innenwand der Säule würde dabei Schaden nehmen und das Füllmaterial zerrieben. Am schonendsten leert man die Säule, indem man Endfritte und -Verschraubung entfernt und mit eingeschalteter Pumpe die Füllung herauspresst.

Flussrichtung

Es ist am besten, eine HPLC-Säule immer in der gleichen Flussrichtung zu betreiben *oder* aber zu wissen, weshalb man sie in umgekehrter Richtung braucht. Viele Säulen haben einen aufgedruckten Pfeil, welcher die Richtung bezeichnet; in diesem Fall ist man nicht sicher, ob man die Säule umdrehen darf. Falls die Fritten an beiden Enden identisch sind, ist es kein technisches Problem, die Säule in der anderen Richtung zu benützen, aber die Fritten könnten sich auch in ihrer Porenweite unterscheiden. Diejenige mit größerer Porenweite wäre dann am Eingang montiert, und eine Flussumkehr könnte nicht empfohlen werden. Wenn eine Säule keinen Pfeil hat, ist es günstig, selbst einen darauf zu zeichnen. Die Säule wird dann immer in der gleichen Richtung eingesetzt, sodass Staub und nicht eluierte Stoffe aus den Proben beim Eingang aufkonzentriert werden. Nur zum Regenerieren dreht man die Säule um.

8
Das Testen von HPLC-Säulen

8.1
Einfache Tests für HPLC-Säulen

Man sollte sich angewöhnen, jede neu gefüllte oder gekaufte Säule *mindestens* mit den in diesem Abschnitt genannten einfachen Tests zu prüfen. Einen Verdacht auf gesunkene Bodenzahl, verstärktes Tailing oder verschlechterte Permeabilität muss man mit einem Test verifizieren können.

Trennstufenzahl
Zur Berechnung siehe Abschnitt 2.3.
Als Testsubstanzen verwendet man Stoffe, die im betreffenden chromatographischen System kein chemisches Tailing geben sollten (siehe dazu Abschnitt 8.4). Die Bodenzahl, die man aus dem Peak einer nicht oder nur wenig retardierten Komponente errechnet, gibt dabei ein Maß für die Güte der Packung und den Einfluss der Totvolumina. Bei einem später eluierten Peak ist die Bodenzahl zudem vom Stoffaustausch beeinflusst. Ist diese Bodenzahl viel kleiner als die erste, so ist der Stoffaustausch gehindert, das chromatographische System eignet sich also nicht für die Trennung dieses Gemisches. Ist sie viel höher, so kann dies ein Hinweis auf zu große Totvolumina in der Apparatur sein.
Die Trennstufenzahl wird gerne und häufig zur Charakterisierung einer Säule benutzt. Man soll sie aber nicht überbewerten. Zur Aussage „Meine Säule hat 10000 Böden" gehören nämlich auch noch folgende Angaben:
– Länge und Innendurchmesser der Säule
– Probesubstanz und deren k-Wert
– mobile und stationäre Phase
– Fließgeschwindigkeit der mobilen Phase
– Probengröße
– streng genommen auch die Temperatur

Die Trennstufenzahl darf nur unter isokratischen Bedingungen bestimmt werden! Durch Lösungsmittelgradienten werden die Peaks zusammengestaucht.

Peakasymmetrie

Zur Berechnung siehe Abschnitt 2.7.
Um das Verhalten der Säule gegenüber sauren und basischen Stoffen zu testen, kann es angebracht sein, entsprechende Komponenten in das Testgemisch aufzunehmen (Phenole, Amine). Starkes Tailing im einen oder anderen Fall zeigt an, dass die Säule für derartige Trennprobleme nicht geeignet ist.

Permeabilität

Die Permeabilität K oder Durchlässigkeit einer Säule gibt Auskunft über die Güte der Packung und etwaige Blockierungen im System wie verstopfte Fritten oder Leitungen.

K ist definiert als $\quad K = \dfrac{u L_c}{\Delta p} \qquad u = \dfrac{L_c}{t_0} \qquad K = \dfrac{L_c^2}{\Delta p\, t_0} \ [\text{mm}^2/\text{s bar}]$

u lineare Fließgeschwindigkeit der mobilen Phase [mm/s]
L_c Länge der Säule [mm]
Δp Druckdifferenz zwischen Säulenanfang und -ende [bar]
Zu großes K bedeutet schlechte Säulenpackung, zu kleines K weist auf eine Verstopfung hin. K ist jedoch abhängig von der Teilchenform (ob rund oder unregelmäßig).
Die spezifische Permeabilität K^0 ist nebst u, L_c und Δp auch noch mit der Viskosität η des Lösungsmittels und der Porosität ε der Säulenfüllung verknüpft:

$$K^0 = \frac{u \eta L_c \varepsilon}{\Delta p} = K \eta \varepsilon \qquad K^0 = 10^{-8}\, K \eta \varepsilon \ [\text{mm}^2] \ (\text{mit } \eta \text{ in mPas})$$

ε ist für Silicagel ca. 0,8, für chemisch gebundene Phasen ca. 0,65, für unporöse Teilchen ca. 0,4.

Durch Einsetzen von $u = \dfrac{4\,F}{d_c^{\,2}\, \pi \varepsilon}$ in die Gleichung für K° lässt sich dieser Wert aus Größen berechnen, die besser zugänglich sind:

$$K^0 = \frac{4F\, \eta L_c}{d_c^{\,2}\, \pi\, \Delta p} \qquad K^0 = 21 \cdot 10^{-8}\, \frac{F\, \eta L_c}{d_c^{\,2}\, \Delta p} \ [\text{mm}^2]$$

F Volumenstrom der mobilen Phase [ml/min]
  (mit Messkolben und Stoppuhr bestimmen)
d_c Innendurchmesser der Säule [mm]

Aufgabe 17:

Eine Säule mit den Maßen 3,2 mm (innen) × 25 cm ist mit 5-μm-Silicagel gefüllt. Mit einem Eluenten der Viskosität 0,33 mPa s (n-Hexan) wurde ein Druck von 70 bar gemessen bei einer Totzeit von 60 Sekunden. Wie groß sind K und K^0?

Lösung:

$$K \quad = \frac{L_c^2}{\Delta p\, t_0} = \frac{250^2}{70 \cdot 60}\ \text{mm}^2/\text{s bar} = 15\ \text{mm}^2/\text{s bar}$$

$$\varepsilon \quad = 0,8\ \text{(Silicagel)}$$
$$K^0 \quad = K\eta\varepsilon = 10^{-8} \cdot 15 \cdot 0,33 \cdot 0,8\ \text{mm}^2 = 4,0 \cdot 10^{-8}\ \text{mm}^2$$

Oder, mit einem Volumenstrom von 1,6 ml/min:

$$K^0 \quad = 21 \cdot 10^{-8} \frac{F\eta L_c}{d_c^2\, \Delta p} = 21 \cdot 10^{-8}\, \frac{1,6 \cdot 0,33 \cdot 250}{3,2^2 \cdot 70}\ \text{mm}^2 = 3,9 \cdot 10^{-8}\ \text{m}$$

Man kann auch überschlagsmäßig die erhaltene Bodenzahl und den benötigten Druck für eine Säule mit den Abbildungen 2.29 und 2.30 vergleichen. Bei Abweichungen um das 5 bis 10fache kann etwas nicht stimmen! (Bedingung ist dabei, dass die Säule nicht weit entfernt von ihrem *van Deemter*-Minimum getestet wurde.)

8.2
Bestimmung der Korngröße

Es kann vorkommen, dass die Korngröße d_p einer Säule nicht bekannt ist oder diese Information verloren ging. In diesem Fall könnte man die Säule öffnen und d_p unter dem Mikroskop messen. Wenn man dies nicht tun will, ist die *Kozeny-Carman*-Beziehung nützlich:

$$K^0 \approx \frac{d_p^2}{1000}$$

Der Teilchendurchmesser errechnet sich also zu

$$d_p \approx \sqrt{K^0 \cdot 1000}$$

K^0 ist, wie bereits erwähnt, von der Teilchenform abhängig. Der Faktor 1000 gilt nur für gut gepackte Säulen und für irreguläre Teilchen; für runde Teilchen von enger Fraktionierung ist er kleiner als 1000 (etwa 700). Immerhin lässt sich so die Größenordnung der Partikel berechnen.

Aufgabe 18:

In Aufgabe 17 wurde eine spezifische Permeabilität von $4 \cdot 10^{-8}$ mm^2 berechnet. Welchem Teilchendurchmesser entspricht dieser K^0-Wert?

Lösung:
$4 \cdot 10^{-8}$ mm$^2 = 4 \cdot 10^{-2}$ µm^2

$$d_{\mathrm{p}} = \sqrt{K^0 \cdot 1000} = \sqrt{4 \cdot 10^{-2} \cdot 10^3} \ \text{µm} = \sqrt{40} \ \text{µm} = 6{,}3 \ \text{µm}$$

Die mittlere Korngröße betrug nach Firmenangabe 5 µm (rundes Silicagel).

8.3
Bestimmung der Totzeit

Die lineare Geschwindigkeit u der mobilen Phase wird zur Berechnung der Permeabilität K benötigt. Auch ist die Angabe der Trennstufenzahl ohne Nennung von u nicht ganz korrekt, ist doch die Bodenhöhe von der Fließgeschwindigkeit abhängig (siehe Abbildung 2.7).

Wie bereits erwähnt, berechnet sich u wie folgt:

$$u = \frac{L_{\mathrm{c}}}{t_0}$$

$\left(\text{Beachte: } u \neq \dfrac{4\,F}{d_{\mathrm{c}}^2\,\pi}, \text{ weil die Matrix der stationären Phase einen gewissen Bruchteil des Säulenvolumens einnimmt! Es gilt: } u = \dfrac{4\,F}{d_{\mathrm{c}}^2\,\pi\varepsilon}\right.$

oder, mit $\varepsilon = 0{,}65$: $\left. u\,[\text{mm/s}] = 33\,\dfrac{F\,[\text{ml/min}]}{d_{\mathrm{c}}^2\,[\text{mm}^2]}\cdot\right)$

Die Totzeit t_0 muss also bekannt sein. Dazu misst man die Retentionszeit des ersten Peaks des Chromatogramms. Wurde dieser Peak sicher mit der Fließgeschwindigkeit der mobilen Phase transportiert? Eine – wenn auch nur geringe – Retention des ersten Peaks gibt eine zu große „Totzeit". Ausgeschlossene Komponenten (keine Seltenheit in der Umkehrphasenchromatographie, besonders bei mobilen Phasen mit hohem Wassergehalt) erscheinen als erste im Detektor und täuschen eine zu kleine Totzeit vor.

Zur Verifizierung der Totzeit nehmen wir die Ermittlung der *Porosität* zu Hilfe.

Die totale Porosität ε einer Säule ist der Bruchteil des Volumens, den die mobile Phase einnimmt:

Über die Problematik der Totzeitbestimmung: C. A. Rimmer, C. R. Simmons und J. G. Dorsey, J. Chromatogr. A 965 (2002) 219.

$$\varepsilon = \frac{V_{\text{Säule}} - V_{\text{Füllmaterial}}}{V_{\text{Säule}}}$$

ε kann auf einfache Weise bestimmt werden:

$$\varepsilon = \frac{4\,F\,t_0}{d_c^{\,2}\,\pi\,L_c} \qquad \varepsilon = 21\,\frac{F\,[\text{ml/min}]\,t_0\,[\text{s}]}{d_c^{\,2}\,[\text{mm}^2]\,L_c\,[\text{mm}]}$$

F Volumenstrom der mobilen Phase
t_0 Totzeit
d_c Innendurchmesser der Säule
L_c Länge der Säule

ε ist bei Silicagel 0,7 bis 0,8, bei chemisch gebundenen Phasen 0,6 bis 0,7, bei unporösen Partikeln ungefähr 0,4.

Verifizierung der Totzeit
Ist ε bei Säulen mit gebundener Phase (z. B. C_{18}-Phase):

– ca. 0,65, so stimmt die ermittelte Totzeit.
– größer als 1, so wanderte die fragliche Komponente nicht mit der Geschwindigkeit der mobilen Phase, sondern wurde effektiv von der stationären Phase etwas festgehalten und verspätet eluiert.
– deutlich kleiner als 0,5, so wurde die Komponente von den Poren des Adsorbens ausgeschlossen (vgl. Ausschluss-Chromatographie) und wanderte schneller als der Totzeit entspricht.
In den beiden letzten Fällen ist die verwendete Testsubstanz zur Bestimmung der Totzeit ungeeignet.
Die Diagnose ist bei Verwendung von Silicagel oder unporösen Teilchen natürlich analog; der kritische Wert von ε ist dann 0,75 bzw. 0,4.

Aufgabe 19:
Berechnen Sie die Porosität einer Säule von 4,6 mm $\times$ 15 cm, welche bei einem Fluss von 1,4 ml/min eine Totzeit von 67 Sekunden aufweist.

Lösung:

$$\varepsilon = \frac{4 \cdot F \cdot t_0}{\pi \cdot d_c^2 \cdot L_c} = 21\,\frac{1,4 \cdot 67}{4,6^2 \cdot 150} = 0,62$$

Andererseits kann t_0 berechnet werden, wenn ε bekannt ist. Falls die Porosität als 0,65 angenommen werden kann (Umkehrphase), lässt sich die folgende gebrauchsfertige Gleichung ableiten:

$$t_0\,[\text{s}] = 0,03\,\frac{d_c^2\,[\text{mm}^2] \cdot L_c\,[\text{mm}]}{F\,[\text{ml/min}]}$$

Aufgabe 20:

Schätzen Sie die Totzeit ab, die mit den Daten von Aufgabe 19 erhalten wird (gebundene Phase).

Lösung:

$$t_0[\text{s}] = 0,03 \frac{d_c^2[\text{mm}^2] \cdot L_c[\text{mm}]}{F[\text{ml/min}]} = 0,03 \frac{4,6^2 \cdot 150}{1,4} = 68 \text{ s}$$

Eine Rechnung dieser Art erlaubt die Verifikation, ob eine Basislinienschwankung oder ein Peak wirklich die Totzeit markiert. Eine rasche Abschätzung ist auch für 4,6-mm-Säulen möglich, die mit einem Fluss von 1 ml/min betrieben werden: $t_0[\text{min}] \approx 0,1 \, L_c[\text{cm}]$.

8.4
Das Testgemisch

Wenn man auf einem speziellen Gebiet arbeitet, z. B. nur Aflatoxinbestimmungen durchführt, ist es sinnvoll, sich ein darauf abgestimmtes Testgemisch zusammenzustellen, hier also eine Mischung von Aflatoxinen. (Ein Testgemisch zur Bestimmung der Trennstufenzahl sollte aber keine Peptide oder Proteine enthalten. Diese Stoffe *müssen* mit Gradienten eluiert werden, siehe Abbildung 18.7, wogegen die Trennstufenzahl mit einem isokratischen Chromatogramm ermittelt wird.)

In allen anderen Fällen benötigt man ein Testgemisch, das folgenden Anforderungen genügen soll:

– leicht in guter Qualität erhältlich
– stabil
– nicht allzu giftig
– kein chemisches Tailing
– gute UV-Absorption bei 254 nm oder allgemein gute Detektierbarkeit. Da die Säule keinesfalls überladen werden darf, soll man nicht mehr als 1 µg je Komponente pro Gramm stationäre Phase einspritzen; bei analytischen Säulen ist die erlaubte Menge so klein, dass Brechungsindex-Detektion kritisch oder unmöglich wird.

Das Testgemisch muss eine Substanz enthalten, mit der die Totzeit genau gemessen werden kann; sie darf weder zurückgehalten noch ausgeschlossen werden. Dies ist dann der Fall, wenn sie dem Lösungsmittel möglichst verwandt und von kleiner molarer Masse ist. Bei Elution mit Hexan ist Pentan geeignet. Pentan gibt keine UV-Absorption, sondern nur einen kleinen Brechungsindex-Peak. Mit diesem Signal lässt sich die Bodenzahl nicht bestimmen! Deshalb ist weiter eine Testsubstanz günstig, welche rasch, etwa mit $k \approx 0{,}2$ eluiert wird und einen echten UV-Absorptionspeak liefert, z. B. Toluol oder Xylol. Die Trennstufenzahl einer nicht oder nur ganz wenig retardierten Substanz gibt ja direkt Auskunft über die Güte der Packung, während bei später eluierten Peaks deren Stoffaustauscheigenschaften eine ebenso große Rolle spielen. Zur Bestimmung der Totzeit in Umkehrphasen-Systemen ist Uracil geeignet.

Weiter sollten Stoffe mit $k \approx 1$ und $k \approx 3$ bis 5 im Testgemisch enthalten sein.

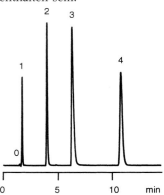

Abb. 8.1 Testchromatogramm für Silicagelsäulen
Säule: 3,2 mm × 25 cm; stationäre Phase: LiChrosorb SI 60 5 µm; mobile Phase: 1 ml/min Hexan / tert. Butylmethylether 95 : 5; Detektor: UV 254 nm. 0) Pentan; 1) p-Xylol;
2) Nitrobenzol; 3) Acetophenon; 4) 2,6-Dinitrotoluol

Testgemisch für Silicagel

0. Pentan (unretardiert, Lösungsmittel für die folgenden Stoffe)
1. p-Xylol
2. Nitrobenzol
3. Acetophenon
4. 2,6-Dinitrotoluol

Mobile Phase: n-Hexan/tert. Butylmethylether

Testgemisch für Umkehrphasen

0. Methanol/Wasser anderer (schwächerer) Zusammensetzung als die mobile Phase (unretardiert, Lösungsmittel für das Gemisch)
1. Methylparaben
2. Ethylparaben
3. Propylparaben
4. Butyplparaben

Mobile Phase: Methanol/Wasser oder Acetonitril/Wasser, isokratisches Mischungsverhältnis so wählen, dass die k-Werte günstig sind.

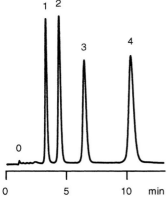

Abb. 8.2 Testchromatogramm für Umkehrphasensäulen
Säule: 3,2 mm × 25 cm; stationäre Phase: Spherisorb ODS 5 µm; mobile Phase:
1 ml/min Wasser / Methanol 50:50; Detektor: UV 254 nm. 0) Wasser/Methanol
mit weniger als 50% Methanol; 1) Methylparaben; 2) Ethylparaben; 3) Propylparaben, 4) Butylparaben

8.5
Dimensionslose Größen zur Charakterisierung von HPLC-Säulen

Dass die Angabe der Trennstufenzahl N oder der Trennstufenhöhe H nicht problemlos ist, wurde bereits in Abschnitt 8.1 dargelegt. Zum absoluten Vergleich von Trennsäulen eignen sich besser dimensionslose Größen (Zahlen ohne Einheit). Man kann damit ganz verschiedene Säulen (lange und kurze, dicke und dünne, normale und Umkehrphasen, mit großen oder Mikroteilchen, mit verschiedenen Methoden gefüllt) gut vergleichen. Dimensionslose Zahlen lassen sich zudem gut im Kopf behalten.

1. dimensionslose Größe: Anstelle der Trennstufenhöhe H die reduzierte Trennstufenhöhe h. Vergleich von H mit dem mittleren Teilchendurchmesser d_p.

$$h = \frac{H}{d_p} \qquad h = \frac{1000}{5,54} \cdot \frac{L_c \,[\text{mm}]}{d_p \,[\mu\text{m}]} \left(\frac{w_{\frac{1}{2}} \,[\text{mm oder s}]}{t_R \,[\text{mm oder s}]} \right)^2$$

2. dimensionslose Größe: Anstelle der Fließgeschwindigkeit u der mobilen Phase die reduzierte Fließgeschwindigkeit v. Vergleich von u mit der Diffusionsgeschwindigkeit D_m der Probe in der mobilen Phase bezogen auf den Partikeldurchmesser d_p.

$$v = \frac{d_p \cdot u}{D_m} = \frac{4 \, d_p \cdot F}{d_c^2 \cdot \pi \cdot \varepsilon \cdot D_m}$$

$$v = 1,3 \cdot 10^{-2} \frac{d_p \,[\mu\text{m}] \, F \,[\text{ml/min}]}{\varepsilon \cdot D_m \,[\text{cm}^2/\text{min}] \, d_c^2 \,[\text{mm}^2]}$$

Dieser und der folgende Abschnitt: P. A. Bristow und J. H. Knox, Chromatographia 10 (1977) 279.

Stationäre Phasen aus porösen Partikeln haben eine Porosität ε von etwa 0,8 (Silicagel) bzw. 0,65 (Umkehrphase). Der Diffusionskoeffizient (siehe Abschnitt 8.7) kann für kleine Moleküle in Lösungsmitteln kleiner Viskosität (Normalphase) als $2,5 \cdot 10^{-3}$ cm²/min angenommen werden, in höher viskosen Lösungsmitteln (Umkehrphase) als $6 \cdot 10^{-4}$ cm²/min. Somit können die folgenden gebrauchsfertigen Gleichungen abgeleitet werden:

Normale Phase: $\nu_{NP} \approx 6{,}4 \dfrac{d_p[\mu m]\, F[ml/min]}{d_c^2[mm^2]}$

Umkehrphase: $\nu_{RP} \approx 33 \dfrac{d_p[\mu m]\, F[ml/min]}{d_c^2[mm^2]}$

Beachte: beide Formeln gelten nur bei den oben erwähnten Bedingungen (kleine Moleküle, vollständig poröse Partikel).

3. dimensionslose Größe: Anstelle der Permeabilität *K* der dimensionslose Strömungswiderstand Φ. Vergleich des Druckverlustes über einen Partikeldurchmesser mit der Strömung längs einer Partikel.

$$\Phi = \frac{\Delta_p \cdot d_p^2}{L_c \cdot \eta \cdot u}$$

$$\Phi = 100 \frac{\Delta_p[bar]\, t_0[s]\, d_p^2[\mu m^2]}{\eta\,[mPas]\, L_c^2[mm^2]},$$

mit ε = 0,65:

$$\Phi = 3{,}1 \frac{\Delta_p[bar]\, d_p^2[\mu m^2]\, d_c^2[mm^2]}{L_c[mm]\, \eta\,[mPas]\, F[ml/min]}$$

η: Viskosität der mobilen Phase
Φ ist mit der Permeabilität *K* (siehe Abschnitt 8.1) durch die Beziehung

$$\Phi = \frac{d_p^{\,2}}{K \cdot \eta} \quad \text{verknüpft.}$$

4. dimensionslose Größe: Als Qualitätsmerkmal die dimensionslose Trennimpedanz *E* (man könnte diese Größe „Effizienz" nennen), in welcher neben Retentionszeit, Druckverlust und Bodenzahl auch die Viskosität des Eluenten und der Retentionsfaktor enthalten sind.

$$E = \frac{t_R\, \Delta p}{N^2\, \eta\,(1 + k)} \qquad E = \frac{10^8}{5{,}54^2} \cdot \frac{\Delta p\,[bar]\, t_0\,[s]}{\eta\,[mPas]} \left(\frac{w_{\frac{1}{2}}\,[mm\ oder\ s]}{t_R\,[mm\ oder\ s]} \right)^4$$

$$E = h^2\, \Phi$$

Je größer *E*, desto schlechter die Säule.
h, ν, Φ und das daraus abgeleitete E charakterisieren eine Säule vollständig.
Wer ernsthaft HPLC betreiben will, sollte sich also nicht mit den in Abschnitt 8.1 beschriebenen Kenngrößen begnügen, sondern den Satz dieser vier dimensionslosen Zahlen berechnen.

Bei einer guten Säule ist h zwischen 2 und 5. (2 ist sicher die untere Grenze; dies heißt, dass auf zwei Lagen Körner der Füllung eine vollständige Gleichgewichtseinstellung eintritt. Bei einer 5-μm-Säule von 30 cm Länge bedeutet ein h von 2 30000 Trennstufen!) v sollte 3 bis 20 sein für effiziente Trennungen.

Φ beträgt für suspensiongepackte Säulen mit total porösen Teilchen 500 (runde) bis höchstens 1000 (irreguläre Partikel), mit unporösen Teilchen etwa 300. Ist Φ viel größer (z. B. 5000), so liegt irgendwo eine Verstopfung vor (Fritten oder Leitungen, viel Abrieb in der Säule).

Eine Trennimpedanz E von 20000 ist kein schlechter Wert. Die untere Grenze für E ist etwa 2000 ($h = 2$, $\Phi = 500$). Ist E größer als 10^5, so kann man kaum mehr von HPLC im Sinn von „High Performance" sprechen!

Aufgabe 21:
Wie gut ist die Packungsqualität meiner Säule 3 mm × 15 cm, welche 4700 theoretische Trennstufen aufweist? Die stationäre Phase ist C_{18} 5 μm.

Lösung:

$$h = \frac{H}{d_p} = \frac{L_c}{N \cdot d_p}$$

$$h = \frac{150}{4700 \cdot 0{,}005} = 6{,}4$$

Eine so große reduzierte Trennstufenhöhe ist für eine Umkehrphasensäule ungenügend.

Aufgabe 22:
Welche Flussrate ist für die Säule von Aufgabe 21 zu empfehlen? Die mobile Phase ist Wasser/Acetonitril 1:1.

Lösung:
Dies ist ein Umkehrphasensystem.

$$v_{RP} = 33 \frac{d_p[\mu m]\, F[ml/min]}{d_c^2[mm^2]}, \text{ sollte 3 betragen (oder etwas mehr)}$$

$$F = \frac{v \cdot d_c^2}{33 \cdot d_p} = \frac{3 \cdot 3^2}{33 \cdot 5} = 0{,}2 \text{ ml/min}$$

Aufgabe 23:

Wenn die Säule von Aufgabe 21 bei 0,5 ml/min Methanol verwendet wird, beträgt der Druck 115 bar. Ist dies der Wert, welcher erwartet werden kann?

Lösung:

Die Viskosität von reinem Methanol ist 0,6 mPas (Abschnitt 5.1). Mit $\varepsilon = 0,65$:

$$\Phi = 3,1 \frac{\Delta p\,[\text{bar}]\,d_p^2\,[\mu m^2]\,d_c^2\,[mm^2]}{L_c\,[mm]\,\eta\,[mPas]\,F\,[ml/min]} = 3,1 \frac{115 \cdot 5^2 \cdot 3^2}{150 \cdot 0,6 \cdot 0,5} = 1800$$

Dieser reduzierte Strömungswiderstand ist viel zu hoch. Die Säule, Fritte oder ein Teil des HPLC-Instruments ist verstopft.

Beachte: Die Trennimpedanz dieser Säule ist schlecht: $E = h^2\Phi = 6,4^2 \cdot 1800 = 74\,000$!

8.6
Die van Deemter-Gleichung aus reduzierten Größen und ihre Nützlichkeit für die Säulendiagnose

Die empirische *van Deemter*-Gleichung (vgl. Abschnitt 2.2) mit dimensionslosen Größen lautet:

$$h = A\,v^{0,33} + \frac{B}{v} + C\,v$$

$\qquad\qquad\qquad\quad$ Stoffaustauschanteil

$\qquad\qquad\quad$ Anteil der Längsdiffusion

$\quad$ Anteil von Eddy-Diffusion und Strömungsverteilung

Diese modifizierte *van Deemter*-Gleichung ist unter dem Namen *Knox*-Gleichung bekannt.

A, *B* und *C* sind Konstanten. Für gute (nicht sehr gute) Säulen ist $A = 1$, $B = 2$, und $C = 0,1$. Die *van Deemter*-Gleichung lautet dann

$$h = v^{0,33} + \frac{2}{v} + 0,1\,v$$

A abhängig von der Güte der Packung (aber auch vom *k*-Wert). Bei schlecht gepackten Säulen ist *A* größer als 2 (bis 5).

B nicht beeinflussbar, da nur vom Diffusionskoeffizient der Probe abhängig.

C abhängig vom Füllmaterial, resp. dessen Stoffaustauscheigenschaften.

log h

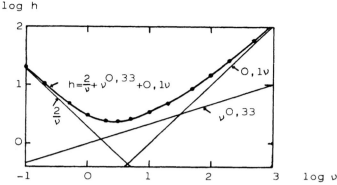

Abb. 8.3 van Deemter-Kurve mit reduzierten Größen (nach P. A. Bristow und J. H. Knox, Chromatographia 10 (1977) 282). Ihre Form und Lage ist nicht von der Korngröße der stationären Phase abhängig.

Bei Säulen mit schlechter Trennstufenzahl wäre es also interessant, A und C zu kennen, um den Grund der kleinen Leistungsfähigkeit zu wissen. Die Berechnung von A, B und C ist aber nur möglich, wenn viele $h(v)$-Wertepaare mit guter Genauigkeit bestimmt wurden. Bequemer ist eine qualitative Betrachtung der $h(v)$-Kurve:
– h_{min} liegt zwischen den Werten von v von 3 bis 5 und ist kleiner als 3: Säule ist gut gepackt. Bei gleicher Lage des Minimums jedoch h_{min} größer als 10 ist die Säule schlecht gepackt.
– h ist kleiner als 10 bei $v = 100$: Die stationäre Phase hat für den eingespritzten Stoff gute Stoffaustauscheigenschaften (C ist klein). Wahrscheinlich ist zudem die Säule gut gepackt.
– Steiler Anstieg der Kurve im rechten Teil: C ist groß, die stationäre Phase hat schlechte Stoffaustauscheigenschaften, was beispielsweise bei polymer beschichteten Phasen oder bei Ionenaustauschern der Fall sein kann. (Der starke Kurvenanstieg kann aber auch instrumentell bedingt sein).
– Minimum liegt hoch und ist schwach ausgeprägt: Säule ist schlecht gepackt, A ist groß.
Mit der $H(u)$-Kurve ließen sich solch detaillierte Aussagen nicht machen, ihre Lage hängt nur vom Partikeldurchmesser und dem Diffusionskoeffizienten ab.
Wenn die Aufnahme der ganzen $h(v)$-Kurve zu aufwendig ist, lässt sich auch mit nur einem Wertepaar etwas aussagen:
Mit $v = 3$ sollte h nicht größer als 3 bis 4 sein,
mit $v = 100$ sollte h nicht größer als 10 bis 20 sein.
Wenn $v \approx 3$ und h größer: wahrscheinlich schlechte Packung.
Wenn $v = 20$ bis 200 und h größer: entweder schlechter Stoffaustausch oder schlechte Packung. Um zu entscheiden, welcher Fall

vorliegt, sollten einige benachbarte Punkte gemessen werden; es gilt dann (wie oben gesagt)
– flacher Anstieg → schlechte Packung
– steiler Anstieg → schlechter Stoffaustausch
Das Minimum der Kurve liegt bei einer reduzierten Strömungsgeschwindigkeit von etwa 3; dieser Wert ist unabhängig von der Korngröße der stationären Phase. So gesehen sind grobe Phasen nicht „schlechter" als feinkörnige, aber mit einer kleinen Korngröße werden mehr Trennstufen pro Längeneinheit erzielt und die günstige Fließgeschwindigkeit der mobilen Phase ist viel höher. Wie bereits in den Abschnitten 2.2 und 8.5 erwähnt, hat es keinen Sinn, bei viel kleineren Strömungsgeschwindigkeiten als u_{opt} zu arbeiten, da sich dann die Längsdiffusion störend bemerkbar macht.

8.7
Diffusionskoeffizienten

Experimentelle Bestimmung von Diffusionskoeffizienten mit HPLC: E. Grushka und S. Levin, in: Quantitative Analysis Using Chromatographic Techniques, E. Katz, ed., Wiley 1987, S. 360–374.

C. R. Wilke und P. Chang, Am. Inst. Chem. Engr. J. 1 (1955) 264.

Diffusionskoeffizienten können mit der Gleichung von *Wilke* und *Chang* berechnet werden:

$$D_m \, [\text{m}^2/\text{s}] = \frac{7,4 \cdot 10^{-12} \sqrt{\psi \, M} \, T \, [\text{K}]}{\eta \, [\text{mPas}] \, (V_S \, [\text{cm}^3/\text{mol}])^{0,6}}$$

ψ Lösungsmittelkonstante: 2,6 für Wasser, 1,9 für Methanol, 1,5 für Ethanol, 1,0 für andere (nicht assoziierte) Lösungsmittel
M molare Masse (Molekulargewicht) des Lösungsmittels
T absolute Temperatur
η Viskosität des Lösungsmittels
V_S molares Volumen der Testsubstanz (berechnet sich aus molarer Masse [g/mol] dividiert durch Dichte [g/cm³])
Genauigkeit ± 20%.

Einige Diffusionskoeffizienten von kleinen Molekülen bei 20 °C:

Nitrobenzol in Hexan	$3,8 \cdot 10^{-9}$ m²/s	$= 2,3 \cdot 10^{-3}$ cm²/min
Phenol in Methanol	$1,9 \cdot 10^{-9}$ m²/s	$= 1,1 \cdot 10^{-3}$ cm²/min
Phenol in Wasser	$9,7 \cdot 10^{-10}$ m²/s	$= 5,8 \cdot 10^{-4}$ cm²/min
Phenol in Wasser/Methanol 1:1	$6,1 \cdot 10^{-10}$ m²/s	$= 3,7 \cdot 10^{-4}$ cm²/min

Als Faustregel kann man die Diffusionskoeffizienten von kleinen Molekülen in Normalphasen-Eluenten zu $2,5 \cdot 10^{-3}$ cm²/min annehmen, in Umkehrphasen-Eluenten zu $6 \cdot 10^{-4}$ cm²/min.

Aufgabe 24:

Man berechne den Diffusionskoeffizienten für Phenetol in Methanol/Wasser 1:1 bei 20 °C. Die Viskosität dieser mobilen Phase beträgt 1,76 mPas.

Lösung:

Für die Berechnung von ψ und M des Lösungsmittelgemisches muss dessen *Molenbruch* berechnet werden:

1 Volumenteil Wasser mit Dichte 1 g/cm³	= 1 Masseteil
1 Volumenanteil Methanol mit Dichte 0,79 g/cm³	= 0,79 Masseteile
1 Massteil Wasser mit 18 g/mol	= 0,056 Molteile
0,79 Masseteile Methanol mit 32 g/mol	= 0,025 Molteile
Summe	= 0,081 Molteile

Molenbruch Wasser: $\dfrac{0,056}{0,081} = 0,69$ Molenbruch Methanol: $\dfrac{0,025}{0,081} = 0,31$

$\psi = 0,69\ (2,6) + 0,31\ (1,9) = 2,38$

$M = 0,69\ (18) + 0,31\ (32) = 22,3$

$T = 293\ K$

Phenetol:

$$O-C_2H_5$$

$C_8H_{10}O$ molare Masse 122 g/mol, Dichte 0,967 g/cm³

$$V_{Phenetol} = \frac{122\ g \cdot cm^3}{0,967\ g \cdot mol} = 126\ cm^3/mol$$

$$D_m = \frac{7,4 \cdot 10^{-12}\ \sqrt{\psi M}\ T}{\eta \cdot V^{0,6}}$$

$$D_m = \frac{7,4 \cdot 10^{-12}\ \sqrt{2,38 \cdot 22,3}\cdot 293}{1,76 \cdot 126^{0,6}}\ m^2/s = 0,49 \cdot 10^{-9}\ m^2/s = 2,9 \cdot 10^{-4}\ cm^2/min$$

Diffusionskoeffizienten von Makromolekülen

Makromoleküle haben ein großes molares Volumen (ihre molare Masse ist hoch, aber ihre Dichte wird dadurch in erster Näherung nicht beeinflusst). Beispielsweise hätte ein Molekül mit derselben Dichte wie Phenetol, aber 100-facher molarer Masse ein molares Volumen von $1,26 \cdot 10^4\ cm^3/mol$. Dadurch wird sein Diffusionskoeffizient klein; wie leicht nachzurechnen ist, beträgt er nur noch $3,1 \cdot 10^{-11}\ m^2/s$. Allerdings gilt die *Wilke-Chang*-Gleichung nicht für Makromoleküle und es müssen folgende Korrekturfaktoren berücksichtigt werden:

molare Masse	Multiplikation des berechneten D_m mit
10^3	1,3
10^4	2
10^5	3,2

Somit berechnet sich der Diffusionskoeffizient unseres hypothetischen Makromoleküls zu:

$3{,}1 \cdot 10^{-11}$ m²/s $\cdot$ 2 = $6{,}2 \cdot 10^{-11}$ m²/s = $3{,}7 \cdot 10^{-5}$ cm²/min.

Die kleinen Diffusionskoeffizienten von Makromolekülen haben eine wichtige Konsequenz für die chromatographische Praxis:

Aufgabe 25:

Wie groß darf die lineare Fließgeschwindigkeit u der mobilen Phase sein, wenn Phenetol ($D_m = 0{,}49 \cdot 10^{-9}$ m²/s) oder ein hypothetisches Makromolekül ($D_m = 6{,}2 \cdot 10^{-11}$ m²/s) mit der optimalen reduzierten Fließgeschwindigkeit $v_{opt} = 3$ chromatographiert werden soll? Partikeldurchmesser der stationären Phase $d_p = 5\ \mu m = 5 \cdot 10^{-6}$ m.

Lösung:

$$v = \frac{u \cdot d_p}{D_m} \qquad u = \frac{v \cdot D_m}{d_p}$$

Phenetol:

$$u = \frac{3 \cdot 0{,}49 \cdot 10^{-9}\ \text{m}^2}{5 \cdot 10^{-6}\ \text{m\,s}} \qquad \begin{aligned} &= 0{,}29 \cdot 10^{-3}\ \text{m/s} \\ &= 0{,}29\ \text{mm/s} \end{aligned}$$

Makromolekül:

$$u = \frac{3 \cdot 6{,}2 \cdot 10^{-11}\ \text{m}^2}{5 \cdot 10^{-6}\ \text{m\,s}} \qquad \begin{aligned} &= 3{,}7 \cdot 10^{-5}\ \text{m/s} \\ &= 0{,}037\ \text{mm/s} \end{aligned}$$

Die Totzeit beträgt bei einer Säule von 10 cm Länge im ersten Fall 344 Sekunden (knapp 6 Minuten), im zweiten Fall 2700 Sekunden (45 Minuten).

Konsequenz: Makromoleküle müssen langsam chromatographiert werden!

9
Adsorptions-Chromatographie

am Beispiel Silicagel

9.1
Was heißt Adsorption?

Wie bereits in Abschnitt 7.4 erwähnt, ist das Silicagelgerüst end-
ständig mit Silanolgruppen abgesättigt. Diese OH-Gruppen sind auf
der ganzen Oberfläche des Silicagelteilchens statistisch verteilt anzu-
treffen.

*L. R. Snyder, Principles of Ad-
sorption Chromatography,
Marcel Dekker, New York,
1968.*

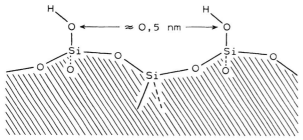

Abb. 9.1 Oberfläche von Silicagel

Die Silanolgruppen sind die aktiven Stellen der stationären Phase.
(Im Aluminiumoxid sind es vor allem die Al^{3+}-Zentren, aber auch
die verbindenden O^{2-}-Atome.) Sie schließen mit jedem in der Nähe
befindlichen Molekül eine Art schwacher „Bindung", wenn eine der
folgenden Wechselwirkungen möglich ist:

Dipol-induzierter Dipol
Dipol-Dipol
Wasserstoffbrückenbindung
π-Komplex-Bindung

Diese Möglichkeit besteht, wenn das Molekül ein oder mehrere
Atome mit einsamen Elektronenpaaren oder (für die π-Komplex-
Bindung) eine Doppelbindung besitzt, mit anderen Worten: wenn

*Ein Molekül oder eine funktio-
nelle Gruppe wirkt dann als Dipol, wenn die elektrische La-
dungsverteilung nicht im ganzen Molekül oder in der ganzen Gruppe homogen ist. Tritt
eine Ladungsverschiebung nur
unter dem Einfluss eines äußeren Feldes auf, so ist der Dipol
„induziert".*

es eine sog. funktionelle Gruppe trägt oder ungesättigt ist. Alkane können dagegen kaum in Wechselwirkung treten, weil sie gesättigt sind und nur aus C- und H-Atomen bestehen, welche keine einsamen Elektronenpaare tragen.

Die Stärke der Adsorption und damit die *k*-Werte (die Elutionsreihenfolge) nehmen in folgender Reihe zu:

gesättigte Kohlenwasserstoffe < Olefine < Aromaten ≈ org. Halogenverbindungen < Sulfide < Ether < Nitroverbindungen < Ester ≈ Aldehyde ≈ Ketone < Alkohole ≈ Amine < Sulfone < Sulfoxide < Amide < Carbonsäuren

Hat ein Molekül mehrere funktionelle Gruppen, so bestimmt die polarste (die letzte in obiger Reihe) das Retentionsverhalten. Das „Knüpfen" der schwachen Bindung nennt man Adsorption, das ebenso schnelle Auflösen derselben Desorption.

Aus diesem Konzept können wir drei Schlüsse ziehen:

1. Das Silicagel ist im chromatographischen Bett allseitig von mobiler Phase umgeben. Das Lösungsmittel besetzt alle aktiven Stellen mehr oder weniger stark. Ein Probemolekül kann nur adsorbiert werden, wenn seine Wechselwirkung mit dem Adsorbens stärker ist als diejenige des Lösungsmittels.

2. Alle Probemoleküle (natürlich auch die Lösungsmittelmoleküle) ordnen sich auf der Silicageloberfläche so an, dass ihre funktionelle Gruppe oder Doppelbindung nahe bei den Silanolgruppen liegt. Eventuell vorhandene Kohlenwasserstoff-„Schwänze" sind vom Silicagel abgewandt.

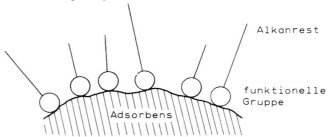

Abb. 9.2 Bei der Adsorption richtet sich die funktionelle Gruppe gegen das Silicagel

Das Adsorbens kann daher Moleküle, die sich nur in ihrem aliphatischen Rest unterscheiden, nicht so gut differenzieren. Ein Gemisch aus Butanol, Pentanol und Octanol lässt sich nicht gut durch Adsorptions-Chromatographie trennen.

3. Die Stärke der Wechselwirkung hängt nicht nur von den funktionellen Gruppen der Probemoleküle, sondern auch von räumlichen Gegebenheiten ab. Moleküle, die sich in ihrer sterischen

Struktur unterscheiden, d.h. Isomere, lassen sich gut mit Adsorptions-Chromatographie trennen.

Ein Beispiel dafür ist die in Aufgabe 5 (Abbildung 2.11) gezeigte Trennung von Azofarbstoffen. Ihre Strukturen sind:

1. [Struktur: Naphthalin mit N=N–C₆H₄–N=N–C₆H₅ und NH–C₂H₅]

2. [Struktur: Naphthalin mit N=N–C₆H₄–(CH₂)₃–CH₃ und OH]

3. [Struktur: Naphthalin mit N=N–C₆H₄–OCH₃ und OH]   p-Isomeres

4. [Struktur: Naphthalin mit N=N–C₆H₄ und OH, OCH₃]   m-Isomeres

5. [Struktur: Naphthalin mit N=N–C₆H₅ und OH, OCH₃]   o-Isomeres

Das hier nur qualitativ erläuterte Konzept kann quantifiziert werden. Aus den Gleichgewichtskonzentrationen der Probe in mobiler und stationärer Phase lässt sich der *Verteilungskoeffizient* K berechnen (siehe Abschnitt 2.1). K ist allerdings nicht unbedingt eine Konstante, sondern abhängig von der Probengröße und der Temperatur. Die Abhängigkeit der Probenkonzentration in der stationären Phase von der Probenkonzentration in der mobilen Phase bei konstanter Temperatur wird durch die *Adsorptionsisotherme* beschrieben, welche für jedes chromatographische System (Probe – mobile Phase – stationäre Phase) spezifisch ist.

Die häufigste Adsorptionstherme ist diejenige vom Langmuir-Typ der Form:

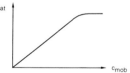

9.2
Die eluotrope Reihe

Aus der ersten obigen Forderung wird klar, dass nicht jedes Lösungsmittel die Probemoleküle gleich schnell eluiert. Ist die mobile Phase ein aliphatischer Kohlenwasserstoff, z.B. Hexan, so kann er die Probemoleküle nur schlecht von den aktiven Stellen des Adsorbens verdrängen. Ein solches Lösungsmittel nennt man *schwach*. Dagegen ist Tetrahydrofuran ein starker Konkurrent um die aktiven Zentren, sodass die Probemoleküle weniger lang adsorbiert bleiben und bald eluiert werden. Dieses Lösungsmittel ist vergleichsweise *stark*. Abbildung 9.3 illustriert den Zusammenhang.

Diese Elutionskraft oder Stärke der verschiedenen Lösungsmittel wurde empirisch bestimmt und als Zahlenwert festgehalten. Das

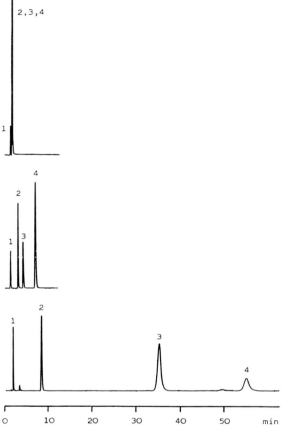

Abb. 9.3 Trennung eines Testgemisches mit Eluenten verschiedener Stärke Tert. Butylmethylether ist viel zu stark, Hexan viel zu schwach. Oben: tert. Butyl-methylether, $\varepsilon° = 0{,}48$; mitte: Hexan / tert. Butylmethylether 9 : 1, $\varepsilon° = 0{,}29$; unten: Hexan, $\varepsilon° = 0$. Säule: 3,2 mm $\times$ 25 cm; stationäre Phase: LiChrosorb SI 60 5 µm; Volumenstrom: 1 ml/min; Detektor: UV 254 nm. Das unterste Chromatogramm ist halb so stark abgeschwächt wie die beiden oberen.
1) p-Xylol; 2) Nitrobenzol; 3) Acetophenon; 4) 2,6-Dinitrotoluol.

Symbol dafür ist $\varepsilon°$. Die so gefundene Reihenfolge von schwachen zu mittleren bis zu starken Lösungsmitteln nennt man *eluotrope Reihe*. Diese Tabelle befindet sich in Abschnitt 5.1.

Ein Eluent von gewünschter Stärke kann durch Mischen verschiedener Lösungsmittel hergestellt werden. Eine Auswahl von binären Mischungen findet sich in Abbildung 9.4. Wenn beispielsweise eine Stärke von $\varepsilon° = 0{,}4$ benötigt wird, so ist dies mit den folgenden binären Mischungen möglich:

ungefähr   60 % tert. Butylmethylether in Hexan,

           45 % Tetrahydrofuran in Hexan,

           50 % Ethylacetat in Hexan,

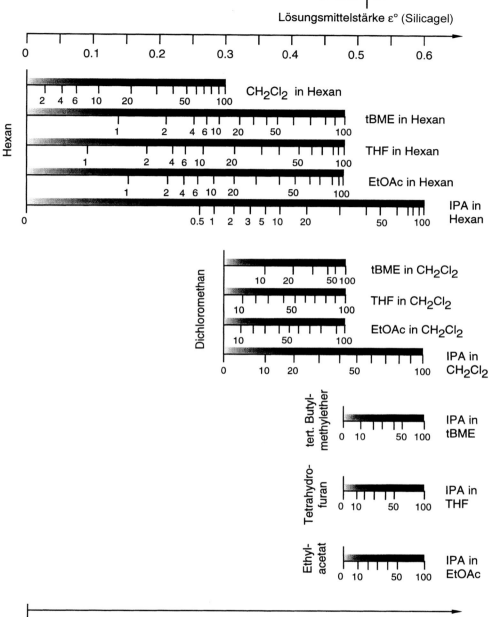

Abb. 9.4 Elutionsstärke von binären Mischungen für die Adsorptions-Chromatographie (nach M.D. Palamareva und V.R. Meyer, J. Chromatogr. 641 (1993) 391) Die Grafik umfasst die zwölf möglichen Mischungen aus Hexan, Dichlormethan, tert. Butylmethylether, Tetrahydrofuran, Ethylacetat und Isopropanol.

15 % Isopropanol in Hexan,
20 % tert. Butylmethylether in Dichlormethan,
45 % Tetrahydrofuran in Dichlormethan,
50 % Ethylacetat in Dichlormethan

oder   20 % Isopropanol in Dichlormethan.

M.D. Palamareva und H.E. Palamarev, J. Chromatogr. 477 (1989) 235.

Leider ist die Berechnung der Stärke von binären Mischungen aufwendig und kann nicht ohne Computerhilfe durchgeführt werden.

9.3
Selektivitätseigenschaften der mobilen Phase

Selektivität ist die Fähigkeit der verschiedenen mobilen Phasen, den Trennfaktor α von zwei oder mehr Analyten zu verändern. Sie hat mit der Eluentenstärke ε° nichts zu tun, sondern ist ein anderes Mittel, um eine Trennung zu beeinflussen. Die Selektivität in der Adsorptions-Chromatographie hat zwei Aspekte, Lokalisierung und Basizität.

L.R. Snyder, J.L. Glajch und J.J. Kirkland, J. Chromatogr. 218 (1981) 299.

Lokalisierung ist ein Maß für die Fähigkeit der Lösungsmittelmoleküle, mit dem Adsorbens in Wechselwirkung zu treten. Wie bereits in Abschnitt 9.1 erwähnt, sind die adsorptiven Zentren von Silicagel die Silanolgruppen. Moleküle, welche mit ihren funktionellen Gruppen damit in Wechselwirkung treten können, wie Ether, Ester, Alkohole, Nitrile und Amine, bevorzugen eine spezifische Position in Bezug auf eine benachbarte Silanolgruppe. Wenn Silicagel von einem derartigen, lokalisierenden Lösungsmittel umgeben ist, ist es mit einer wohl definierten Schicht von Molekülen belegt. Im Gegensatz dazu ist die Wechselwirkung mit einem nicht lokalisierenden Lösungsmittel, wie Dichlormethan oder Benzol, viel weniger stark und die Bedeckung ist zufällig. Abbildung 9.5 verdeutlicht diese Phänomene.

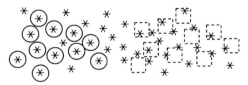

Abb. 9.5 Lokalisierende ○ und nicht lokalisierende ⊡ Moleküle und ihre Wechselwirkung mit einem Adsorbens
Die Silicageloberfläche ist in der Aufsicht dargestellt, die adsorptiven Zentren (Silanolgruppen) sind durch Sterne symbolisiert.

Von den in Abschnitt 5.1 aufgelisteten Lösungsmitteln ist die obere Hälfte der Tabelle, von Fluoralkan bis Dichlorethan, nicht lokalisierend mit Ausnahme von Diethylether. Dieses Lösungsmittel wie auch die untere Hälfte der Tabelle, von Triethylamin bis Wasser, sind die lokalisierenden Eluenten. Folglich unterscheiden sich die beiden Lösungsmittel Dichlormethan (nicht lokalisierend) und Diethylether (lokalisierend) in dieser wichtigen Selektivitätseigenschaft, obwohl sie nahezu die gleiche Stärke haben ($\varepsilon° = 0{,}30$ bzw. $0{,}29$).

Basizität ist eine der Achsen im Selektivitätsdreieck der Lösungsmittel von Abbildung 5.1. Die am stärksten basischen Lösungsmittel der üblichen HPLC-Eluenten sind die Ether.

9.4
Wahl und Optimierung der mobilen Phase

Die günstige Polarität der mobilen Phase für ein bestimmtes Trennproblem kann dünnschichtchromatographisch ermittelt werden. Sie wird durch jenes Lösungsmittel oder Lösungsmittelgemisch repräsentiert, mit welchem im Dünnschichtchromatogramm ein R_f-Wert von etwa 0,3 erreicht wird. Falls sich die stationären Phasen von Dünnschicht und Säule nur in ihrer Korngröße unterscheiden, sonst aber aus identischem Material bestehen, lassen sich die Resultate der DC sehr gut auf die HPLC übertragen und die Voraussage von *k*-Werten ist möglich. Da für diesen Test eine Laufstrecke von 5 cm genügt, kann man ihn auf kleinen DC-Platten oder -Folien in kurzer Zeit durchführen. Als Entwicklungskammern haben sich kleine, verschließbare Konfitürengläser bewährt.

W. Jost, H. E. Hauck und F. Eisenbeiß, Kontakte Merck (3, 1984) 45
F. Geiß, Fundamentals of Thin-Layer-Chromatography, Hüthig Verlag, Heidelberg 1986, Kapitel X: Transfer of TLC Separations to Columns

Nachweismöglichkeiten für die Substanzzonen:

– UV-Licht (bei UV-absorbierenden Substanzen und Verwendung von Schichten mit Fluoreszenzindikator).
– Ioddampf.
– Falls beide Methoden versagen, muss der Nachweis mit geeigneten Sprühreagenzien erfolgen.

Wenn die Probe auch mit einem sehr polaren Lösungsmittel nicht wandert oder selbst mit einem sehr apolaren an der Front läuft, so muss die Trennung mit einer anderen Methode versucht werden.
Um Selektivitätsänderungen zu erreichen, ist es notwendig, Lösungsmittel zu wählen, welche sich in Lokalisierung und Basizität unterscheiden. In vielen Fällen besteht die mobile Phase aus zwei Lösungsmitteln, A und B. Das übliche A-Lösungsmittel ist Hexan, welches weder Stärke noch Lokalisierung oder Basizität aufweist. Als B-Lösungsmittel wähle man entweder ein nicht lokalisierendes, ein nicht basisch-lokalisierendes oder ein basisch-lokalisierendes aus. Für systematische Selektivitätstests und maximale Änderungen im

J.J. Kirkland, J.L. Glajch und L.R. Snyder, J. Chromatogr. 238 (1982) 269.

Elutionsmuster sollte eine Trennung mit allen drei Typen von B-Lösungsmitteln versucht werden.

Ein typisches *nicht lokalisierendes B-Lösungsmittel* ist Dichlormethan. Typische *nichtbasische, lokalisierende B-Lösungsmittel* sind Acetonitril und Ethylacetat. Acetonitril ist nur wenig löslich in Hexan; Ethylacetat hat eine hohe UV-Grenze von 260 nm.

Ein typisches *basisches, lokalisierendes B-Lösungsmittel* ist tert. Butylmethylether.

In der Praxis müssen neben der Selektivität oft noch andere Eigenschaften berücksichtigt werden, sodass man auch andere Lösungsmittel einsetzt. Aus ökologischen Gründen sollten halogenierte Lösungsmittel nur wenn nötig verwendet werden. Für die Zubereitung der verschiedenen Mischungen, welche ähnliche Stärke haben sollten, ist Abbildung 9.4 eine Hilfe. Falls die Probenmischung auch saure Analyten enthält, kann es notwendig sein, der mobilen Phase etwas Essig-, Trifluoressig- oder Ameisensäure zuzusetzen; ein möglicher Zusatz für basische Analyten ist Triethylamin.

Desaktivatoren

Die Adsorptionsstellen auf dem Silicagel (oder dem Aluminiumoxid) sind nicht alle gleich aktiv. Einige sind etwas stärker, andere schwächer. Die Folge davon ist, dass die Säule sehr schnell überladen ist, dass also der Retentionsfaktor auch bei kleinen injizierten Mengen nicht unabhängig von der Probemenge ist (vgl. Abschnitt 2.7). Zudem tritt Tailing auf.

Um die Trennkapazität des Adsorbens ausnützen zu können, ist es notwendig, die stärksten adsorptiven Zentren gezielt zu besetzen, d.h. zu desaktivieren. Dies gelingt durch einen kleinen Zusatz eines stark polaren Stoffes zur mobilen Phase. Dieser Desaktivator besetzt vorzugsweise die Zentren mit der größten „Anziehungskraft", sodass die Probemoleküle eine homogene Adsorbensoberfläche vorfinden, auf welcher die aktiven Zentren alle etwa gleich stark sind.

Wichtigster Desaktivator (auch Moderator genannt) ist Wasser. Es ist sehr polar und ohnehin in allen Lösungsmitteln, wenn auch nur in Spuren, vorhanden. Sein Einfluss auf die Chromatographie ist weniger ausgeprägt bei der Verwendung von eher polaren mobilen Phasen und von gebrauchten Silicagelsäulen (d.h. neue Säulen sind heikler). Die Alkohole Methanol, Ethanol oder Isopropanol sind auch mögliche Desaktivatoren. Obwohl meist überflüssig, kann die Aktivitätskontrolle notwendig sein, wenn ein reines, apolares A-Lösungsmittel benötigt wird oder wenn die Trennung sehr anspruchsvoll ist.

D.L. Saunders, J. Chromatogr.
125 (1976) 163.

Gradientenelution ist auch in der Adsorptions-Chromatographie möglich (siehe Abbildung 9.7), wenn der Polaritätsunterschied der beiden Lösungsmittel nicht zu groß ist. Sie kann aber schwieriger sein als in der Umkehrphasenchromatographie und wird somit weniger empfohlen:

V. R. Meyer, J. Chromatogr. A 768 (1997) 315; P. Jandera, J. Chromatogr. A 965 (2002) 239.

– Die Lösungsmittel können sich in der Säule entmischen, d. h. das polarere kann adsorbiert werden;
– ihr Desaktivatorgehalt kann unterschiedlich sein;
– die Rückäquilibrierung zu den Ausgangsbedingungen kann lange dauern.

Es ist vorteilhaft, den Gradienten nicht bei 0 % B zu beginnen, sondern bei einem gewissen (eventuell sehr kleinen) Anteil des stärkeren Lösungsmittels.

9.5
Anwendungsbeispiele

Silicagel ist hervorragend geeignet für die Trennung von Isomeren. Der Umschlag dieses Buches zeigt die Trennung von Petasol und Isopetasol, zwei Verbindungen aus *Petasites hybridus* (Pestwurz), die sich nur in der Position einer Doppelbindung unterscheiden. Die mobile Phase war reiner Diethylether. Eine Diastereomerentrennung präsentiert Abbildung 9.6.

Wie bereits erwähnt, ist Gradientenelution für die Trennung komplexer Gemische in der Adsorptions-Chromatographie eher nicht zu empfehlen, weil die Rückäquilibrierung zu den Ausgangsbedingungen länger dauern kann als mit chemisch gebundenen Phasen. Dennoch kann diese Methode sehr erfolgreich eingesetzt werden, wie Abbildung 9.7 zeigt.

Abbildung 9.8 ist ein Beispiel der Trennung von sehr polaren Substanzen auf Silicagel. Es handelt sich um das Carotinoid Crocetin, welches als apolarste Verbindung zuerst eluiert wird, und um seine Mono- und Diglykosylester. Alle diese Verbindungen konnten in Safranextrakt isoliert werden. Genau genommen handelt es sich hierbei nicht um Adsorptionschromatographie, sondern um ein Flüssig-flüssig-Verteilungssystem

Siehe auch: R. W. Schmid und Ch. Wolf, Chromatographia 24 (1987) 713.

Die Trennung von sauren oder basischen Stoffen kann in der Adsorptions-Chromatographie Schwierigkeiten bereiten. An sich wären derartige Substanzen geeignet für die Trennung mit Umkehrphasen oder Ionenaustausch-Chromatographie, was aber Löslichkeitsprobleme bieten kann. Ein Ausweg ist die Trennung auf *gepuffertem Silicagel,* wie in Abbildung 9.9 gezeigt wird. Dabei wird das Silicagel entweder als offenes Material oder aber bereits in der Säule mit einer

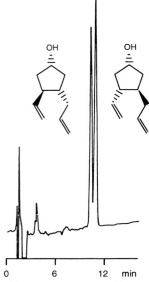

Abb. 9.6 Trennung von diastereomeren Alkoholen
Säule: 3,2 mm × 25 cm; stationäre Phase: LiChrosorb SI 60 5 μm; mobile
Phase: 1 ml/min Hexan / Isopropanol 99 : 1; Detektor: Brechungsindex.

R. Schwarzenbach, J. Chroma-
togr. 334 (1985) 35; B. Zim-
merli, R. Dick und U. Bau-
mann, J. Chromatogr. 462
(1989) 406.

Pufferlösung von geeignetem pH-Wert behandelt (saure Puffer für
saure Proben, basische Puffer für basische Proben). Bei Chromatographie mit apolaren mobilen Phasen (zu stark polare Lösungsmittel
könnten die Puffersalze herauswaschen) werden die vordem proble-
matischen Stoffe ohne Tailing eluiert, ohne dass die neutralen beeinflusst würden.

Weitere Beispiele zur Adsorptions-Chromatographie in anderen Kapiteln: Abbildung 2.11, 2.23, 2.28, 8.1, 20.1, 20.2, und 22.4.

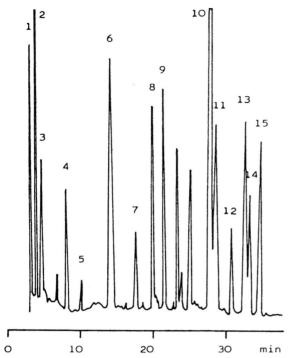

Abb. 9.7 Trennung von Paprika-Carotinoiden mit Gradient (nach L. Almela, J. M. López-Roca, M. E. Candela und M. D. Alcázar, J. Chromatogr. 502 (1990) 95) Probe: verseifter Extrakt aus Paprikaschoten; Säule: 4,6 mm × 25 cm; stationäre Phase: Spherisorb 5 μm; mobile Phase: 1 ml/min Petrolether/Aceton, linearer Gradient von 5–25 % Aceton in 30 min; Detektor: VIS 460 nm;
1) β-Carotin; 2) Cryptocapsin; 3) Cryptoflavin; 4) β-Cryptoxanthin; 5) Antheraxanthin; 6) Capsolutein; 7) Luteoxanthin; 8) Zeaxanthin; 9) Mutatoxanthin; 10) Capsanthin; 11) Capsanthin-5,6-epoxid; 12) Violaxanthin; 13) Capsorubin; 14) Capsorubin-isomeres; 15) Neoxanthin

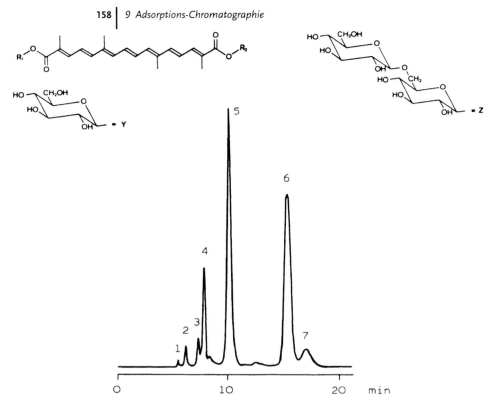

Abb. 9.8 Trennung von vorgereinigtem Safranextrakt (nach H. Pfander und M. Rychener, J. Chromatogr. 234 (1982) 443)

Säule: 4,6 mm × 25 cm; stationäre Phase: LiChrosorb SI 60 7 µm; mobile Phase: 0,6 ml/min Essigsäureethylester/Isopropanol/Wasser 56:34:10; Detektor: VIS 440 nm; 1) $R_1 = R_2 = H$ (Crocetin); 2) $R_1 = Y$, $R_2 = H$; 3) $R_1 = R_2 = Y$; 4) $R_1 = Z$, $R_2 = H$; 5) $R_1 = Z$, $R_2 = Y$; 6) $R_1 = R_2 = Z$ (Crocin); 7) ein Trisaccharidester

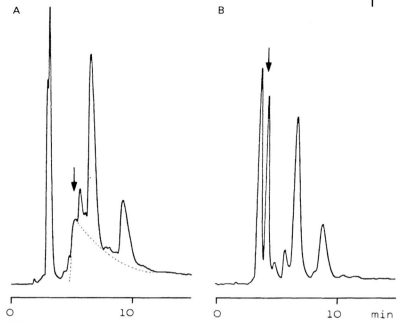

Abb. 9.9 Trennung von ω-Bromundecansäure (nach R. Schwarzenbach, J. Liquid Chromatogr. 2 (1979) 205)
Probe: Rohprodukt aus Veresterung; Säule: 3 mm × 25 cm; stationäre Phase: LiChrospher SI 100 5 μm; mobile Phase: 1 ml/min Hexan/Diethylether 4:6; Detektor: UV; A: Unbehandeltes Silicagel, Bromundecansäure wird mit starkem Tailing eluiert und kann nicht quantitativ bestimmt werden; B: Silicagel mit Citratpuffer pH 2,8 behandelt. Bromundecansäure erscheint als scharfer Peak, die übrigen Komponenten werden nicht beeinflusst

10
Umkehrphasen-Chromatographie

10.1
Prinzip

Von Umkehrphasen-Chromatographie (reversed-phase-Chromato-graphie) spricht man immer dann, wenn die stationäre Phase weniger polar ist als die mobile Phase. Die am häufigsten verwendete stationäre Phase ist chemisch gebundenes Octadecylsilan ODS, ein n-Alkan mit 18 C-Atomen. Es sind auch C_8- und kürzere Alkylketten im Gebrauch sowie Cyclohexyl- und Phenylgruppen. Phenylreste sind etwas polarer als Alkylgruppen.

Häufig wird Wasser als stärkstes Elutionsmittel für die Chromatographie bezeichnet. Dies gilt aber nur für die Adsorptions-Chromatographie. Wasser kann in eine sehr starke Wechselwirkung mit den aktiven Zentren an Silicagel und Aluminiumoxid treten, sodass Probemoleküle kaum mehr adsorbieren können und rasch eluiert werden. Genau umgekehrt ist es in Umkehrphasensystemen: Wasser kann die apolaren (hydrophoben = „Wasser fürchtenden") Alkylgruppen nicht benetzen und in keinerlei Wechselwirkung mit ihnen treten. Es ist daher die schwächste aller mobilen Phasen und eluiert die Proben am langsamsten. Je größer der Wassergehalt des Eluenten ist, desto länger sind die Retentionszeiten.

Dieser Effekt wird mit dem Chromatogramm in Abbildung 10.1 illustriert. Benzol (2), Chlorbenzol (3), o-Dichlorbenzol (4) und Iodbenzol (5) wurden auf einer Umkehrphasen-Säule mit verschiedenen Methanol-Wasser-Gemischen eluiert. (1 ist der Brechungsindex-Ausschlag des Lösungsmittels für die Probe.)

Probesubstanzen werden von der Umkehrphasen-Oberfläche umso stärker festgehalten, je weniger sie in Wasser löslich, d.h. je unpolarer sie sind. Es gilt etwa die Reihenfolge abnehmender Retention: Aliphaten – induzierte Dipole (z.B. Tetrachlorkohlenstoff) – permanente Dipole (z.B. Chloroform) – schwache Lewis-Basen (Ether, Aldehyde, Ketone) – starke Lewis-Basen (Amine) – schwache Lewis-

Lewis-Base = Elektronendonator, Lewis-Säure = Elektronenakzeptor

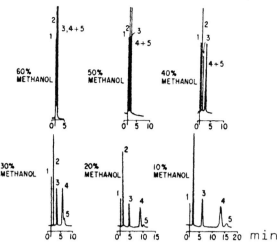

Abb. 10.1 Einfluss der Eluentenzusammensetzung in der Umkehrphasenchromatographie (nach N.A. Parris, Instrumental Liquid Chromatography, Elsevier, 2. Auflage 1984, S.157)

Säuren (Alkohole, Phenole) – starke Lewis-Säuren (Carbonsäuren). In einer homologen Reihe steigt die Retentionszeit mit zunehmender Anzahl der Kohlenstoffatome. Ein Beispiel dafür zeigt Abbildung 10.2: n-Decen-1 (1), n-Undecen-1 (2), n-Dodecen-1 (3), n-Tridecen-1 (4) und n-Tetradecen-1 (5) wurden auf einer ODS-Säule getrennt. Generell ist die Retention umso stärker, je größer die Kontaktfläche zwischen Probe und stationärer Phase ist, das heißt, je mehr Wassermoleküle bei der „Adsorption" eines Probemoleküls frei werden. Ist die Alkylkette verzweigt, so wird die betreffende Substanz schneller eluiert als ihr Isomeres mit gerader C-Kette.
Die Retentionsmechanismen auf Umkehrphase sind allerdings komplex und nicht einfach zu erklären.

A. Vailaya und C. Horváth, J. Chromatogr. A 829 (1998) 1.

10.2
Mobile Phasen in der Umkehrphasen-Chromatographie

Als mobile Phase verwendet man meist Gemische von Wasser oder von wässrigen Pufferlösungen mit verschiedenen, mit Wasser mischbaren Lösungsmitteln. Dies sind:

Methanol
Acetonitril
Ethanol   abnehmende Polarität
Isopropanol
Dimethylformamid   zunehmende Elutionskraft
n-Propanol
Dioxan
Tetrahydrofuran

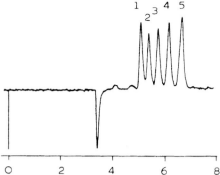

Abb. 10.2 Trennung von Alkenhomologen
mit Umkehrphase (nach DuPont)
Stationäre Phase: Zorbax ODS; mobile Phase:
Acetonitril/Tetrahydrofuran 90:10 (dies ist ein
Beispiel für nicht wässrige Umkehrphasenchromatographie!), 0,75 ml/min, Detektor: IR 3,4
µm

Für die Trennung von sehr apolaren Stoffen müssen nichtwässrige
Eluenten eingesetzt werden.

Da in der Umkehrchromatographie häufig mit Gradienten gearbeitet
wird, müssen die verwendeten Lösungsmittel von hoher Reinheit
sein (vgl. Abbildung 18.6). Ein chromatographischer Test zur Rein-
heitsprüfung sowohl von Wasser als auch von organischen Eluenten
wurde beschrieben. Er besteht aus wohl definierten auf- und abstei-
genden Gradienten, welche feststellen lassen, welche Komponente
der mobilen Phase wie rein ist.

D. W. Bristol, J. Chromatogr.
188 (1980) 193.

Mischungen von Wasser mit organischen Lösungsmitteln haben oft
eine deutlich höhere *Viskosität* als die reinen Komponenten. Die Verhältnisse bei den häufig gebrauchten Zusammensetzungen Metha-
nol/Wasser, Tetrahydrofuran/Wasser und Acetonitril/Wasser sind
in Abbildung 10.3 dargestellt. Das Viskositätsmaximum liegt für Methanol bei 40% B in Wasser und erreicht 1,62 mPa s (25 °C), etwa
das Dreifache des Werts von reinem Methanol oder fast das Doppelte von reinem Wasser. Der Druckabfall über der Säule ist proportional zur Viskosität und ist deshalb während einer Gradiententrennung nicht konstant. Hohe Viskositätsmaxima besitzen ebenfalls
80% Essigsäure in Wasser (2,7 mPa s bei 20 °C) und 40% Ethanol
in Wasser (2,8 mPa s bei 20 °C).

Wasser für die HPLC ist leider nicht gratis. Ionenaustauscherwasser
ist meist nicht genügend rein und Bidestillations-Anlagen können
den Gehalt an Organika noch erhöhen. Am besten kauft man entweder Wasser in HPLC-Qualität oder benutzt eine mehrstufige Reinst-
wasseranlage. Mit Filtration durch ein 0,2-µm-Filter erhält man steri-
les Wasser.

Viskosität [mPa s]

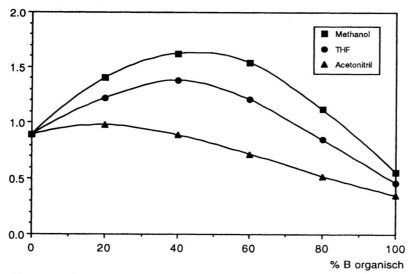

% B organisch

Abb. 10.3 Viskosität von Mischungen aus Wasser und organischen Lösungsmitteln bei 25 °C
(Zahlenwerte aus J. W. Dolan und L. R. Snyder, Troubleshooting LC Systems, Humana Press, Clifton 1989, S. 85)

Methanol hat den Nachteil, dass Mischungen mit Wasser relativ hochviskos sind (siehe oben), sodass viel höhere Drucke als von anderen mobilen Phasen her gewohnt auftreten. Bei der Herstellung von Methanol/Wasser-Mischungen von Hand (ohne Gradientenmischer) sollten die beiden Komponenten abgewogen oder aber *einzeln* volumetrisch abgemessen werden. Wegen der starken Volumenkontraktion entsteht z. B. beim Vorlegen von 500 ml Wasser und Auffüllen mit Methanol auf 1000 ml eine Lösung mit mehr als 50 Volumenprozent Methanol! Falls Puffersalze oder Ionenpaarreagenzien verwendet werden müssen, ist Methanol günstig, weil sich diese Zusätze darin besser lösen als in Acetonitril oder Tetrahydrofuran.

Acetonitril ist sehr teuer, besonders in der hochreinen „far-UV"-Qualität. Die Viskositätseigenschaften sind unproblematisch. Bei der Regeneration ist das Azeotrop mit Wasser zu beachten: es siedet bei 76,7 °C und enthält 84% Acetonitril.

Tetrahydrofuran kann in Bezug auf die Trennselektivität ein sehr interessantes Lösungsmittel sein. Seine UV-Grenze von 220 nm ist relativ hoch. Die Rückäquilibrierung der Säule nach einem Gradientenlauf mit THF ist langsamer als bei Gradienten mit Methanol oder Acetonitril. Wird eine Flasche mit THF von HPLC-Qualität geöffnet,

J. W. Dolan, LC GC Int. 8 (1995) 134; M Przybyciel und R. E. Majors, LC GC Eur. 15 (2002) 652.

so entstehen rasch Peroxide; diese können mit der Probe reagieren und stellen ein Sicherheitsrisiko dar.

Oft ist es nicht empfehlenswert, mobile Phasen mit weniger als 10% Gehalt an organischem Lösungsmittel einzusetzen. Unter solchen Bedingungen liegen viele Bürstenphasen, beispielsweise mit C_{18}-Alkylketten, nicht in einer eindeutigen Konformation vor und die Äquilibrierung benötigt lange Zeit. (Auch bei Gradienten ist es meist nicht notwendig, sie bei 0 % B zu starten, 10 % B ist als Eluent schwach genug.) In einer Umgebung mit mehr als 10% organischem Lösungsmittel sind die Ketten mehr oder weniger gestreckt, während sie kollabieren, wenn zu viel Wasser vorhanden ist. Allerdings ist die Konformation in rein wässrigem Milieu wieder gut definiert, denn die Ketten sind vollständig zusammengefaltet. Es braucht relativ lange Zeit, um sie wieder in die gestreckte Konformation zu überführen, wenn organisches Lösungsmittel zugefügt wird. Spezielle Umkehrphasen, die sich für Eluenten mit hohem Wassergehalt eignen, sind in zahlreichen Ausführungen kommerziell erhältlich.

10.3
Selektivität und Stärke der mobilen Phase

Das Selektivitätsdreieck mit zahlreichen Lösungsmitteln wurde in Abschnitt 5.2 vorgestellt. In der Umkehrphasen-Chromatographie hängt die Selektivität der mobilen Phase direkt von diesem Dreieck ab, denn Lokalisierungseffekte spielen im Gegensatz zur Adsorptions-Chromatographie keine Rolle. Ein Blick auf Abbildung 5.1 macht klar, dass die drei Lösungsmittel Methanol, Acetonitril und Tetrahydrofuran eine gute Wahl für die Optimierung der Selektivität sind. Abbildung 10.4 stellt ein Selektivitätsdreieck nur mit diesen drei Lösungsmitteln dar.

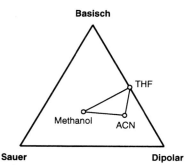

Abb. 10.4 Selektivitätsdreieck für die Umkehrphasenchromatographie

Das übliche A-Lösungsmittel für die Umkehrphasen-Chromatographie ist Wasser oder wässriger Puffer. Die Stärke von binären Mischungen ist nicht eine klar definierte Funktion von % B, sondern hängt von den Eigenschaften der Probe und der stationären Phase ab. Trotzdem ist es möglich, Zahlenwerte anzugeben, mit denen die Zusammensetzung der mobilen Phase abgeschätzt werden kann, wenn für die Selektivitätsoptimierung mehr als ein B-Lösungsmittel ausprobiert wird. Man kann die folgende Gleichung verwenden:

Dieses Problem ist erläutert in S. Ahuja, Selectivity and Detectability Optimizations in HPLC, Wiley-Interscience, New York, 1989, Abschnitte 6.3 und 6.4.

$$\Phi_{B_1} \cdot P'_{B_1} = \Phi_{B_2} \cdot P'_{B_2}$$

Φ Volumenanteil eines bestimmten Lösungsmittels
P' Umkehrphasenpolarität dieses Lösungsmittels

Für die P'-Werte wurden verschiedene Zahlen vorgeschlagen (mit Ausnahme von Wasser, dessen Polariät immer 0 ist); die folgenden Daten sind nach *Snyder*:

L. R. Snyder, J. W. Dolan und J. R. Gant, J. Chromatogr. 165 (1979) 3.

P'_{Wasser}	0
$P'_{Methanol}$	3,0
$P'_{Acetonitril}$	3,1
$P'_{Tetrahydrofuran}$	4,4

Als Alternative kann man ein Nomogramm benutzen. Es beruht auf zahlreichen experimentellen Daten, die mit kleinen organischen Molekülen erhalten wurden. Eigentlich würde jeder dieser Analyten ein etwas anderes Nomogramm ergeben; die Darstellung in Abbildung 10.5 stellt einen Mittelwert dar (der für große Moleküle weniger Gültigkeit haben kann).

P. J. Schoenmakers, H. A. H. Billiet und L. de Galan, J. Chromatogr. 185 (1979) 179.

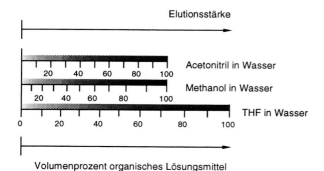

Abb. 10.5   Lösungsmittelstärke mit binären Mischungen für die Umkehrphasen-Chromatographie

Aufgabe 26:

Wenn eine Trennung mit 70% Methanol zwar angemessene Retention, aber ungenügende Selektivität ergibt, welche anderen Mischungen sollten ausprobiert werden?

Lösung:

Mit Gleichung:

$$\Phi_{ACN} = \frac{\Phi_{MeOH} \cdot P'_{MeOH}}{P'_{ACN}} = \frac{0,7 \cdot 3,0}{3,1} = 0,68 = 68\%$$

oder:

$$\Phi_{THF} = \frac{0,7 \cdot 3,0}{4,4} = 0,48 = 48\%$$

Mit Nomogramm: $\Phi_{ACN} = 60\%$ oder $\Phi_{THF} = 45\%$

Man sieht, dass beide Methoden nur eine ungefähre Abschätzung erlauben.

Abbildung 10.6 zeigt experimentelle Resultate, welche bei der Optimierung der Trennung von Pestwurz-Gesamtextrakt (*Petasites hybridus*) erhalten wurden. Diese Trennung ist mit Acetonitril eindeutig am besten. Mit Tetrahydrofuran werden die Peaks breit und schlecht aufgelöst. Mit Methanol haben die Peaks Tailing und die Auflösung ist im hinteren Teil des Chromatogramms schlechter als mit Acetonitril.

Kleine Mengen von anderen organischen Lösungsmitteln können als dritte Komponente zugefügt werden, um die Selektivität zu optimieren, aber dieses Verfahren kompliziert die Methodenentwicklung und kann nicht allgemein empfohlen werden. Mögliche Zusätze sind Dichlormethan (für chlorierte Analyten) oder N,N-Dimethylformamid (für aromatische Amine und N-Heterozyklen). Für ionische Verbindungen kann die richtige pH-Einstellung von höchster Wichtigkeit sein. Wenn basische Stoffe getrennt werden müssen, kann es notwendig werden, eine „konkurrenzierende Base", etwa eine Spur Triethylamin, zuzugeben. Diese tritt in starke Wechselwirkung mit Silanolgruppen, welche für die Analyten noch zugänglich sind. In diesem Fall ist es jedoch viel besser, eine stationäre Phase zu verwenden, welche für basische Stoffe geeignet ist (Abschnitt 10.4). Aus ähnlichen Gründen ist empfohlen worden, Ammoniumacetat als Universalzusatz zuzufügen, aber dies sollte mit „modernen" stationären Phasen nicht notwendig sein.

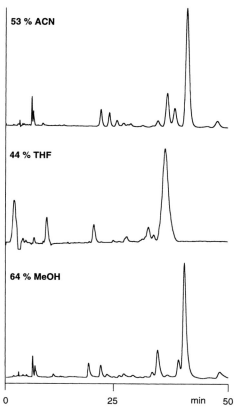

53 % ACN

44 % THF

64 % MeOH

0   25   min   50

Abb. 10.6 Trennung von Pestwurzextrakt mit drei verschiedenen B-Lösungsmitteln (nach S. Jordi, Departement für Chemie und Biochemie, Universität Bern)
Säule: 4,6 mm × 25 cm; stationäre Phase: YMC Carotenoid C30 3 μm; mobile Phase: 0,9 ml/min, B-Lösungsmittel in Wasser wie angegeben; Detektor: UV 230 nm

10.4
Stationäre Phasen

Ganz allgemein sind die Retentionszeiten umso länger, je mehr C-Atome die gebundene stationäre Phase enthält. Das von den gebundenen apolaren Gruppen eingenommene Volumen (das von der eigentlichen stationären Phase beanspruchte Volumen) ist bei langen Ketten größer als bei kurzen. Die Retention ist aber dem Volumenverhältnis von stationärer und mobiler Phase direkt proportio-

nal, siehe Abschnitt 2.3. Dieser Effekt ist in Abbildung 10.7 belegt. Demnach ist die Retention stärker:
– je länger die Alkylkette ist (C_{18} retardiert stärker als C_8),
– je größer die Bindungsdichte der Alkylketten (in Gruppen pro nm^2 der Oberfläche) ist,
– je höher der Grad des end-capping ist,
– je dicker die organische stationäre Phase ist (polymere Schichten retardieren stärker als monomere),
– oder, zusammenfassend, je höher der Kohlenstoffgehalt des Materials ist, der mit Elementaranalyse bestimmt werden kann.

Starke Retention bedeutet, dass die Analyse länger dauert oder dass ein höherer Prozentsatz an B-Lösungsmittel notwendig ist. Eine stark retardierende stationäre Phase kann für polare Analyten vorteilhaft sein, welche auf einer Phase mit wenig Kohlenstoffgehalt selbst mit viel Wasser in der mobilen Phase nicht genügend zurückgehalten werden. Für apolare Analyten kann es günstig sein, eine wenig retardierende stationäre Phase zu verwenden, denn die Retentionszeiten werden kürzer sein und man benötigt weniger organisches Lösungsmittel für die Trennung.

Eine andere Eigenschaft von Umkehrphasen ist ihre Silanolaktivität. Wie in Abschnitt 7.5 erwähnt, ist es aus sterischen Gründen nicht möglich, alle Silanolgruppen der Silicageloberfläche chemisch umzusetzen. Die restlichen Silanole können mit einer zweiten Derivatisierungsreaktion (end-capping) teilweise auch noch derivatisiert oder sterisch abgeschirmt werden. Die verschiedenen kommerziell erhältlichen Umkehrphasen unterscheiden sich stark in ihrer Silanolaktivität, denn nicht alle davon sind end-capped. Obwohl für die meisten Trennungen die Silanole unerwünscht sind (insbesondere für die Analyse von basischen Stoffen), kann eine stationäre Phase mit einer gewissen Silanolaktivität für die Trennung von sehr hydrophilen (polaren) Stoffen vorteilhaft sein. Für derartige Trennprobleme werden auch die Umkehrphasen mit eingebauter polarer Gruppe (wie die Alkylcarbamatphase, siehe die Tabelle in Abschnitt 7.5) empfohlen.

U. D. Neue et al., Chromatographia 54 (2001) 169; H. Engelhardt, R Grüner und M. Scherer, Chromatographia Supplement 53 (2001) S–154.

Weitere Eigenschaften sind das Verhalten der Phase als Wasserstoffbrückenakzeptor oder -donor und ihre Selektivität gegenüber sterisch unterschiedlichen Analyten.

Der Metallgehalt der stationären Phase sollte gering sein, insbesondere wenn basische oder chelatbildende Proben zu untersuchen sind. Berücksichtigt man alle diese Tatsachen, so wird klar, dass sich die verschiedenen kommerziell angebotenen Umkehrphasen in ihren Eigenschaften unterscheiden. Sie lassen sich durch ausgewählte Textmischungen charakterisieren (*Claessen*), beispielsweise mit den Analyten Uracil (t_0-Marker), Naphthalin, Acenaphthen (zur Beurteilung der Hydrophobie), Propranolol, Amitriptylin (Verhalten gegenüber Basen) und Dipropylphthalat (zur Beurteilung der polaren Selektivität).

H. A. Claessens, Trends Anal. Chem. 20 (2001) 563.
U. D. Neue, K. V. Tran, P. C. Iraneta und B. A. Alden, J. Sep. Sci. 26 (2003) 174.

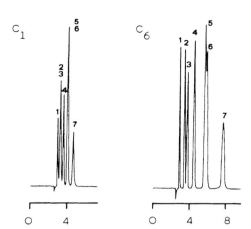
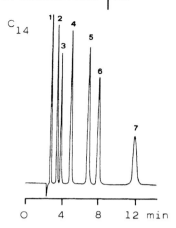

Abb. 10.7 Einfluss der Kettenlänge auf die Retention (nach G. E. Berendsen und L. de Galan, J. Chromatogr. 196 (1980) 21) Mobile Phase: Methanol/Wasser 60:40; 1) Aceton; 2) p-Methoxyphenol; 3) Phenol; 4) m-Kresol; 5) 3,5-Xylenol; 6) Anisol; 7) p-Phenylphenol

Die Phasen können nach verschiedenen Prinzipien klassiert werden. Ein Schema ist in Abbildung 10.8 dargestellt: es platziert eine große Anzahl von Umkehrphasen in einem Koordinatensystem von Hydrophobie und Silanolaktivität. C_8-Phasen sind weniger hydrophob und befinden sich in der linken Hälfte der Darstellung während C_{18}-Phasen vor allem in der rechten Hälfte zu finden sind. „Moderne" Phasen mit ausgezeichneter Bindungschemie auf Silicagelen mit geringem Metallgehalt stehen in der unteren Hälfte und „alte" Phasen in der oberen. Diese „alten" Materialien sind für basische Analyten weniger gut geeignet, aber sie können interessante Selektivitäten für gewisse Analysenprobleme offerieren. Die für eine schwierige Trennung am besten geeignete Phase muss oft empirisch gefunden werden.

Für die Trennung von basischen Analyten ist es empfehlenswert, eine stationäre Phase einzusetzen, welche speziell für derartige Proben entwickelt wurde. Sonst kann starkes Tailing auftreten (welches sich unter Umständen durch geeignete Zusätze in der mobilen Phase unterdrücken lässt, aber diese Möglichkeit ist weniger elegant). Ein Beispiel ist in Abbildung 10.9 gezeigt.

D. V. McCalley, J. Sep. Sci. 26 (2003) 187.

Das Gleichgewicht zwischen mobiler und stationärer Phase stellt sich in der Umkehrphasen-Chromatographie rasch ein, somit sind Gradienten einfach durchzuführen. Die Rückäquilibrierungszeit muss empirisch bestimmt werden, aber in vielen Fällen genügen 5 Säulenvolumina der neuen mobilen Phase, um reproduzierbare Resultate zu erhalten.

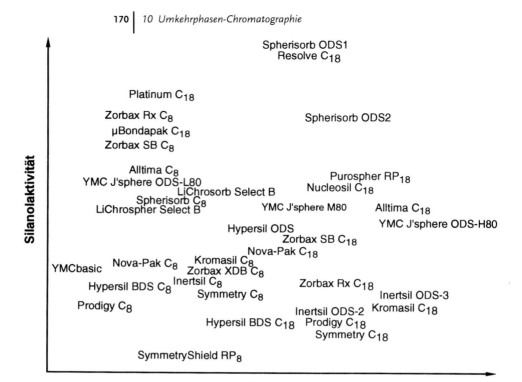

Hydrophobie

Abb. 10.8 Selektivitätseigenschaften von C_8- und C_{18}-Phasen (nach Waters)

10.5
Methodenentwicklung in der Umkehrphasen-Chromatographie

Bei Umkehrphasentrennungen besteht der erste Schritt der Methodenentwicklung oft in einem Gradienten von 10 bis 100% Lösungsmittel B. Dieses Verfahren wird in Abschnitt 18.2 erklärt. Hier folgen Vorschläge mit empfohlener Reihenfolge, wie man die verschiedenen Einflussgrößen ändern soll. Es ist beispielsweise praktischer, ein anderes B-Lösungsmittel zu testen bevor man eine andere stationäre Phase einsetzt.

Vorschlag für nicht ionische Proben

L. R. Snyder, J. J. Kirkland und J. L. Glajch, Practical HPLC Method Development, Wiley-Interscience, zweite Auflage 1997, S. 253.

Verwenden Sie eine C_8- oder C_{18}-Phase mit ungepuffertem Wasser / Acetonitril bei etwa 40 °C falls Thermostatisierung möglich ist, andernfalls bei Raumtemperatur.

1. Stellen Sie % B oder den Gradientenbereich so ein, dass Retentionsfaktoren zwischen 1 und 10 (bei schwierigen Problemen zwischen 1 und 20) erhalten werden. Wenn die Trennung unbefriedi-

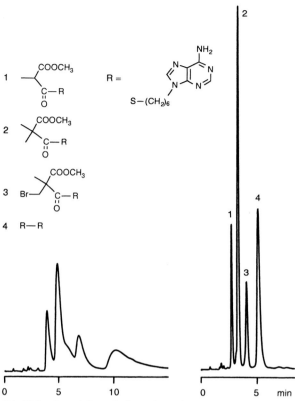

Abb. 10.9 Spezialphase für basische Proben
Probe: Adeninderivate; Säulen: 4,6 mm × 25 cm; stationäre Phase links: LiChrospher 100 RP-18 5 µm (mit hoher Trennleistung und guter Peaksymmetrie für Neutralstoffe); stationäre Phase rechts: LiChrospher 60 RP-Select B 5 µm; mobile Phase: 1,5 ml/min Wasser/Methanol 25:75; Detektor: UV 260 nm

gend ist, so ändern Sie die Selektivität in der folgenden Reihenfolge:

2. Ändern Sie das organische B-Lösungsmittel.

3. Verwenden Sie eine Mischung von organischen B-Lösungsmitteln.

4. Ändern Sie die stationäre Phase (vorzugsweise zu einem Typ, der nach Abbildung 10.8 möglichst andere Eigenschaften hat). Vermutlich müssen Sie nun wieder bei Schritt 1 beginnen.

5. Ändern Sie die Temperatur.

6. Optimieren Sie die physikalischen Parameter wie Säulendimensionen, Korngröße oder Volumenstrom der mobilen Phase.

Vorschlag für ionische Proben

Wie oben, aber S. 315. Ein anderer Vorschlag wurde publiziert von J. J. Kirkland, LC GC Mag. 14 (1996) 486.

Verwenden Sie eine C_8- oder C_{18}-Phase, welche für basische Proben geeignet ist, mit Puffer pH 2,5 / Methanol bei 40 °C (wenn möglich).

1. Stellen Sie % B oder den Gradientenbereich auf günstige Werte ein. Bei unbefriedigender Trennung:
2a. Ändern Sie den pH-Wert oder
2b. verwenden Sie Ionenpaarchromatographie.
3. Stellen Sie % B ein.
4. Ändern Sie das organische B-Lösungsmittel.
5a. Ändern Sie den pH-Wert oder
5b. ändern Sie den pH-Wert und das Ionenpaarreagens.
6. Ändern Sie die Temperatur.
7. Verwenden Sie eine Phenyl- oder Nitrilphase.
8. Ändern Sie die physikalischen Parameter.

Falls die Trennung nach all diesen Änderungen immer noch unbefriedigend ist, muss eine andere Methode (Ionenaustausch, Adsorption, Ausschluss) versucht werden.

D. V. McCalley, LC GC Eur. 12 (1999) 638.

Wie bereits erwähnt können basische Analyten Probleme bereiten. Abbildung 10.10 zeigt die Ursache. Wenn sowohl die Base wie auch die noch vorhandenen und zugänglichen Silanolgruppen des Silicagels geladen sind, so entsteht ein gemischter Retentionsmechanismus mit hydrophober und ionischer Wechselwirkung, der zu Tailing und nicht robusten Trennbedingungen führen kann. Durch Pufferung lässt sich der gemischte Mechanismus eventuell unterdrücken. Wenn nicht, so sollte man in saurem Milieu arbeiten, weil viele Phasen auf Silicagelbasis in hohem pH nicht beständig sind. Am günstigsten sind die speziellen stationären Phasen für basische Analyten (Abbildung 10.9); sie haben kaum Restsilanole oder diese sind gut abgeschirmt, sie beruhen auf hochreinem Silicagel mit sehr tiefem Gehalt an Metallkationen oder sie besitzen eine polare eingebaute Gruppe. Saure Analyten sind in dieser Beziehung unproblematisch, weil keine ionische Wechselwirkung möglich ist.

Generell ist zu beachten, dass geladene Analyten hydrophil sind und früh eluiert werden.

10.6
Anwendungsbeispiele

Wässrige Probelösungen sind in der Analytik häufig, z. B. Proben biologischer Herkunft, Ampullenlösungen, Getränke etc. Da Wasser der schwächste Eluent ist, ist es möglich, wässrige Lösungen ohne Vorbehandlung (allerdings ist Filtration oder Zentrifugation dringend zu empfehlen) direkt einzuspritzen. Für die in Abbildung 1.2

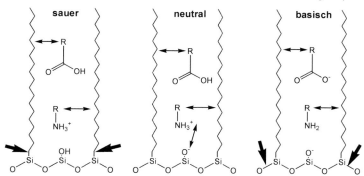

Abb. 10.10 Mögliche Wechselwirkungen zwischen Analyten und Umkehrphase Waagrechte Doppelpfeile bedeuten hydrophobe Wechselwirkung, der schräge Doppelpfeil zeigt die ionische Wechselwirkung. Die dicken Pfeile zeigen die Stellen, wo die stationäre Phase angegriffen werden kann: in stark saurem Milieu wird die gebundene Phase hydrolysiert, in alkalischem Milieu das Silicagel.

gezeigte Coffeinbestimmung wurden 10 µl trinkfertiges Getränk injiziert. Ein anderes Beispiel ist die Analyse einer Beruhigungsmitteltablette in Abbildung 10.11, wobei die Tablette nur in Wasser aufgelöst und die Lösung nach Filtration eingespritzt wurde. Jede andere Analysenmethode für ein derartiges Medikament dauert länger.

Die enorme Leistungsfähigkeit der Umkehrphasen-HPLC in der biotechnologischen Forschung zeigt Abbildung 10.12. Sie stellt die Trennung des tryptischen Hydrolysats der normalen Form und einer Mutante von tissue-type plasminogen activator dar. Dieses Protein besteht aus 527 Aminosäuren und hat eine Masse von etwa 67000 Dalton. Die Mutante unterscheidet sich in einer einzigen Aminosäure, was eine andere Retentionszeit des entsprechenden Bruchstücks zur Folge hat.

Die Umkehrphasenchromatographie ist jedoch keinesfalls nur für polare Stoffe geeignet. Beispielsweise können die 17 polyzyklischen Aromaten, welche in der Umweltanalytik als „priority pollutants" bekannt sind, innerhalb von 15 Minuten vollständig getrennt werden, wie Abbildung 10.13 zeigt.

Abbildung 10.14 schließlich bringt eine Trennung, die man eher der Gaschromatographie zuschreiben würde. Das komplexe Gemisch sind die aromatischen Komponenten von Benzin.

Weitere Beispiele zur Umkehrphasen-Chromatographie in anderen Kapiteln: Abbildung 1.1, 1.2, 2.12, 2.20, 2.21, 2.24, 2.27, 4.8, 6.5, 6.7, 6.12, 6.13, 6.18, 7.5, 8.2, 15.12b, 18.11, 18.12, 18.14, 19.9, 20.5, 21.5, 22.1, 22.3 und 22.7.

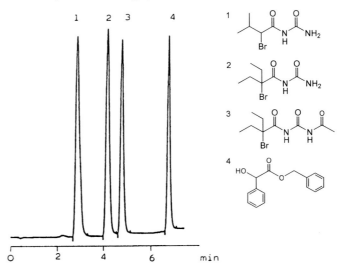

Abb. 10.11 Chromatogramm eines Beruhigungsmittels (nach Hewlett-Packard)
Mobile Phase: Gradientelution, 30% bis 90% Acetonitril in Wasser in 16 Minuten; stationäre Phase: LiChrosorb RP 8, 10 μm; Säule: 4 mm × 25 cm; Detektion: UV 254 nm; 1) Bromural; 2) Carbromal; 3) Acetylcarbromal; 4) Mandelsäurebenzylester

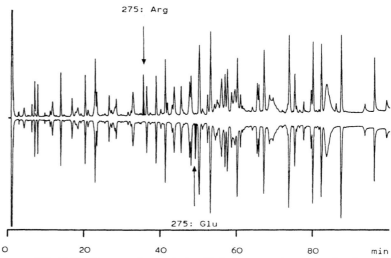

Abb. 10.12 Trennung des tryptischen Hydrolysats von tissue-type plasminogen activator (nach R. L. Garnick, N. J. Solli und P. A. Papa, Anal. Chem. 60 (1988) 2546)
Stationäre Phase: Nova Pak C18 5 μm; mobile Phase: 1 ml/min 50 mM Natriumphosphat pH 2,8/Acetonitril, Stufengradient; Detektor: UV 210 nm; oben das normale Protein mit Arginin in Position 275, unten die Mutante mit Glutaminsäure in Position 275

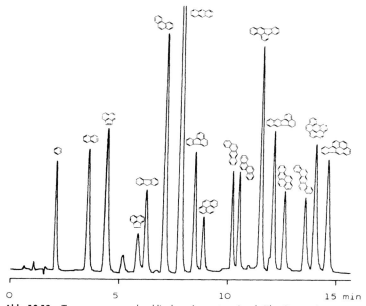

Abb. 10.13 Trennung von polyzyklischen Aromaten (nach The Separations Group)
Säule: 4,6 mm × 15 cm; stationäre Phase: Vydac TP C_{18} 5 µm; mobile Phase: 1,5 ml/min Wasser/Acetonitril, zwischen 3 und 10 min linearer Gradient von 50–100% Acetonitril; Detektor: UV 254 nm

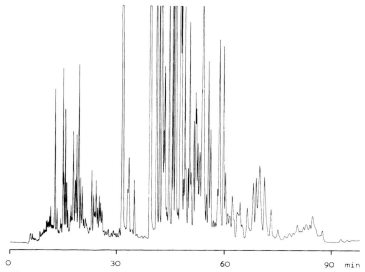

Abb. 10.14 Trennung von Benzin (nach Beckman) Probe: 5 µl Benzin mit 10 µl Acetonitril verdünnt. Säule: 4 × 4,6 mm × 25 cm; stationäre Phase: Ultrasphere-ODS 5 µm; mobile Phase: 1 ml/min Wasser/Acetonitril, während 30 min 60% Acetonitril, dann 80%; Temperatur: 42 °C; Detektor: UV 254 nm

10.7
Hydrophobic-Interaction-Chromatographie

K. O. Eriksson, in: Protein Purification, J. C. Janson und L. Ryden, eds., Wiley-Liss, New York, 2nd ed. 1998, p. 283.

Die Wechselwirkung zwischen Probe und stationärer Phase ist in der Umkehrphasen-Chromatographie so stark, dass eine wässrige mobile Phase ohne Zusatz eines organischen Lösungsmittels ein zu schwacher Eluent ist. Bei der Trennung von Proteinen sind aber unter Umständen organische mobile Phasen nicht gestattet, weil sonst Denaturierung (mit Verlust der biologischen Aktivität) auftreten könnte.

Wird die Trennung an schwach hydrophoben stationären Phasen vorgenommen, so genügen zur Elution rein wässrige mobile Phasen. Deshalb wurden Materialien entwickelt, welche zehn- bis hundertmal weniger Kohlenstoff enthalten als die klassischen stationären Phasen der Umkehrphasen-Chromatographie. Dies wird erreicht durch eine geringe Belegung an kurzkettigen Gruppen wie Butyl oder Phenyl. An solchen Phasen werden Proteine retardiert, wenn der Eluent eine relativ hohe Salzkonzentration (z. B. 1 M oder mehr) aufweist, und eluiert, wenn dieser Salzgehalt sinkt. Diese Methode zur schonenden Chromatographie von Proteinen, welche eine Spielart der Umkehrphasenchromatographie ist, nennt sich Hydrophobic-Interaction-Chromatographie HIC.

Die Zusammensetzung der mobilen Phase beeinflusst das Retentionsverhalten entscheidend, wie aus folgender Zusammenstellung ersichtlich ist.

W. R. Melander, D. Corradini und C. Horváth, J. Chromatogr. 317 (1984) 67.

Optimierung der Trennung in der Hydrophobic-Interaction-Chromatographie

Beobachtung	Abhilfe
k zu klein	Salzkonzentration erhöhen.
	Anderes Salz, welches die Oberflächenspannung erhöht, einsetzen.
	pH-Wert in Richtung des isoelektrischen Punkts des Proteins verschieben.
	Andere stationäre Phase, welche kürzere Alkanketten und/oder eine kleinere Belegung hat, einsetzen (d. h. Phasenverhältnis verkleinern).

Beobachtung	Abhilfe
Unbefriedigende Selektivität	Anderes Salz einsetzen. Zusätze, welche das Protein selektiv beeinflussen, einsetzen (Inhibitoren, allosterische Effekte).
k zu groß (Protein wird nicht eluiert)	Salzkonzentration erniedrigen, wenn sie „hoch" war; erhöhen, wenn sie „tief" war. Anderes Salz, welches die Oberflächenspannung erniedrigt, einsetzen. Amin oder ein anderes Silanophil der mobilen Phase zusetzen. Andere stationäre Phase, welche längere Alkanketten und/oder eine größere Belegung hat, einsetzen (d. h. Phasenverhältnis vergrößern). pH-Wert in die entgegengesetzte Richtung des isoelektrischen Punkts des Proteins verschieben.

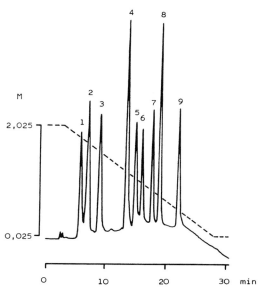

Abb. 10.15 Trennung einer Peptidmischung mit Hydrophobic-Interaction-Chromatographie (nach A.J. Alpert, J. Chromatogr. 444 (1988) 269)
Säule: 4,6 mm $\times$ 20 cm; stationäre Phase: PolyPropyl Aspartamide 5 μm; mobile Phase: 1 ml/min 2 M Ammoniumsulfat mit 0,025 M Natriumphosphat pH 6,5 / 0,025 M Natriumphosphat pH 6,5, linearer Gradient wie gezeigt; Detektor: UV 220 nm. 1) Substanz P(1–9); 2) [Arg^8]-Vasopressin; 3) Oxytocin; 4) Substanz P, freie Säure; 5) [Tyr^8]-Substanz P; 6) Substanz P; 7) [Tyr^{11}]-Somatostatin; 8) Somatostatin; 9) [Tyr^1]-Somatostatin

11
Chromatographie mit chemisch gebundenen Phasen

11.1
Einführung

In Abschnitt 7.5 wurde beschrieben, wie sich Silicagel chemisch umsetzen lässt. Die so hergestellten stationären Phasen können beliebige Polarität haben. Wegen ihrer Wichtigkeit wurden die apolaren bereits im Kapitel 10 behandelt. Hier seien einige stark und mittelpolare Phasen vorgestellt unter Beschränkung auf die wichtigsten.

Diese gebundenen Phasen geben häufig ähnliche Trennungen, wie sie mit Silicagel erhalten werden, auch wenn ihre je eigene Selektivität nicht übersehen und vom Analytiker ausgenutzt werden soll. Ihre Vorteile gegenüber Silicagel:

– Sie lassen sich für normale und Umkehrphasen-Chromatographie verwenden.
– Ein Desaktivator als Zusatz zur mobilen Phase ist nicht notwendig.
– Nach einem Lösungsmittelwechsel, der ohne Rücksicht auf die eluotrope Reihe vorgenommen werden kann, ist die Aequilibrierungszeit kurz.
– Gradienten sind möglich.

11.2
Eigenschaften spezieller Phasen

Diol: Diese Phase ist mit ihren OH-Gruppen in gewissem Sinn vergleichbar mit Silicagel. Sie ist interessant für Verbindungsklassen, mit denen sie Wasserstoffbrückenbindungen eingehen kann und unter anderem geeignet für Tetracycline, Steroide, organische Säuren und Biopolymere (Proteine). Abbildung 11.1 stellt die Trennung eines nicht ionischen, polaren Tensids vor, das aus einer Mischung von polyethoxylierten Alkylphenolen besteht. Die Oligomere unterscheiden sich in der Anzahl der Ethoxyeinheiten; Triton X-100 hat eine mittlere Kettenlänge von etwa $n = 10$.

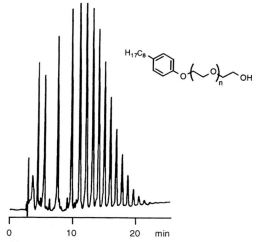

Abb. 11.1 Trennung eines nicht ionischen Tensids auf einer Diolphase (nach Supelco)
Probe: Triton X-100 mit Mittelwert n = 10; Säule: 4,6 mm × 25 cm; stationäre
Phase: Supelcosil LC-Diol 5 µm; mobile Phase: 1 ml/min, nichtlinearer Gradient
von 15,5 % Dichlormethan + 3 % Methanol in Hexan bis 40 % Dichlormethan +
10 % Methanol in Hexan in 35 min; Temperatur: 35 °C; Detektor: UV 280 nm

Nitril (Cyano): Diese Phase trennt häufig ähnlich wie Silicagel, wegen ihrer kleineren Polarität jedoch mit geringerer Retention bei gleicher mobiler Phase. Ebenso gut lässt sie sich als Umkehrphase einsetzen. Sie besitzt eine besondere Selektivität für Komponenten mit Doppelbindungen und für trizyklische Antidepressiva, siehe Abbildung 11.2.

Ein Beispiel dazu: H. Pfander, H. Schurtenberger und V. R. Meyer, Chimia 34 (1980) 179.

Amino: Eine klassische Verwendung der Aminophase ist ihr Einsatz in der Zucker- und Glykosidanalytik, wie Abbildung 11.3 belegt. Die Aminofunktion kann in Wasserstoffbrücken sowohl als Protonenakzeptor wie auch als Protonendonator wirken (sie ist sowohl Brönstedbase wie -säure).

Mit Phosphatpuffer ca. pH 3 können organische und anorganische Anionen auf der Aminophase getrennt werden: Acetat, Acrylat, Glycolat, Formiat, Nitrit, Bromid, Nitrat, Iodat und Dichloracetat. Abbildung 11.4 zeigt die Analyse von Kopfsalat, der etwa 1000 ppm Nitrat und etwa 300 ppm Bromid (aus Bodenbehandlung mit Methylbromid) enthielt.

U. Leuenberger, R. Gauch, K. Rieder und E. Baumgartner, J. Chromatogr. 202 (1980) 461; H.J. Cortes, J. Chromatogr. 234 (1982) 517.

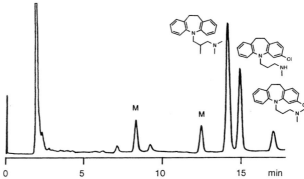

Abb. 11.2 Trennung von trizyklischen Antidepressiva auf einer Nitrilphase (nach G.L. Lensmeyer, D.A. Wiebe und B.A. Darcey, J. Chromatogr. Sci. 29 (1991) 444) Probe: Serumextrakt eines Patienten, der Clomipramin erhielt; Säule: 4,6 mm × 25 cm; stationäre Phase: Zorbax Cyanopropyl 5–6 µm; mobile Phase: 1,2 ml/min Wasser / Acetonitril / Essigsäure / n-Butylamin 600 : 400 : 2,5 : 1,5; Temperatur: 45 °C; Detektor: UV 254 nm. M sind Metaboliten von Clomipramin, anschließend Trimipramin (interner Standard), Desmethylclomipramin und Clomipramin

$$-NH_2 + O=C\begin{smallmatrix} R \\ R' \text{ oder } H \end{smallmatrix}$$

$$\rightarrow \quad -N=C\begin{smallmatrix} R \\ R', H \end{smallmatrix} + H_2O$$

[1] *Reaktivierung einer mit Aceton unbrauchbar gewordenen Aminosäule: D. Karlesky, D.C. Shelly und I. Warner, Anal. Chem. 53 (1981) 2146.*
[2] *B. Porsch und J. Krátká, J. Chromatogr. 543 (1991) 1.*

NH_2 wird leicht oxidiert, daher sind Peroxide (in Diethylether, Dioxan, Tetrahydrofuran) strikt zu vermeiden. Ketone und Aldehyde reagieren unter Bildung von Schiff'schen[1] Basen. Amino-Silicagele sind gegen Hydrolyse weniger stabil als andere gebundene Phasen und der Einsatz einer Vorsäule zur Sättigung der mobilen Phase[2] empfiehlt sich.

In saurer wässriger Lösung wirkt die Aminogruppe als schwacher Anionenaustauscher (sie liegt dann als primäres Ammoniumion $R\text{-}NH_3^{\oplus}$ vor), daher ist das Retentionsverhalten in wässrigen mobilen Phasen vom pH abhängig. Regeneration in die $R\text{-}NH_2$-Form mit Ammoniaklösung ($c = 0,1$ mol/l).

Nitro: Diese Phase ist selektiv für Aromaten. Ihre Leistungsfähigkeit wird mit Abbildung 11.5 dokumentiert. Es handelt sich um die Trennung von Steinkohlenteernormalpech (Destillationsrückstand der technischen Destillation von Steinkohlenhochtemperaturteer), wobei etwa 90 Komponenten erkennbar sind: polyzyklische Aromaten, verwandte Heterozyklen und oligomere Systeme. Davon konnten 24 Komponenten dank ihren charakteristischen UV-Spektren und durch Vergleich mit bekannten Referenzspektren eindeutig identifiziert werden.

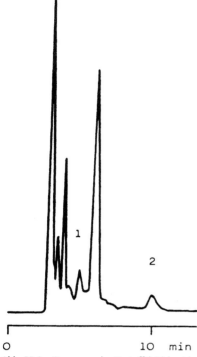

Abb. 11.3 Trennung der Kartoffel-Glykoside α-Solanin und α-Chaconin auf Aminophase

(nach K. Kobayashi, A. D. Powell, M. Toyoda und Y. Saito, J. Chromatogr. 462 (1989) 357)

Probe: Extrakt aus jungen Kartoffelpflanzen, mit C_{18}-Festphasenextraktion vorbehandelt; Säule: 3,9 mm × 30 cm; stationäre Phase: µBondapak NH_2; mobile Phase: Ethanol/Acetonitril/Kaliumdihydrogenphosphat 5 mM 3:2:1; Detektor: UV 205 nm; 1) α-Chaconin; 2) α-Solanin

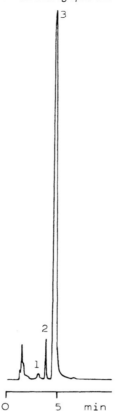

Abb. 11.4   Trennung von Nitrat und Bromid in Salatextrakt auf einer Aminophase
Probe: 20 μl Extrakt nach Homogenisation, Proteinfällung und Filtration; Säule:
3,2 mm × 25 cm; stationäre Phase: LiChrosorb NH$_2$ 5 μm; mobile Phase: 1 ml/
min 1 % KH$_2$PO$_4$ in Wasser, mit H$_3$PO$_4$ auf pH 3 gestellt; Detektor: UV 210 nm;
1) Nitrit (aus Nitrat während der Probenvorbereitung entstanden); 2) Bromid;
3) Nitrat

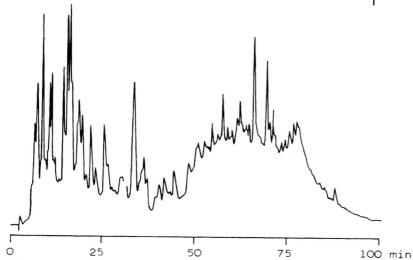

Abb. 11.5 Trennung von Steinkohlenteernormalpech auf einer Nitrophase (nach
G. P. Blümer, R. Thoms und M. Zander, Erdöl + Kohle, Erdgas, Petrochem. 31
(1978) 197)
Säulen: 2 × 4 mm × 20 cm und Vorsäule; stationäre Phase: Nucleosil NO$_2$
5 µm; mobile Phase: Hexan/Chloroform, Gradientenelution; Detektor: UV 300
nm; Empfindlichkeit: 1 AUFS, nach 30 min 0,4 AUFS

12
Ionenaustausch-Chromatographie

12.1
Einführung

Die Ionenaustausch-Chromatographie dient bereits seit 1956 zur Trennung von Aminosäuren. Diese frühen Trennungen sind von Aufwand und Ertrag her mit der klassischen Säulenchromatographie auf Silicagel oder Aluminiumoxid zu vergleichen. Die verwendeten Harze oder Gele waren relativ grobkörnig, die Drucke niedrig und die Chromatographie von komplexen biologischen Gemischen dauerte nicht selten Tage. Deswegen kamen jedoch gerade aus der Biochemie wichtige Impulse zur instrumentellen Ausrüstung, Automatisierung und Optimierung, welche schließlich zur modernen Hochdruckflüssigchromatographie führten.

Heute werden auch in der Ionenaustausch-Chromatographie hochleistungsfähige und druckfeste stationäre Phasen eingesetzt, sodass man hier ebenfalls von HPLC sprechen kann: Komplexe Gemische können in kurzer Zeit getrennt werden.

12.2
Prinzip

Das Prinzip der Ionenaustausch-Chromatographie lässt sich von der Adsorptions-Chromatographie her leicht verstehen. Dort trägt das Adsorbens „aktive Stellen", welche mit den in der Nähe befindlichen Molekülen in eine mehr oder weniger genau definierte „Wechselwirkung" treten. Probemoleküle und Lösungsmittelmoleküle konkurrenzieren untereinander um die Adsorption.

Eine stationäre Phase, die zum Ionenaustausch befähigt ist, trägt dagegen elektrische Ladungen an der Oberfläche. In das Harz oder Gel sind ionische Gruppen wie $SO_3^{\ominus}$, $COO^{\ominus}$, $NH_3^{\oplus}$ oder $NR_3^{\oplus}$ eingebaut. Die Ladungen sind durch bewegliche Gegenionen neutralisiert. Die mobile Phase enthält Ionen, und ionische Probemoleküle konkurrenzieren mit ihnen um einen Platz auf der Oberfläche der stationären Phase.

Abbildung 12.1 zeigt einen Kationenaustauscher, da er mit Kationen eine Bindung eingeht. Ein Harz mit $SO_3^{\ominus}$-Gruppen ist ein starker Kationenaustauscher, ein $COO^{\ominus}$-Harz dagegen ein schwacher.

Ein Anionenaustauscher trägt $NR_3^{\oplus}$- (stark) oder $NR_2H^{\oplus}$- oder $NH_3^{\oplus}$-Gruppen (schwach). Er geht mit negativ geladenen Anionen eine Bindung ein.

Wie kann nun eine Konkurrenz zwischen Ionen der mobilen Phase und der Probe, die ja Voraussetzung für eine chromatographische Trennung ist, auftreten? Es ist dazu notwendig, die günstigen Voraussetzungen zu schaffen, indem
– der Typ des Ionenaustauschers,
– der pH-Wert der mobilen Phase,
– die Ionenstärke (= Konzentration) der mobilen Phase,
– die Art der Gegenionen in der mobilen Phase
richtig gewählt und wenn nötig variiert werden. Diese Optimierung der Trennung erfolgt häufig empirisch, obwohl es natürlich gewisse Regeln zu beachten gilt. Da viele Größen die Trennung beeinflussen, ist eine Voraussage der Elutionsreihenfolge oft unmöglich.

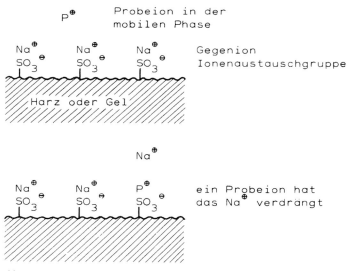

Abb. 12.1 Kationenaustauscher

12.3
Eigenschaften von Ionenaustauschern

Bei Ionenaustauschern sind viele Abkürzungen gebräuchlich; einige oft verwendete finden sich nachstehend. Man beachte, dass die ersten vier Abkürzungen den Typ des Ionenaustauschers bezeichnen, während sich die übrigen auf seine funktionelle Gruppe beziehen.

Abkürzung	Bedeutung		Typ
SAX	starker Anionenaustauscher (Strong Anion eXchanger)		
WAX	schwacher Anionenaustauscher (Weak Anion eXchanger)		
SCX	starker Kationenaustauscher (Strong Cation eXchanger)		
WCX	schwacher Kationenaustauscher (Weak Cation eXchanger)		
AE	Aminoethyl	$-CH_2-CH_2-NH_3^+$	WAX
CM	Carboxymethyl	$-CH_2-COO^-$	WCX
DEA	Diethylamin	$-NH(CH_2-CH_3)_2^+$	WAX
DEAE	Diethylaminoethyl	$-CH_2-CH_2-NH(CH_2-CH_3)_2^+$	WAX
DMAE	Dimethylaminoethanol	$-O-CH_2-CH_2-NH(CH_3)_2^+$	WAX
PEI	Polyethylenimin	$(-NH-CH_2-CH_2-)_n-NH_3^+$	WAX
QA	quat. Amin	$-NR_3^+$ (R z. B. CH_3)	SAX
QAE	quat. Aminoethyl	$-CH_2-CH_2-N(CH_2-CH_3)_3^+$	SAX
SA	Sulfonsäure	$-SO_3^-$	SCX

Alle diese funktionellen Gruppen können auf organische Harze wie Styrol-Divinylbenzol oder auf Silicagel gebunden werden (man beachte jedoch die begrenzte chemische Stabilität von gebundenen Phasen auf Silicagel, wie in Abschnitt 7.5 beschrieben). Die Ligandendichte, welche mit der maximalen Austauschkapazität identisch ist, beträgt etwa 3 meq (Milliäquivalente) pro Gramm bei S-DVB und etwa 1 meq pro Gramm bei Silicagel; allerdings hat Silicagel eine höhere Dichte, sodass die Kapazität pro Volumeneinheit der gepackten HPLC-Säule in beiden Fällen etwa gleich groß ist.

Starke Anionen- und Kationenaustauscher sind über den ganzen für die HPLC nutzbaren pH-Bereich geladen, somit kann ihre Kapazität nicht durch eine Änderung des pH-Werts beeinflusst werden. Man verwendet sie für die Trennung von schwachen Säuren oder Basen, und die treibende Kraft der Trennung ist die Ladung der Analyten, welche, je nach pH-Wert, nicht vollständig ionisiert sind. Wenn dagegen starke Säuren oder Basen in der Probe vorliegen, so wird deren Retentionsverhalten durch eine Änderung des pH-Werts der mobilen Phase kaum beeinflusst, weil sie über einen weiten Bereich ionisiert sind. Somit ist es wenig sinnvoll, auf einem starken Ionenaustauscher die Trennung von starken Säuren oder Basen zu versuchen. Bei extremen pH-Werten können starke Kationenaustauscher

in der H$^+$-Form (unter pH 2) und starke Anionenaustauscher in der
OH$^-$-Form (oberhalb von pH 10) viele Reaktionen katalysieren und
dadurch die Probe verändern (Ester- und Peptidhydrolyse, Dispro-
portionierung von Aldehyden).

Die Kapazität, das heißt das Retentionsverhalten von schwachen
Austauschern wird durch den pH-Wert der mobilen Phase beeinflusst. Ein schwacher Kationenaustauscher ist nicht dissoziiert,
wenn der pH-Wert deutlich (etwa 2 pH-Einheiten) unter seinem
pK_S-Wert liegt. Der Ionenaustauscher befindet sich in der H$^+$-Form
und die Protonen sind zu stark gebunden, als dass sie mit den Pro-
benkationen austauschen könnten; seine Kapazität ist minimal.

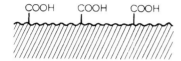

Abb. 12.2 a Undissoziierter Kationenaustauscher

Bei einem pH-Wert deutlich über seinem pK_S-Wert ist dieser Kationenaustauscher vollständig dissoziiert, und seine ionischen Gruppen können mit maximaler Kapazität mit den Probenmolekülen in
Wechselwirkung treten.

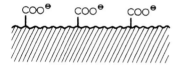

Abb. 12.2 b Dissoziierter Kationenaustauscher

Bei einem pH-Wert in der Nähe des pK_S-Werts ist der schwache
Kationenaustauscher nur teilweise dissoziiert.

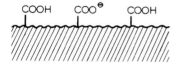

Abb. 12.2 c Teilweise dissoziierter Kationenaustauscher

Für schwache Anionenaustauscher ist die Situation analog, aber ihre
Kapazität ist bei tiefem pH hoch und bei hohem pH tief. Das ideale
Verhalten von schwachen Ionenaustauschern in Abhängigkeit des
pH ist in Abbildung 12.3 gezeigt. Als typische pK_S-Werte wurden
4,2 und 9,0 gewählt.

Kationenaustausch-Kapazität Anionenaustausch-Kapazität

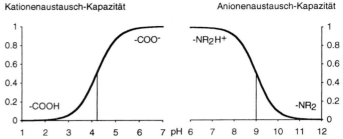

Abb. 12.3 Austauschkapazität eines schwachen Kationenaustauschers mit pK_S 4,2 (links) und eines schwachen Anionenaustauschers mit pK_S 9,0 (rechts)

12.4
Der Einfluss der mobilen Phase

Natürlich sind auch Säure- und Basenkonstanten Massenwirkungskonstanten, nur hat sich für Säuren und Basen eine spezielle Bezeichnung eingebürgert. Allgemeine Definition einer Massenwirkungskonstante:

$$K = \frac{[C]\,[D]}{[A]\,[B]}$$ *für die Reaktion*

A + B → C + D. Eckige Klammern bedeuten Konzentrationen.

Bei der Ionenaustausch-Chromatographie greifen mehrere Gleichgewichte ineinander über; diese werden von Massenwirkungs- und Säure- resp. Basenkonstanten beherrscht.

Der Ionenaustausch ist bei dem in Abbildung 12.4 gezeigten Beispiel abhängig von
– Konkurrenz zwischen Probeionen $P^{\oplus}$ und Gegenionen (Pufferionen) $Na^{\oplus}$, ausgedrückt durch K_1,
– der Ionenstärke (Konzentration) der Gegenionen,
– der Ionenstärke der Probeionen,
– der Basenstärke der Probe, ausgedrückt durch K_2 (pK_S-Wert)
– der Säurestärke des Kationenaustauschers, ausgedrückt durch K_3,
– dem pH-Wert der mobilen Phase.

Es folgt daraus:
1. *Erhöhen der Ionenstärke des Gegenions verkleinert die Retentionszeit* (das Gleichgewicht K_1 liegt so, dass die Gegenionen bevorzugt gebunden werden und die $P^{\oplus}$ in Lösung gehen müssen).

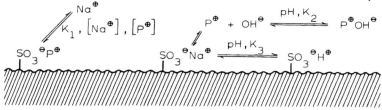

Abb. 12.4 Gleichgewichte beim Kationenaustausch

2. *Erhöhen des pH-Wertes verkleinert beim Kationenaustausch die Retentionszeit* (das Gleichgewicht K_2 in Abbildung 12.4 wird nach rechts verschoben, das undissoziierte $P^{\oplus}OH^{\ominus}$ kann mit den Austauschergruppen nicht in Wechselwirkung treten).
Ausnahme: Schwache Kationenaustauscher sind bei hohen pH-Werten höher dissoziiert, was zu besserer Wechselwirkung mit der Probe und langsamerer Elution führt. Einer der beiden Effekte wird dominieren.

Umgekehrt gilt:
3. *Erniedrigen des pH-Wertes verkleinert beim Anionenaustausch die Retentionszeit. Ausnahme: Schwache Anionenaustauscher sind bei kleinen pH-Werten höher dissoziiert, was zu langsamerer Elution führt.*

Durch die richtige Wahl des Gegenions lässt sich der Ionenaustausch zusätzlich beeinflussen. Der Ionenaustauscher bevorzugt nämlich:
– das Ion mit höherer Ladung
– das Ion mit kleinerem Durchmesser
– das Ion mit besserer Polarisierbarkeit (mit besserer Möglichkeit zum Verschieben von elektrischen Ladungen, d. h. besserer Induzierbarkeit eines Dipols). Gut polarisierbare Ionen nennt man *weich*, schlecht polarisierbare *hart*.
4. *Beim Kationenaustausch steigt die Retentionszeit, wenn das Gegenion in folgender Reihenfolge durch ein anderes ausgetauscht wird:*
$Ba^{2+} - Pb^{2+} - Sr^{2+} - Ca^{2+} - Ni^{2+} - Cd^{2+} - Cu^{2+} - Co^{2+} - Zn^{2+} - Mg^{2+} - Mn^{2+} - UO_2^{2+} - Te^+ - Ag^+ - Cs^+ - Rb^+ - K^+ - NH_4^+ - Na^+ - H^+ - Li^+$
Beispiel: K^+-Lösungen eluieren schneller als Li^+-Lösungen. (Die genaue Reihenfolge ist jedoch vom verwendeten Kationenaustauscher abhängig!) Am häufigsten werden K^+, NH_4^+, Na^+ und H^+ verwendet.
5. *Beim Anionenaustausch steigt die Retentionszeit, wenn das Gegenion in folgender Reihenfolge durch ein anderes ausgetauscht wird:*

Citrat – Sulfat – Oxalat – Tartrat – Iodid – Borat – Nitrat – Phosphat – Chromat – Bromid – Rhodanid – Cyanid – Nitrit – Chlorid – Formiat – Acetat – Fluorid – Hydroxid – Perchlorat
Beispiel: Nitratlösungen eluieren schneller als Chloridlösungen.
(Die genaue Reihenfolge ist vom verwendeten Anionenaustauscher abhängig!)

In der Praxis vermeidet man korrosive, reduzierende und stark UV-absorbierende Anionen und verwendet meistens Phosphat, Borat, Nitrat und Perchlorat, seltener auch Sulfat, Acetat und Citrat.

12.5
Spezielle Möglichkeiten für den Ionenaustausch

Ionenaustausch-Trennungen können nebst dem reinen Ionenaustausch auch durch viele weitere Prozesse beeinflusst werden. In solchen Fällen bezeichnet man den gemischten Retentionsmechanismus als *Ion-moderated Partition*. Dabei können gleichzeitig einzelne oder mehrere der folgenden Mechanismen auf die Analyten (organische Säuren und Basen, Kohlenhydrate, Alkohole, Metaboliten) wirken: Ionenaustausch, Ionenausschluss, Verteilung in normaler oder umgekehrter Phase, Ligandaustausch und Ausschusschromatographie nach Größe.

Schwermetallkationen können als chemische Komplexe mit Anionenaustauschern getrennt werden: z. B. bildet Fe^{3+} mit Chlorid einen stabilen Komplex:

$$Fe^{3+} + 4\ Cl^- \rightleftharpoons FeCl_4^-$$

Ein Ligand ist ein Molekül oder ein Ion, das mit einem Metallkation eine ziemlich stabile Bindung eingehen kann. Z. B. ist Ethylendiamintetraessigsäure (EDTA, Komplexon III) ein guter Ligand für viele Kationen. Die Komplexbildung kommt durch Lücken im Elektronensystem des Metallions, welche der Ligand ausfüllen kann, zustande.

Ligandaustauschreaktionen werden ebenfalls zur Ionenaustausch-Chromatographie gezählt, obwohl die beteiligten Liganden nicht ionisch sein müssen. Dazu wird das Harz oder Gel durch chemische Reaktion mit Kupfer oder Nickel belegt. Aminosäuren können als selektive Liganden wirken, wobei die mobile Phase Ammoniumionen (ebenfalls ein guter Ligand für Cu und Ni) enthält.

Zucker (und Zuckeralkohole) können mit Calcium und anderen Metallionen einen Komplex bilden, wenn drei ihrer OH-Gruppen in der Reihenfolge axial-äquatorial-axial vorliegen:

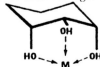

Deshalb sind calciumbeladene Kationenaustauscher wichtige stationäre Phasen für die Kohlenhydratanalytik, siehe Abbildung 12.5.
Ein weiterer Trennmechanismus, der auf Ionenaustauschern stattfinden kann, ist *Ionenausschluss*. Die ionischen funktionellen Gruppen des Ionenaustauschers stoßen durch elektrostatische Kraft gleichsinnig geladene Ionen ab, sodass sie nicht in das Porensystem der stationären Phase eindringen können. Die Trennung erfolgt nach dem Prinzip der Ausschluss-Chromatographie, welche im Kapitel 15 erklärt wird. (Es ist aber zu beachten, dass die Ursache für den Ausschlusseffekt in den beiden Fällen verschieden ist!) Die Ionen werden bei reinem Ionenausschluss innerhalb des Totvolumens der Säule eluiert. Abbildung 12.6 ist ein Beispiel zu dieser Methode, welche sehr leistungsfähig sein kann, mit den Ladungsverhältnissen:

J. S. Fritz, J. Chromatogr. 546 (1991) 111.

$$-SO_3^{\ominus} \rightleftarrows {}^{\ominus}OOC-R$$

stationäre Phase   Probe (Carbonsäure)

Die *Ionenchromatographie* ist ein wichtiger Spezialfall des Ionenaustausches und wird in Kapitel 14 behandelt.

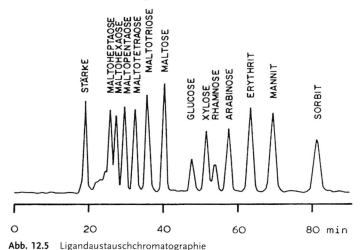

Abb. 12.5 Ligandaustauschchromatographie von Zuckern und Zuckeralkoholen (nach J. Schmidt, M. John und C. Wandrey, J. Chromatogr. 213 (1981) 151)
Säule: 7,8 mm × 90 cm; stationäre Phase: Calcium beladener Kationenaustauscher; mobile Phase: 1 ml/min Wasser; Temperatur: 85 °C; Detektor: Brechungsindex

12.6
Praktische Hinweise

Die *Probengröße* soll so bemessen sein, dass die Austauschkapazität der Säule zu höchstens 5% ausgenützt wird.

Aufgabe 27:
Der Kationenaustauscher LiChrosorb CXS hat eine Austauschkapazität von 850 µeq/g. Die Säule wurde mit 15 Gramm Gel gefüllt. Wie groß darf eine Probe von radioaktivem ^{24}NaCl höchstens sein?

Lösung:
Totale Austauschkapazität = 0,85 meq/g x 15 g = 12,75 meq
5% davon = 0,64 meq
molare Masse von ^{24}NaCl = 59,5 g/mol
0,64 mMol ^{24}NaCl = 38 mg

Die *Ionenstärke der mobilen Phase* soll der Austauschkapazität des verwendeten Ionenaustauschers angepasst sein. Muss man eine Trennung entwickeln, so beginne man mit einer Pufferstärke von 50 mM; tiefer als 20 mM sollte sie nicht liegen, da sonst keine wirksame Pufferung gewährleistet ist. Die verwendeten Salze sollen von hoher Reinheit sein.

pK$_S$-Wert einer Säure HA: HA dissoziiert in H$^+$ + A$^-$ Massenwirkungskonstante

$$K_S = \frac{[H^+]\,[A^-]}{[HA]}$$

pK$_S$ ist der negative dekadische Logarithmus des K$_S$. Entspricht der pH-Wert gerade dem pK$_S$-Wert, so ist die Säure HA zu 50% dissoziiert.

Der *pH-Wert der mobilen Phase* richtet sich nach der Säure- resp. Basenstärke der Probe, d. h. ihrem pK$_S$-Wert. In der Kationenaustausch-Chromatographie ist es günstig, den pH-Wert 1,5 Einheiten höher als den pK$_S$-Wert der zu trennenden Base zu wählen. Dann liegen weniger als 10% der Probemoleküle dissoziiert vor, sodass kleine Änderungen des pH-Werts eine große Änderung des Retentionsverhaltens bewirken. Umgekehrt ist zur Trennung von sauren Komponenten mit Anionenaustausch der pH-Wert ca. 1,5 Einheiten tiefer zu wählen als der pK$_S$-Wert der Probe. Der günstigste pH-Wert oder pH-Gradient muss empirisch gefunden werden.

Probe	pK$_S$-Wert	ungefährer pH-Wert des Eluens
aliphatische Amine	meist 9,5 ÷ 11	11 ÷ 12,5
aromatische Amine	4,5 ÷ 7	6 ÷ 8,5
Carbonsäuren	ca. 5	3,5
Phenole	ca. 10	8,5

Man beachte, dass wirksame Pufferung nur möglich ist, wenn vom pK$_S$-Wert des verwendeten Salzes oder der Säure um nicht mehr als eine Einheit abgewichen wird. Beispielsweise hat Phosphat die pK$_S$-Stufen 2,1, 7,2 und 12,3, sodass Puffer für die HPLC in den Bereichen von pH 1,1 bis 3,1 und 6,2 bis 8,2 hergestellt werden

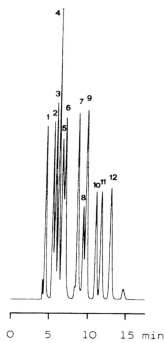

Abb. 12.6 Trennung von Carbonsäuren durch Ionenausschluss auf einem Kationenaustauscher (nach E. Rajakylä, J. Chromatogr. 218 (1981) 695)
Säule: 7,8 × 30 cm; stationäre Phase: Aminex HPX-879 μm; mobile Phase: 0,8
ml/ min 0,006 N H_2SO_4; Temperatur: 65 °C; Detektor: UV 210 nm;
1) Oxalsäure; 2) Maleinsäure; 3) Zitronensäure; 4) Weinsäure; 5) Gluconsäure;
6) Äpfelsäure; 7) Bernsteinsäure; 8) Milchsäure; 9) Glutarsäure; 10) Essigsäure;
11) Lävulinsäure; 12) Propionsäure

können (pH 12,3 ist viel zu basisch). Citrat hat die pK_S-Stufen 3,1,
4,7 und 5,4, Acetat hat pK_S 4,8. (Siehe auch Abschnitt 5.4.)
Zusätze zur mobilen Phase: Tritt ein Tailing auf, so kann dies oft
durch Zusatz eines mit Wasser mischbaren Lösungsmittels verringert werden. Bei Ionenaustauschern auf Styrolbasis und anderen organischen Harzen ist gelegentlich ein kleiner Zusatz eines Fungizi-
des notwendig, um ein Pilzwachstum zu vermeiden, z. B. Capron-
säure, Phenylquecksilber-II-Salze, Natriumazid, Trichlorbutanol, Tetrachlorkohlenstoff, Phenol.
In der Ionenaustausch-Chromatographie arbeitet man häufig bei höheren Temperaturen (60 bis 80°C), weil die Viskosität des Eluenten
dann kleiner ist, die Bodenzahl steigt und die Retentionszeiten kürzer werden.
Eine *Änderung der Form* des Ionenaustauschers ist durch Waschen
mit der neuen Lösung leicht möglich, wenn das neue Gegenion stärker als das alte bevorzugt wird. Beispiel:

$$R^-K^+ + AgNO_3 \rightarrow R^-Ag^+ + KNO_3$$
$$\text{resp. } R^+Cl^- + NH_4NO_3 \rightarrow R^+NO_3^- + NH_4Cl$$

Wird das neue Gegenion aber weniger bevorzugt als das alte, so muss der Austauscher zuerst in die H^+- resp. OH^--Form gebracht werden. Dazu wird die Säule mit einem Überschuss an Säure resp. Lauge gespült und anschließend mit Wasser neutral gewaschen.

$$R^-K^+ + HNO_3 \rightarrow R^-H^+ + KNO_3$$
$$\text{resp. } R^+Cl^- + NaOH \rightarrow R^+OH^- + NaCl$$

Dann wird eine Lösung des neuen Gegenions durch die Säule gepumpt; diese soll beim Kationenaustauscher einen möglichst hohen, beim Anionenaustauscher einen möglichst tiefen pH-Wert haben. Bei diesem Schritt entsteht Wasser, sodass das Gleichgewicht in die gewünschte Richtung verschoben wird:

$$R^-H^+ + Li^+ + OH^- \rightarrow R^-Li^+ + H_2O$$
$$\text{resp. } R^+OH^- + ClO_4^- + H^+ \rightarrow R^+ClO_4^- + H_2O$$

Vorsicht: Das Ausfallen von unlöslichen Salzen in der Säule muss vermieden werden!

12.7
Anwendungsbeispiele

Unter den Bedingungen von Abbildung 12.7 werden alle Lanthaniden innerhalb 30 Minuten getrennt (als Kationen). Die Elution erfolgt ohne Ausnahme in der Reihenfolge abnehmender Atommasse. Es fehlt das nicht natürlich vorkommende Promethium, welches in der auffallenden Lücke zwischen Samarium und Neodym eluiert werden müsste.

Der hohe Stand der Hochleistungs-Ionenaustausch-Chromatographie wird in Abbildung 12.8 mit der raschen Trennung von 22 Nucleotiden und verwandten Verbindungen demonstriert. Abbildung 12.9 ist ein Beispiel für die Trennung von Ribonucleinsäure, Desoxyribonucleinsäure und Plasmid in einem Zell-Lysat auf einer weitporigen (400 nm) Aminophase.
Weitere Beispiele: Abbildungen 18.1, 18.3 und 18.16.

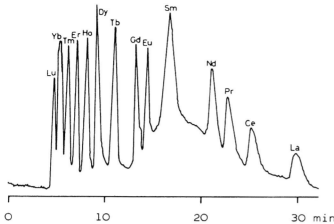

Abb. 12.7 Trennung der Lanthaniden mit Kationenaustausch (nach A. Mazzuco-telli, A. Dadone, R. Frache und F. Baffi, Chromatographia 15 (1982) 697)
Säule: 4 mm × 25 cm; stationäre Phase: Partisil SCX 10 μm; mobile Phase: 1,2 ml/min 2-Hydroxyisobuttersäure in Wasser; Gradient von 0,03 M bis 0,07 M; Detektor: VIS 520 nm nach Derivatisierung mit 4-(2-Pyridyl-azo)resorcinol

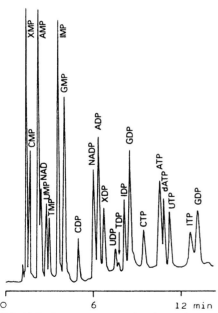

Abb. 12.8 Trennung von Nucleotiden und verwandten Verbindungen mit Anionenaustausch (nach D. Perrett, Chromatographia 16 (1982) 211)
Stationäre Phase: APS-Hypersil 5 μm; mobile Phase: A 0,04 M KH_2PO_4 pH 2,9; B 0,5 M KH_2PO_4 + 0,8 M KCl pH 2,9; linearer Gradient von A nach B in 13 min; Detektor: UV 254 nm

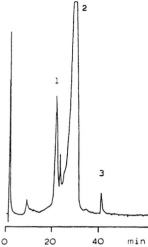

Abb. 12.9 Trennung des Zell-Lysats von
E. Coli, welches das Plasmid pBR 322 enthält
(nach M. Colpan und D. Riesner, J. Chromatogr. 296 (1984) 399)
Säule: 6,2 mm × 7,5 cm; stationäre Phase:
Nucleogen Dimethylamino 4000, 10 μm; mobile Phase: 2 ml/min Kaliumphosphat 20 mM
pH 6,9 mit Gradient von 0–1,5 M Kaliumchlo-
rid in 50 min; Detektor: UV 260 nm; 1) Zell-
RNA; 2) Zell-DNA; 3) Plasmid

13
Ionenpaar-Chromatographie

13.1
Einführung

Die Ionenpaar-Chromatographie ist eine Alternative zur Ionenaus-tausch-Chromatographie. Viele Probleme lassen sich mit beiden Methoden lösen, doch können Mischungen aus Säuren, Basen und Neutralstoffen unter Umständen nicht gut mit Ionenaustausch getrennt werden. Hier liegt denn auch ein wichtiges Einsatzgebiet der Ionenpaarchromatographie. Zu ihrer weiten Verbreitung hat auch beigetragen, dass als stationäre Phasen die in Kapitel 10 beschriebenen Umkehrphasen dienen.

Ionische Proben können mit Umkehrphasen-Chromatographie getrennt werden, wenn in der Probe nur schwache Säuren oder nur schwache Basen (nebst Neutralstoffen) vorliegen. Durch geeignete pH-Wahl wird erreicht, dass diese Stoffe in der undissoziierten Form vorliegen; man nennt dies „Ionenunterdrückung" (ion suppression). Die Ionenpaarchromatographie ist eine Weiterentwicklung dieses Prinzips. Der mobilen Phase wird ein organischer ionischer Stoff zugegeben, welcher mit einer entgegengesetzt geladenen Probenkomponente ein Ionenpaar bildet. Dieses ist eigentlich ein Salz, aber nach außen (d.h. in seinem chromatographischen Verhalten) ein nicht-ionisches organisches Molekül.

Bei starken Säuren oder Basen ist das Verfahren nicht anwendbar, weil diese über einen weiten pH-Bereich dissoziiert sind und zur Ionenunterdrückung extreme pH-Werte notwendig wären. Zur Lösung derartiger Analysenprobleme wurde die Ionenchromatographie entwickelt, siehe Kapitel 14.

$$\text{Probe}^{\oplus} + \text{Gegenion}^{\ominus} \rightarrow [\text{Probe}^{\oplus}\ \text{Gegenion}^{\ominus}]\ \text{Paar}$$
$$\text{Probe}^{\ominus} + \text{Gegenion}^{\oplus} \rightarrow [\text{Probe}^{\ominus}\ \text{Gegenion}^{\oplus}]\ \text{Paar}$$

Dieses Ionenpaar lässt sich mit Umkehrphase chromatographieren. Bei kationischen Proben setzt man z. B. Alkylsulfonat zu, bei anionischen z. B. Tetrabutylammoniumphosphat. Enthält die Probe sowohl kationische wie auch anionische Komponenten, so wird die eine Sorte mit dem Gegenion „maskiert", die andere durch geeignete pH-Wahl unterdrückt.

Ionenpaarchromatographie hat also folgende Vorteile bei der Trennung ionischer Proben:
– Die Trennung ist mit Umkehrphasen-Systemen möglich.
– Gemische aus Säuren, Basen und Neutralstoffen lassen sich trennen, ebenso amphotere Moleküle (diese tragen eine kationische und eine anionische Gruppe).
– Wenn die pK_S-Werte der Analyten sehr ähnlich sind, kann Ionenpaar-Chromatographie eine gute Wahl sein.
– Durch die Wahl des Gegenions lässt sich die Selektivität beeinflussen.

13.2
Praxis der Ionenpaar-Chromatographie

Übersichtsartikel mit Zusammenstellung von Phasenpaaren: E. Tomlinson, T. M. Jefferies und C. M. Riley, J. Chromatogr. 159 (1978) 315; B. A. Bidlingmeyer, J. Chromatogr. Sci 18 (1980) 525; R. Giebelmann, Pharmazie 42 (1987) 44.

R. Gloor und E. L. Johnson, J. Chromatogr. Sci. 15 (1977) 413.

Die Ionenpaar-Chromatographie ist für alle ionischen Stoffe geeignet, doch sind nicht alle Gegenionen in jedem Fall gleich günstig. Die folgende Tabelle zeigt geeignete Ionenpaare, die sich auf Umkehrphase mit Methanol/Wasser oder Acetonitril/Wasser chromatographieren lassen:

Gegenion	geeignet für
Quaternäre Amine, z.B. Tetramethyl-, Tetrabutyl-, Palmityltrimethylammonium	starke und schwache Säuren, Sulfonfarbstoffe, Carbonsäuren
Tertiäre Amine, z.B. Trioctylamin	Sulfonate
Alkyl- und Arylsulfonate, z.B. Methan-, Heptansulfonat, Camphersulfonsäure	starke und schwache Basen, Benzalkoniumsalze, Katecholamine
Perchlorsäure	sehr starke Ionenpaare mit vielen basischen Proben
Alkylsulfate, z.B. Laurylsulfat	ähnlich Sulfonsäuren, aber mit anderer Selektivität

Verschiedene Firmen bieten geeignete Reagenziensätze in gepuffertem Milieu an, obwohl es viele Anwender vorziehen, ihre mobile Phase selber auf ihr Trennproblem abgestimmt zu mischen. Beispiele (nach Waters):
– Tetrabutylammoniumphosphat $\oplus N(C_4H_9)_4$, gepuffert auf pH 7,5. Bildet Ionenpaare mit starken und schwachen Säuren und unterdrückt die Ionen schwacher Basen durch die Pufferung.

– Alkylsulfonsäuren $^{\ominus}SO_3(CH_2)_nCH_3$ mit n = 4–7, gepuffert auf pH 3,5. Bildet Ionenpaare mit starken und schwachen Basen und unterdrückt die Ionen schwacher Säuren durch die Pufferung. Je länger die Alkylkette, desto größer die Retentionszeit.

Amphotere Moleküle, wie p-Aminobenzoesäure

$$H_2N-\hspace{-0.3em}\langle\bigcirc\rangle\hspace{-0.3em}-COOH$$

Base — — Säure

können mit beiden Reagenzien chromatographiert werden. Mit dem ersten bildet die Säurefunktion ein Ionenpaar und die Aminogruppe ist dank der Pufferung undissoziiert. Mit dem zweiten ist es umgekehrt.

Mit diesen Reagenzien bieten einzig Mischungen aus starken und schwachen Säuren mit starken und schwachen Basen Probleme. Entweder liegen die starken Basen oder die starken Säuren ionisch vor. Solche Gemische sind aber doch eher selten.

Die k-Werte sind proportional zur Konzentration des Gegenions, sodass die Retentionszeiten nicht nur durch die Art, sondern auch durch die Konzentration des Ionenpaarreagens beeinflusst werden können. Zur Optimierung einer Trennung ist es unter Umständen notwendig, zwei Reagenzien anstatt nur eines zu verwenden, z. B. eine Mischung mit Pentan- und Octansulfonsäure. Auch in der Ionenpaar-Chromatographie kann, wie in der gewöhnlichen Umkehrphasen-Chromatographie, der k-Wert mit dem Gehalt an organischem Lösungsmittel in der mobilen Phase optimiert werden. Unter Umständen lassen sich mit konkurrenzierenden Stoffen (siehe Abschnitt 10.3) günstige Effekte erzielen.

Quarternäre Ammoniumsalze in alkalischem Milieu sind für Silicagel extrem schädlich! Eine Vorsäule vor dem Probenaufgabeventil, welche der Sättigung der mobilen Phase mit Silicagel dient, ist in solchen Fällen sehr zu empfehlen.

Gloor und *Johnson* (a. a. O.) geben einige Empfehlungen für das Arbeiten mit Ionenpaar-Chromatographie:

1. Verwende Ionenpaar-Chromatographie, wenn andere Methoden wie Umkehrphase und Ionenunterdrückung versagen oder wenn die Probe aus nicht ionischen und ionischen Stoffen zusammengesetzt ist.
2. Verwende eine Methanol/Wasser-Mischung als mobile Phase; eventuelle Probleme mit der Löslichkeit des Gegenions sind dadurch minimal. Wenn die Selektivität ungenügend ist, verwende Acetonitril, doch können die Löslichkeitseigenschaften anders sein.

3. Wähle das richtige Gegenion. Bei Proben, deren Komponenten sich in ihrer Molekülstruktur nur wenig unterscheiden, sind kurzkettige Gegenionen günstig. Ist eine größere Retention notwendig, so verwende ein langkettiges, hydrophobes Gegenion.

4. Man überzeuge sich von der Löslichkeit des Gegenions bei allen während der Analyse vorkommenden Mischungsverhältnissen der mobilen Phase (Gradientenelution!).

5. Wähle den pH-Wert der mobilen Phase so, dass die Probe maximal ionisiert ist. Die pH-Verträglichkeit von Silicagel als Basis der gebundenen stationären Phase (pH 2 bis pH 7,4) muss allerdings berücksichtigt werden.

6. Als stationäre Phase wähle man für den ersten Versuch eine monomere C_{18}- oder C_8-Umkehrphase. Kürzere Alkylketten scheinen zuwenig stabil zu sein.

7. Entgase die mobile Phase *vor* der Zugabe des Gegenions, um Schaumprobleme zu vermeiden (speziell bei langkettigen, detergenzien-ähnlichen Verbindungen wichtig).

8. Konzentration: Ionenpaar-Reagenzien sollten im Bereich 1–10 mM gebraucht werden (eher kleinere Konzentration bei langkettigem Gegenion und umgekehrt). Wenn ein Puffer zur Aufrechterhaltung des gewünschten pH-Werts nötig ist, so füge man bei Gradientensystemen gleichviel Puffer zu allen beteiligten Lösungsmitteln. Die Bestandteile des Puffers sollen schlechte Ionenpaareigenschaften, jedoch gute Lösungseigenschaften haben.

9. Trennung durch Lösungsmittelgradient, Veränderung der Gegenionen- oder der Pufferkonzentration etc. optimieren. Wenn die Probe neben ionischen auch nicht ionische Komponenten enthält, so optimiere man zuerst die Trennung der Nichtionen und suche dann ein Gegenion, welches die Ionen mit günstigen Retentionszeiten eluiert.

10. Nie die Pumpe abstellen, solange sich Gegenion-Reagenz in Leitungen und Säule befindet. Während der Nacht einen langsamen Fluss von 3 bis 5 ml/h unterhalten, um das Ausfallen von Salzen zu vermeiden.

11. UV-Transparenz des Gegenions prüfen!

Fünf weitere Tipps:

12. Größere Probenmengen lassen sich eventuell besser trennen, wenn die Probe schon vor der Injektion als Ionenpaar vorliegt. Dazu fügt man der Probenlösung eine ungefähr stöchiometrische Menge an Gegenion zu, wobei auf maximale Ionisation durch entsprechende Einstellung des pH-Werts zu achten ist.

13. Beachte: Ionenpaar-Reagenzien sind grundsätzlich eher schädlich für Silicagel.

14. Säulen, die für die Ionenpaarchromatographie verwendet werden, für diese Methode reservieren.
15. Ionenpaar-Systeme setzen sich nur langsam ins Gleichgewicht. Muss die Zusammensetzung der mobilen Phase geändert werden, so sind mindestens 20 Säulenvolumina zur Äquilibrierung notwendig.
16. Ionenpaar-Gleichgewichte sind temperaturabhängig, sodass Thermostatisierung empfehlenswert ist.

13.3
Anwendungsbeispiele

Je ein Beispiel zur Trennung von Kationen (mit anionischem Reagens) und Anionen (mit kationischem Reagens).

Weiteres Beispiel: Abbildung 21.2.

13.4
Anhang: UV-Detektion mit Hilfe von Ionenpaar-Reagenzien

Wenn die wässrige mobile Phase hydrophobe, UV-absorbierende Ionen und zudem hydrophile Ionen, zum Beispiel Salze, enthält, so lassen sich damit interessante Effekte erzielen. Bei der Injektion einer Probe wird das Verteilungsgleichgewicht des UV-absorbierenden Ions zwischen mobiler und stationärer Phase auf definierte Weise gestört. In der Folge bewirken die Probekomponenten im UV-Detektor ein Signal, auch wenn sie selbst nicht UV-absorbierend sind. Die Methode ist also ein Spezialfall der indirekten Detektion wie in Abschnitt 6.9 beschrieben.

M. Denkert, L. Hackzell, G. Schill und E. Sjögren, J. Chromatogr. 218 (1981) 31; L. Hackzell und G. Schill, Chromatographia 15 (1982) 437.

Die Chromatogramme von derartigen Trennsystemen zeigen positive und negative Peaks, je nach Ladung und k-Werten der Probekomponenten sowie einen oder mehrere „Systempeaks" (Peaks, die nicht einer Komponente zuzuordnen sind). Diese Phänomene sind in der Originalliteratur detailliert beschrieben und begründet.

Um gute Resultate zu erhalten, ist es empfehlenswert, die mobile Phase nach den folgenden Richtlinien zusammenzustellen:

– Höchste Empfindlichkeit wird erhalten, wenn die k-Werte von Probe (d. h. der interessierenden Komponente) und des Systempeaks, welcher vom Ionenpaarreagens herrührt, nahe beieinander liegen. Aus dem gleichen Grund soll der Extinktionskoeffizient des Ionenpaarreagens hoch sein.

E. Arvidsson, J. Crommen, G. Schill und D. Westerlund, J. Chromatogr. 461 (1989) 429.

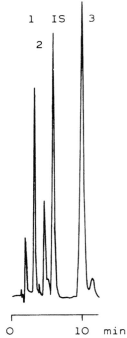

Abb. 13.1   Katecholamine in Urin
(nach Bioanalytical Systems)
Stationäre Phase: Octylsilan; mobile Phase: Citrat-
Phosphatpuffer pH 4,0 mit 7% Methanol und 80
mg/l Natriumoctylsulfat; Detektor: elektrochemisch
+ 700 mV; Probenvorbereitung beschrieben in:
R. M. Riggin et al., Anal. Chem. 49 (1977) 2109;
1) Norepinephrin   160 ng/ml ⎫
2) Epinephrin   31 ng/ml ⎬ im Urin
3) Dopamin   202 ng/ml ⎭
IS) 3,4-Dihydroxybenzylamin (interner Standard)

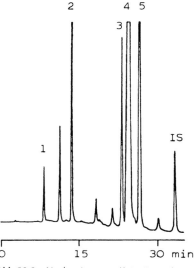

Abb. 13.2   Nachweis von α-Ketosäuren in
Plasma (nach T. Hayashi, H. Tsuchiya und
H. Naruse, J. Chromatogr. 273 (1983) 245)
Probe: Extrakt aus 50 µl Humanplasma, derivatisiert mit o-Phenylendiamin; Säule: 4 mm
× 25 cm; stationäre Phase: LiChrosorb RP-8
5 µm; mobile Phase: 1 ml/min 1 mM Tetra-
propylammoniumbromid in 50 mM Phos-
phatpuffer/Acetonitril; Gradient von 5 bis
60% Acetonitril; Temperatur: 50 °C; Detektor: Fluoreszenz 350/410 nm
1) α-Ketoglutarsäure
2) Brenztraubensäure (α-Ketopropionsäure)
3) α-Ketoisovaleriansäure
4) α-Ketoisocapronsäure
5) α-Keto-β-methylvaleriansäure
IS) α-Ketocaprylsäure (interner Standard)

– Je einfacher die mobile Phase zusammengesetzt ist, desto weniger Probleme mit ungenügender Empfindlichkeit oder komischen Peakformen treten auf. Am günstigsten ist es, wenn die mobile Phase nur das Ionenpaarreagens und ein hydrophiles Puffersalz enthält.

– Das Ionenpaarreagens soll aprotisch sein.

– Die Pufferkapazität und -konzentration sollen nicht zu klein sein.

Abbildung 13.3 illustriert dieses Trenn- und Detektionsverfahren.

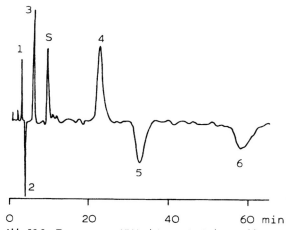

Abb. 13.3 Trennung von UV-inaktiven anionischen und kationischen Verbindungen
(nach M. Denkert et al., a.a.O.)
Vor dem Systempeak werden Anionen als positive, Kationen als negative Peaks detektiert, nach dem Systempeak ist es umgekehrt. Säule: 3,2 mm × 10 cm; stationäre Phase: μBondapak Phenyl 10 μm; mobile Phase: 0,5 ml/min 4 · 10^{-4} M Naphthalin-2-sulfonat in 0,05 M Phosphorsäure; Detektor: UV 254 nm; 1) Butylsulfat; 2) Pentylamin; 3) Hexansulfonat; 4) Heptylamin; 5) Octansulfonat; 6) Octylsulfat; S) Systempeak

J. Weiß, Ionenchromatographie, Wiley-VCH, 3. Auflage, Weinheim 2001; C. Eith, M. Kolb, A. Seubert und K. H. Viehweger, Praktikum der Ionenchromatographie, Metrohm (Herisau, Schweiz) 2001.

R. D. Rocklin, J. Chromatogr. 546 (1991) 175; W. W. Buchberger, Trends Anal. Chem. 20 (2001) 296.

14
Ionenchromatographie

14.1
Prinzip

Ionenchromatographie ist eine spezielle Technik, welche für die Trennung von anorganischen Ionen und organischen Säuren entwickelt wurde. Das übliche Detektionsverfahren ist die Messung der elektrischen Leitfähigkeit, obwohl geeignete Analyten im UV oder, eventuell nach Derivatisierung, im sichtbaren Licht detektiert werden können. Typische Anwendungen sind die Analyse von:
– Anionen in Trink- und Brauchwasser (die wichtigsten sind Chlorid, Nitrat, Sulfat und Hydrogencarbonat);
– Nitrat in Gemüse;
– Fluorid in Zahnpasta;
– Bromid, Sulfat und Thiosulfat in Fixierbädern;
– organischen Säuren in Getränken;
– Ammonium, Kalium, Nitrat und Phosphat in Boden und Dünger;
– Natrium und Kalium in klinischen Proben wie Körperflüssigkeiten und Infusionslösungen.

Die stationären Phasen für die Ionenchromatographie besitzen eine kleinere Austauschkapazität als diejenigen, die für klassischen Ionenaustausch nach Kapitel 12 verwendet werden. Daher kann die Ionenstärke des Eluenten gering sein, typischerweise im Bereich von 1 mM. Verdünnte mobile Phasen haben eine tiefe Leitfähigkeit, was die Detektion erleichtert. Allerdings ist die Eigenleitfähigkeit auch von Lösungen mit kleiner Konzentration an Elektrolyten immer noch zu hoch, um Leitfähigkeitsdetektion ohne spezielle Massnahmen zu erlauben. Zwei Prinzipien für die Eliminierung der Eigenleitfähigkeit werden eingesetzt, die elektronische und die chemische Unterdrückung.

14.2
Unterdrückungstechniken

Elektronische Unterdrückung ist möglich, wenn die mobile Phase nach möglichst geringer Leitfähigkeit ausgesucht wird, was beispielsweise bei Phthalatpuffern der Fall ist. Der Detektor muss die Eigenleitfähigkeit durch seine Elektronik kompensieren können. Ein solches Trennsystem weist eine gute Linearität der Kalibriergerade über einen weiten Bereich auf, aber die Nachweisgrenze ist recht hoch. Aus historischen Gründen nennt man es auch *Ein-Säulen-Ionenchromatographie*.

Chemische Unterdrückung eliminiert die Pufferionen auf chemischem Weg zwischen Säule und Detektor. Das Eluat fliesst durch eine kleine, gepackte Säule mit Ionenaustauscherharz oder durch einen ionendurchlässigen Membranschlauch oder eine Hohlfaser. Die Pufferkationen werden durch H^+ ersetzt, Anionen durch OH^-, und es bildet sich Wasser, das eine sehr geringe Leitfähigkeit hat. Abbildung 14.1 erklärt die Reaktionen in der Unterdrückersäule bei der Trennung von Kationen mit verdünnten Säuren als Eluenten (links) und bei der Trennung von Anionen mit verdünnten Basen als Eluenten (rechts). Die Unterdrückersäule wird mit einer passenden Pufferlösung oder mit elektrochemisch erzeugten OH^-- bzw. H^+-Ionen regeneriert. Wenn man zwei solcher Säulen parallel benützt, so kann die eine für die Unterdrückung des Eluats eingesetzt werden, während die andere regeneriert wird. Bei der nächsten chromatographischen Trennung wird die erste Säule regeneriert und die andere wirkt als Unterdrücker. Falls ein Membran- oder Faserunterdrücker verwendet wird, so spült man ihn auf der Aussenseite kontinuierlich mit einer basischen (bei Kationenanalyse) oder sauren (bei Anionenanalyse) Lösung, sodass die durchtretenden Ionen durch Wasser ersetzt werden. Es ist offensichtlich, dass ein System mit chemischer Unterdrückung auch *Zwei-Säulen-Ionenchromatographie* genannt wird. Sein linearer Bereich ist beschränkt, aber die Nachweisgrenze ist tiefer als mit elektronischer Unterdrückung.
Die Leitfähigkeit ist stark temperaturabhängig, sodass der Detektor sorgfältig thermostatisiert werden muss.

14.3
Phasensysteme

Mobile und stationäre Phase müssen aufeinander abgestimmt sein, weil nicht jeder Eluent mit den aktiven Stellen eines bestimmten Ionenaustauschers in geeignete Wechselwirkung treten kann. Typi-

C. Sarzanini, J. Chromatogr. A 956 (2002) 3.

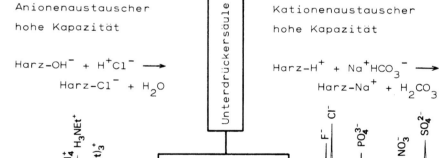

Trennung von Kationen   Trennung von Anionen

Puffer 10^{-3} M

HCl, HNO$_3$ NaHCO$_3$, Na$_2$CO$_3$, NaOH

Probe

Alkalimetalle   anorganische Anionen
Erdalkalimetalle   organische Säuren
Ammonium   organische Phosphate
Amine

Trennsäule

Kationenaustauscher   Anionenaustauscher

kleine Kapazität   kleine Kapazität

Unterdrückersäule

Anionenaustauscher   Kationenaustauscher
hohe Kapazität   hohe Kapazität

Harz–OH$^-$ + H$^+$Cl$^-$ $\longrightarrow$ Harz–H$^+$ + Na$^+$HCO$_3^-$ $\longrightarrow$

Harz–Cl$^-$ + H$_2$O   Harz–Na$^+$ + H$_2$CO$_3$

Leitfähigkeits-
detektor

Abb. 14.1 Ionenchromatographie mit Unterdrückersäule

sche mobile Phasen für Trennungen mit elektronischer Unterdrükkung sind verdünnte Phthalsäure oder Benzoesäure, eventuell mit einem kleinen Zusatz von Aceton oder Methanol (zur Selektivitätsbeeinflussung) für Anionen bzw. Salpetersäure, Oxalsäure, Weinsäure, Zitronensäure oder Dipicolinsäure (als Komplexbildner) für Kationen. Chemische Unterdrückung wird praktisch nur in der Anionenanalytik eingesetzt, wobei Carbonat-/Hydrogencarbonat-, Natronlauge- oder Kalilauge-Eluenten verwendet werden. Mobile Phasen mit Kaliumhydroxid können elektrochemisch aus Wasser und einer käuflichen Kartusche mit Kalium-Elektrolytlösung erzeugt werden, so dass man am Arbeitsplatz keinen Eluenten herstellen und überwachen muss.

Mit Carbonat in der mobilen Phase ist immer ein Systempeak (siehe Abschnitt 19.11) zu beobachten, dessen Lage von der verwendeten Säule abhängt; er kann nahe beim oder unter dem Chloridpeak liegen (weshalb man in Wässern oft die Summe von Cl^- und CO_3^{2-} bestimmt) oder aber erst viel später auftreten. Das Carbonat-Hydrogencarbonat-Gleichgewicht wird durch CO_2 in der Luft beeinflusst, so dass das Eluentenreservoir mit einem CO_2-Absorber versehen werden muss.

Das Grundmaterial für die stationäre Phase besteht bei Anionen-Trennsäulen aus Polystyrol-Divinylbenzol, Polymethacrylat (mit beschränkter Druckbeständigkeit) oder Polyvinylalkohol. Die Ionenaustauschergruppe ist meist ein Derivat von Trimethylamin oder Dimethylethanolamin. Kationen-Trennsäulen sind auf Silicagel-, Polyethylen- oder Polybutadienmaleinsäure-Basis. Die Ionenaustauschergruppen können chemisch gebunden sein. Es gibt aber auch zahlreiche Phasen, deren Funktionalität auf kleinen Latexkügelchen mit quaternären Aminogruppen beruht. Diese Kügelchen sind nur etwa 0,1 μm gross und werden durch elektrostatische und van-der-Waals-Kräfte auf dem sulfonierten Packungsmaterial festgehalten (Abbildung 14.2). Solche Phasen zeigen gute Stoffaustauscheigenschaften, weil die Diffusionswege kurz sind, und damit relativ hohe Trennstufenzahlen, sind aber chemisch eher weniger stabil als Materialien mit chemisch gebundenen Austauschergruppen.

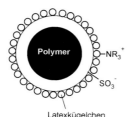

Latexkügelchen

Abb. 14.2 Anionenaustauscher mit aggregierten Latexkügelchen

14.4
Anwendungen

Abbildung 14.3 zeigt die Analyse von organischen Säuren und anorganischen Ionen in Wein, Abbildung 14.4 die ionenchromatographische Trennung von Anionen in Regenwasser.

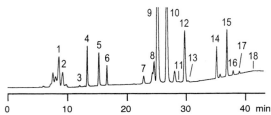

Abb. 14.3 Trennung von organischen Säuren (als Anionen) und anorganischen Anionen in Wein (nach Dionex)

Säule: 4 mm × 25 cm und Vorsäule; stationäre Phase: IonPac AS11-HC; mobile Phase: 1,5 ml/min, nichtlinearer Gradient von 1 bis 60 mM NaOH und von 0 bis 20 % Methanol; Temperatur: 30°C; Detektor: Leitfähigkeit nach Unterdrückersäule. 1) Lactat; 2) Acetat; 3) Formiat; 4) Pyruvat; 5) Galacturonat; 6) Chlorid; 7) Nitrat; 8) Succinat; 9) Maleat; 10) Tartrat; 11) Fumarat; 12) Sulfat; 13) Oxalat; 14) Phosphat; 15) Citrat; 16) Isocitrat; 17) cis-Aconitat; 18) trans-Aconitat

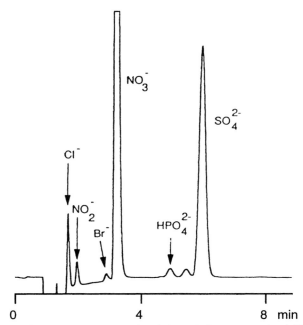

Abb. 14.4 Trennung von anorganischen Anionen in Regenwasser (nach W. Sho-
tyk, J. Chromatogr. 640 (1993) 309)
Stationäre Phase: AS4A; mobile Phase: 1,8 mM Na_2CO_3 + 1,7 mM $NaHCO_3$;
Detektor: Leitfähigkeit nach Membranunterdrücker. Konzentrationen in ng/g:
Chlorid 17, Nitrit 51, Bromid 5, Nitrat 1329, Hydrogenphosphat 50, Sulfat 519

15
Ausschluss-Chromatographie

15.1
Prinzip

Die Ausschluss-Chromatographie unterscheidet sich grundsätzlich von allen anderen Methoden der Chromatographie. Hier bewirken nicht irgendwelche Wechselwirkungen die Trennung, sondern ein einfacher Klassierungsprozess nach Molekülgröße.

Die Packung in der Säule ist ein poröses Material. Den Probemolekülen, welche zu groß sind, um in die Poren eindiffundieren zu können, steht nur das Volumen zwischen den einzelnen Körnern der stationären Phase zur Verfügung: sie werden *ausgeschlossen*. Ihnen erscheint die Säule wie mit massiven, undurchdringlichen Kugeln gefüllt. Da diese Kugeln keine Anziehungskraft auf sie ausüben (keine Wechselwirkung mit ihnen eingehen), werden diese Moleküle von der mobilen Phase auf dem schnellstmöglichen Weg durch die Säule transportiert.

Sind dagegen auch Moleküle anwesend, die dank ihrer Kleinheit in alle Poren hineingelangen können, so steht ihnen das gesamte Volumen der mobilen Phase zur Verfügung. Da in den Poren die mobile Phase stagniert, bewegen sich die Moleküle darin nur durch Diffusion fort und werden gegenüber den ausgeschlossenen verzögert. Sie erscheinen als letzte im Detektor und zwar mit der aus den anderen säulenchromatographischen Methoden bekannten Totzeit.

Das Lösungsmittel selbst tritt nicht in Wechselwirkung mit der stationären Phase, es durchfließt jedoch alle Poren. Bei jedem anderen säulenchromatographischen Verfahren erscheinen deshalb die Lösungsmittelmoleküle als erste im Detektor (wenn keine Ausschlusseffekte auftreten). In der Ausschluss-Chromatographie werden so kleine Moleküle wie diejenigen des Lösungsmittels als letzte eluiert. Sie haben die stationäre Phase vollständig durchdrungen; man nennt dies *„totale Permeation"*. Das heißt, dass jede Komponente spätestens mit der Totzeit aus der Säule geschwemmt wird.

Moleküle von mittlerer Größe können das vorhandene Porenvolumen nur zum Teil ausnützen. Das kleine Knäuelmolekül mit einem statistischen mittleren Radius r_1 kann sich in einem größeren Volumen der Pore aufhalten als das große Knäuelmolekül mit r_2. Dieses zugängliche Porenvolumen ist in Abbildung 15.1 eng schraffiert. Unter der Annahme, dass die Poren zylinderförmig mit Radius r_{Pore} und Länge l sind, berechnet es sich zu:

$$zugängliches\ Porenvolumen = (r_{Pore} - r_{Molekül})^2 \cdot \pi \cdot (l - r_{Molekül})$$

Je kleiner ein Molekül ist, desto größer ist das Porenvolumen, welches ihm zugänglich ist und desto länger dauert seine Wanderung durch die Säule: das Gel trennt nach Molekülgröße.

$r_{Molekül} > r_{Pore}$ kein Porenvolumen zugänglich   erster Peak

$r_{Molekül} < r_{Pore}$ zugängliches Porenvolumen   Trennung nach
                          abhängig vom Molekülradius   Molekülgröße

$r_{Molekül} \ll r_{Pore}$ ganzes Porenvolumen zugänglich   letzter Peak

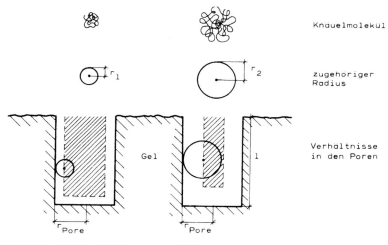

Abb. 15.1 Einfaches Zylinderporenmodell der Ausschluss-Chromatographie. In Wirklichkeit sind nicht alle Poren gleich groß.

Aus dem oben Gesagten folgt:
1. Alle injizierten Moleküle werden wieder eluiert (falls nicht unerwünschte Adsorptionseffekte auftreten).
2. Das Chromatogramm ist mit dem Erreichen der Totzeit beendet. Man weiß also im voraus, wie lange die Trennung dauert.

3. Das Elutionsvolumen oder die Elutionszeit ist nur von der Größe des Moleküls abhängig, damit, wenn auch indirekt, von seiner molaren Masse. Ausschluss-Chromatographie lässt sich zur Molekülmassenbestimmung verwenden.

4. Da die Trennung bereits nach einem kleinen durchgeflossenen Volumen abgeschlossen ist, ist die Peakkapazität (d.h. die Anzahl Peaks, die mit einer bestimmten Auflösung voneinander getrennt werden können) begrenzt.

Weiter gilt:

5. Damit zwei Molekülsorten getrennt werden können, sollten sie sich in ihren molaren Massen um mindestens 10 % unterscheiden.

6. Eine Peakverbreiterung mit zunehmender Retentionszeit tritt nicht auf.

7. Da der Aufenthalt der Moleküle in der stagnierenden mobilen Phase im Gegensatz zu den anderen Methoden erwünscht ist und gefördert wird, sind die erreichbaren Bodenzahlen im Allgemeinen weniger hoch als sonst in der HPLC üblich.

8. Die *van Deemter*-Kurve hat bei der Trennung von Makromolekülen nicht die übliche Form mit Minimum und steilem Anstieg bei kleiner Fließgeschwindigkeit. Wegen der kleinen Diffusion von Makromolekülen ist der B-Term (siehe Abschnitt 8.6) vernachlässigbar und die Trennleistung ist umso höher, je langsamer die Chromatographie durchgeführt wird.

9. Es treten keine Wechselwirkungs-Gleichgewichte auf, sodass man relativ große Stoffmengen trennen kann. Allerdings sollte die Viskosität der Probelösung nicht mehr als doppelt so hoch sein wie die Viskosität der mobilen Phase.

10. Weil die Elutionsvolumina klein sind, ist das Verringern von Totvolumina in der übrigen Apparatur von größter Wichtigkeit.

Aufgabe 28:

In welcher Reihenfolge würden die Zucker, deren Ionenaustausch-Chromatogramm in Abbildung 12.5 gezeigt wurde, in der Ausschluss-Chromatographie getrennt?

Lösung:

1. Stärke	molare Masse groß
2. Maltoheptaose	1153
3. Maltohexaose	990,9
4. Maltopentaose	828,7
5. Maltotetraose	666,6
6. Maltotriose	504,4
7. Maltose	342,3

8. Mannit, Sorbit	182,2
9. Glucose	180,2
10. Rhamnose	164,2
11. Xylose, Arabinose	150,1
12. Erythrit	122,1

Stärke als Makromolekül würde vollständig ausgeschlossen. Dann folgen die Oligosaccharide mit abnehmendem Polymerisationsgrad. Maltose ist ein Disaccharid, die weiteren Komponenten sind Monosaccharide oder kleine Zuckeralkohole. Die Fraktionen 8 und 9 könnten sicher nicht getrennt werden, weil sich ihre Massen zuwenig unterscheiden. Die Elutionsreihenfolge ist teilweise anders als auf dem Ionenaustauscher, und einige Stoffe könnten wegen gleicher Größe nicht getrennt werden.

15.2
Das Kalibrierchromatogramm

Um zu wissen, welchem Elutionsvolumen V_E eine bestimmte Molekülgröße zugeordnet werden kann, wird die Säule mit einem Testgemisch aus Stoffen von genau bekannten Molekülmassen kalibriert. Die Größe der Testmoleküle muss dabei so gewählt werden, dass
eine Komponente ausgeschlossen wird,
mehrere Komponenten teilweise in die Poren eindringen,
eine Komponente die stationäre Phase vollständig durchdringt.
Als Beispiel dient hier ein Chromatogramm aus Oligomeren von Styrol (Abbildung 15.2)

$$C_4H_9\left[CH_2-CH\right]_n H$$ mit n = 1 bis 14.

Der Peak ganz rechts stammt vielleicht von Styrol. Dies ist das kleinste Molekül (nebst den Molekülen der mobilen Phase) und wird zuletzt eluiert. Sein zugehöriges Elutionsvolumen ist das Totvolumen V_0.
Der erste kleine Peak links stammt von ausgeschlossenen Molekülen. Das zugehörige Volumen ist das Zwischenkornvolumen V_Z (Flüssigkeit, die sich *zwischen* den einzelnen Körnern der stationären Phase befindet).

Zweckmäßigerweise werden für die Kalibration monodisperse Proben (eine einzige Molekülsorte pro Peak) verwendet, doch kann auch mit polydispersen Proben kalibriert werden: M. Kubin, J. Liquid Chromatogr. 7 Suppl. (1984) 41.

Das hier definierte Totvolumen V_0 entspricht dem Elutionsvolumen der in Abschnitt 2.3 definierten Totzeit. In der Literatur der Ausschluss-Chromatographie wird aber oft das hier definierte V_Z als V_0 bezeichnet, weil dort (und nicht früher) der erste Peak auftreten kann.

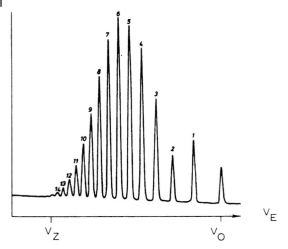

Abb. 15.2 Ausschlusschromatogramm von Styrol-Oligomeren (nach W. Heitz, Fresenius Z.anal.Chem. 277 (1975) 324)
Stationäre Phase: Merckogel 6000; Säule: 2 mm × 1000 cm (gewendelt); mobile Phase: Dimethylformamid

Zwischen V_Z und V_0 wurden die Moleküle mit Polymerisationsgrad n von 14 bis 1 eluiert. Das Volumen $V_0 - V_Z$ entspricht dem Porenvolumen V_P der stationären Phase (Flüssigkeit, die sich in den Poren befindet). V_P ist das zur Trennung einzig nutzbare Volumen und sollte daher möglichst groß sein. Die Peakkapazität hängt von V_P ab. Wie man sieht, folgen die Peaks umso enger aufeinander, je weniger sich die Moleküle in ihrer Größe (ihrer Masse) voneinander unterscheiden.

Trägt man den Logarithmus der molaren Masse in Abhängigkeit vom Elutionsvolumen auf, so erhält man im Idealfall eine Gerade, welche die Säule charakterisiert (Abbildung 15.3). Die Kalibrierkurve kann jedoch auch irgendwie gebogen sein.

Aufgabe 29:
Abbildung 15.14 zeigt die Trennung von Milchproteinen. Zeichnen Sie eine Kalibrierkurve, welche diesem Chromatogramm entspricht.

Lösung:
Die theoretische Kalibrierkurve ist in Abbildung 15.4 dargestellt. Der weiße Punkt entspricht dem ersten Peak mit den hochmolekularen Proteinen. Seine Position ist nur bezüglich des Retentionsvolumens bekannt, welches aus dem Chromatogramm zu 8,8 ml abgeschätzt werden kann; sie liegt irgendwo auf der senkrechten Linie bei diesem Volumen, aber die Lage mit Bezug auf $\log m_M$ ist ungewiss. Die schwarzen Punkte gehören von links nach rechts zu: Peak 2 mit

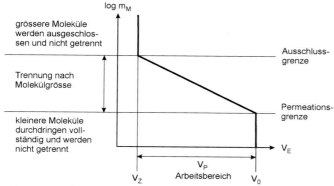

Abb. 15.3 Kalibrierkurve einer Ausschluss-
säule

Retentionsvolumen 13,1 ml und Masse 150 000 (log m_M = 5,18);
Peak 3 mit 14,2 ml und 69 000 (log m_M = 4,84); Peak 4 mit 16,1 ml
und 35 000 (log m_M = 4,54); Peak 5 mit 17,9 ml und 16 500 (log
m_M = 4,22). Beachten Sie, dass echte Kalibrierfunktionen gebogen
und nicht gerade sind.

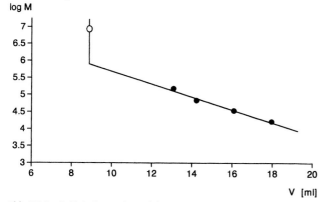

Abb. 15.4 Kalibrierkurve der Milchproteine
von Abbildung 15.14

Die Hersteller von stationären Phasen oder Fertigsäulen für die Ausschluss-Chromatographie geben an, welches Produkt welchen Mole-
kulargewichtsbereich trennen kann. Als Beispiel sei in Abbildung
15.5 eine graphische Darstellung für µStyragel (Waters) gezeigt. Die
Angström-Zahlen geben die mittlere Porenweite des betreffenden
Gels an (10 Å = 1 nm).

Aufgabe 30:
Welche dieser Säulen wäre zum Trennen des Gemisches von Aufgabe 28 geeignet?

Lösung:

Die molaren Massen variieren von 122,1 bis 1153. Säule „500 Å" mit einer Ausschlussgrenze von ca. 10^4 und einer Permeationsgrenze von ca. 50 könnte die Kohlenhydrate trennen. Der erste Peak, Stärke, sollte von den übrigen Komponenten deutlich abgetrennt werden.

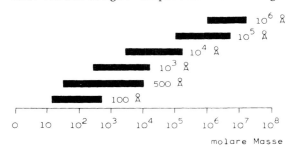

Abb. 15.5 Porenweite und Trennbereich eines typischen handelsüblichen Säulen-Sets (nach Waters)

15.3
Molekülmassenbestimmungen mit Ausschluss-Chromatographie

Literatur: W. W. Yau, J. J. Kirkland und D. D. Bly, Modern Size-Exclusion Liquid Chromatography, Wiley-Interscience, New York, 1979.

Will man eine unbekannte Fraktion charakterisieren oder die Molekülmassenverteilung eines polymeren Stoffes bestimmen, so vergleicht man das Chromatogramm dieser Probe (unten) mit der Kalibrierkurve (Mitte, Abbildung 15.6).

Da das Elutionsvolumen der Größe eines Moleküls und nicht direkt seiner Masse zugehörig ist, ist dieser Vergleich nur korrekt für *Moleküle derselben Art* (z. B. für Homologe oder, im gezeigten Fall, für Polystyrole) *im gleichen Lösungsmittel:*

– Moleküle von anderer Art (z. B. Polyamid statt Polystyrol) können bei einem bestimmten Elutionsvolumen (also gleicher Größe) eine andere Masse haben, anschaulich gesagt, eine andere Dichte als die Kalibriermoleküle. Es gibt Umrechnungen von den vielbenutzten Polystyrolstandards auf andere Stoffe, doch ist es am besten, die Säule mit einem Standard von möglichst ähnlicher Natur wie die Probe zu kalibrieren, wenn man Molekülmassenbestimmungen vornehmen muss.

– Ein und dasselbe Molekül kann in verschiedenen Lösungsmitteln eine verschiedene (wahre oder scheinbare) Größe haben und somit verschieden schnell eluiert werden: Ein Knäuelmolekül kann quellen oder schrumpfen (Abbildung 15.7). Ein Molekül kann in einem Lösungsmittel solvatisiert sein und dadurch größer als tatsächlich scheinen, im anderen nicht (Abbildung 15.8).

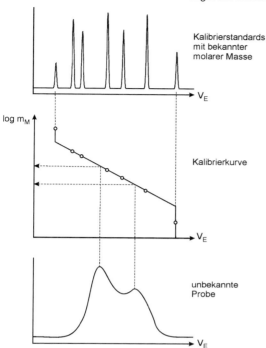

Kalibrierstandards
mit bekannter
molarer Masse

V_E

$\log m_M$

Kalibrierkurve

V_E

unbekannte
Probe

V_E

Abb. 15.6 Die Kalibrierkurve als Hilfsmittel
zur Bestimmung der Molekülmassenverteilung

Abb. 15.7 Knäuelmolekül in verschiedenen
Quellungszuständen

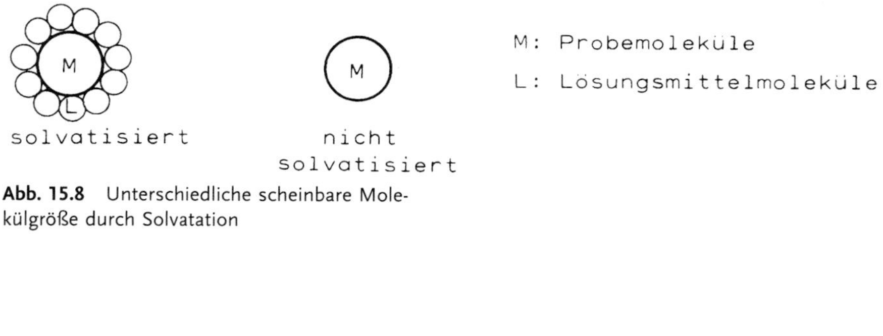

solvatisiert

nicht
solvatisiert

M: Probemoleküle

L: Lösungsmittelmoleküle

Abb. 15.8 Unterschiedliche scheinbare Molekülgröße durch Solvatation

Anonym, J. Chromatogr. Sci. 30 (1992) 66.

Selbst die Konzentration der injizierten Lösung kann die Peakbreiten und Retentionszeiten stark beeinflussen.

Ausschlusschromatographische Bestimmungen von Molekülmassen und Molekülmassenverteilungen sind einfach und schnell. Da sie sich aber ausschließlich auf das Elutionsvolumen stützen, muss dieses mit großer Genauigkeit bestimmt werden. Das Elutionsvolumen ist dem *Logarithmus* der molaren Masse zugehörig, daher wirken sich selbst kleine Fehler in der V_E-Bestimmung stark aus. Man benötigt also

– eine sehr präzis und reproduzierbar arbeitende Pumpe bei gleichzeitiger Thermostatisierung des Systems,

– oder eine kontinuierliche Volumenmessung.

Die zweite Möglichkeit ist einfach und billig zu realisieren. Wenn das Eluat den Detektor durchlaufen hat, fließt es in einen Siphon von bestimmten Volumen (z. B. 1 oder 5 ml). Wenn dieser voll ist, kippt er und liefert einen Impuls, der als Markierung auf dem Schreiberstreifen festgehalten wird. Das Elutionsvolumen gibt man dann als Anzahl Impulse an. Besitzt man eine gute (und teure!) Pumpe, so kann man zur Charakterisierung direkt die Elutionszeit verwenden. Wegen der verschiedenen Ausdehnungskoeffizienten der beteiligten Stoffe (mobile Phase, Stahl, Glas, Teflon) ist die Thermostatisierung sehr wichtig. Wenn die Retentionsvolumina genauer als auf 1% bekannt sein müssen, so ist die Thermostatisierung von mobiler Phase, Säule und Pumpe (Pumpenkopf) auf $\pm$ 0,1 °C notwendig.

Will man die Trennstufenzahl einer Säule bestimmen, so nimmt man dazu am besten einen vollständig durchdringenden Stoff. Nach Firmenangabe soll man für 100 Å-µStyragel Methanol verwenden, für die 500 bis 10^6 Å-Säulen o-Dichlorbenzol (nicht mehr als je 1 µl). Die Bodenzahl soll so bestimmt für 30 cm lange Säulen mindestens 4000 resp. 3000 sein.

Zur Charakterisierung einer Ausschluss-Säule wird jedoch besser die spezifische Auflösung R_{sp} bestimmt:

$$R_{sp} = \frac{0{,}576}{b\,\sigma}$$

b: Steigung des linearen Teils der Kalibrierkurve

σ: Standardabweichung des Peaks einer monodispersen Probe

$$\left(\sigma = \frac{w}{4}\right)$$

W. W. Yau, J. J. Kirkland, D. D. Bly und H. J. Stoklosa, J. Chromatogr. 125 (1976) 219.

Die Genauigkeit von Molekülmassenbestimmungen ist von b und σ abhängig.

15.4
Hintereinanderschalten von Ausschluss-Säulen

Es gibt zwei grundsätzliche Möglichkeiten:
- Ist die Auflösung der Komponenten ungenügend, so kann sie durch Zufügen einer oder mehrerer Säulen *des gleichen Typs* verbessert werden. Es steht dadurch mehr Porenvolumen zur Verfügung. Abbildung 15.9 zeigt die Verbesserung der Auflösung, wenn zwei statt nur eine Säule verwendet werden.
  Das Elutionsvolumen ist verdoppelt, damit aber auch die Analysenzeit.
- Eine 10^4 Å-Säule (als Beispiel) trennt Moleküle der molaren Masse ca. 4000 bis 200 000. Umfasst die Probe jedoch einen größeren Molekülmassenbereich, so kann man sie durch Hintereinanderschalten *verschiedenartiger* Säulen trennen. Das vollständige Set der in Abbildung 15.5 angeführten Säulen trennt Proben mit einer molaren Masse von ca. 20 bis ca. 20 Millionen, d. h. den ganzen überdeckten Bereich. Ein Beispiel dafür ist die Trennung von Polystyrolstandards auf vier µBondagel-Säulen (125, 300, 500 und 1000 Å), siehe Abbildung 15.10.

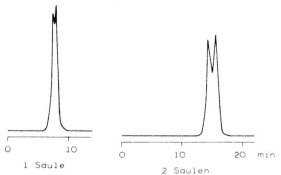

Abb. 15.9 Verbesserte Auflösung durch Verdoppeln des Porenvolumens
Probe: n-Dodecan und n-Hexadecan; Gel: µStyragel 100 Å; Säule(n): 7,8 mm × 30 cm; mobile Phase: Toluol, 1 ml/min; Detektor: Brechungsindex

Für solche Fälle ist es günstig, ein Set von *bimodalen* Säulen zu verwenden. Dies sind zwei oder mehr Säulen mit zwei verschiedenen, definierten Porengrößen, welche sich um den Faktor 10 unterscheiden (z. B. eine 100 Å- und eine 1000 Å-Säule). Wenn das Porenvolumen der beiden Geltypen gleich groß ist, erhält man eine Kalibrierkurve von bestmöglicher Linearität.

Es ist stets zu beachten, dass eine Probe, welche unselektiv durch eine Säule wandert, also totalem Ausschluss oder totaler Permeation

W. W. Yau, C. R. Ginnard und J. J. Kirkland, J. Chromatogr. 149 (1978) 465.

unterliegt, dort nur eine unnötige Bandenverbreiterung und dadurch Verschlechterung einer eventuell bereits vorliegenden Trennung erfährt. Die mobile Phase soll die Säulen nach steigendem Porendurchmesser durchfließen.

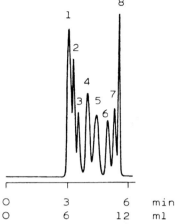

Abb. 15.10 Trennung einer Mischung mit großem Molekülmassenbereich (nach R.V. Vivilecchia, B.G. Lightbody, N.Z. Thimot und H.M. Quinn, J. Chromatogr. Sci. 15 (1977) 424)
Mobile Phase: 2 ml/min Dichlormethan. 1) Molekülmasse 2145000; 2) Molekülmasse 411000; 3) Molekülmasse 170000; 4) Molekülmasse 51000; 5) Molekülmasse 20000; 6) Molekülmasse 4000; 7) Molekülmasse 600; 8) Benzol 78

15.5
Phasensysteme

Mobile und stationäre Phase müssen nur drei Forderungen erfüllen:
1. Die mobile Phase soll ein gutes Lösungsmittel für die Probe sein.
2. Die Probe soll mit der stationären Phase keine Wechselwirkungen eingehen, wie z. B. Adsorption.
3. Die mobile Phase darf die stationäre Phase nicht schädigen.
Sind diese drei Bedingungen erfüllt, so ist die Ausschluss-Chromatographie eine relativ problemlose, einfache, vielseitig verwendbare und schnelle Trennmethode.
Als mobile Phase verwendet man ein Lösungsmittel, das die Probe gut löst, wobei aber die Verträglichkeit mit der stationären Phase unbedingt zu beachten ist. So dürfen z. B. µStyragelsäulen nicht mit Wasser, Alkoholen, Aceton, Methylethylketon und Dimethylsulfoxid in Kontakt kommen.
Ist die Probe in der mobilen Phase schlecht löslich, so kann dies zu einer unerwünschten Wechselwirkung zwischen Probe und stationärer Phase führen. Wechselwirkungen erkennt man an Tailing und

vor allem an verspäteter Elution. Erscheint eine Komponente später als nach V_0, so wurde sie in irgend einer Weise von der stationären Phase festgehalten. Adsorptionseffekte sind bei porösem Glas und bei Silicagel nicht selten. Für die Trennung von Biopolymeren, welche bekanntlich sehr polar sind, ist modifiziertes Silicagel (z. B. Diol oder Glyceropropyl) dem underivatisierten oft vorzuziehen. In diesen Systemen sind Ionenstärke und pH der mobilen Phase von großer Bedeutung; die optimalen Parameter müssen empirisch gefunden werden.

Grundsätzlich ist es für die Verringerung von Adsorptionseffekten günstig, eine mobile Phase mit chemischer Verwandtschaft zur stationären zu verwenden, also etwa Toluol bei Styrol-Divinylbenzol-Säulen.

Eine Diskussion der möglichen Effekte, welche nicht Ausschlussphänomene sind, und wie sie behoben werden können, findet sich in: H. G. Barth, J. Chromatogr. Sci. 18 (1980) 409; S. Mori, in: Steric Exclusion Liquid Chromatography of Polymers, J. Janča, ed., Marcel Dekker, New York 1984, S. 161–211.

Bei wässrigen Systemen kann ein Detergenzienzusatz zum Vermeiden von Tailing von Nutzen sein. Auch in der Ausschluss-Chromatographie muss man der mobilen Phase gelegentlich ein Fungizid zusetzen, um Pilzwachstum zu vermeiden. Gase und Schwebestoffe können eine Gelsäule völlig unbrauchbar machen.

Je kleiner die Korngröße der stationären Phase ist, desto höher ist die Peakkapazität der Säule und desto bessere und schnellere Trennungen sind möglich.

H. Engelhardt und G. Ahr, J. Chromatogr. 282 (1983) 385. G. Guiochon und M. Martin, J. Chromatogr. 326 (1985) 3.

Nach der Art der mobilen Phase teilt man die Ausschluss-Chromatographie noch weiter ein. In der Gelfiltration GFC ist die mobile Phase wässrig, in der Gelpermeations-Chromatographie GPC ein organisches Lösungsmittel.

15.6
Anwendungen

Die Ausschluss-Chromatographie ist eine wichtige Trennmethode. In jedem HPLC-Labor sollte sie zur Standardausrüstung gehören, weil man mit ihr viele Probleme elegant lösen kann.

Es lassen sich vier Anwendungsmöglichkeiten unterscheiden:
1. Ergänzung zu anderen HPLC-Methoden. Da es Säulen gibt, deren Permeationsgrenze bei einer molaren Masse von 20 liegt, ist die Ausschluss-Chromatographie auch zur Trennung von kleinen Molekülen attraktiv. Vermutlich ist der Aufwand ähnlich klein wie bei der Gaschromatographie und sicher kleiner, wenn man prä-

siehe beispielsweise: R. A. Grohs, F. V. Warren und B. A. Bidlingmeyer, J. Liquid Chromatogr. 14 (1991) 327.

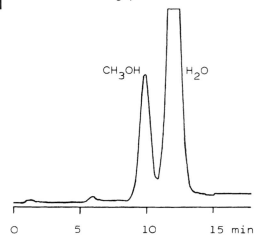

Abb. 15.11 Nachweis von Methanol und Wasser in Tetrahydrofuran (nach R. K. Bade et al., Int. Lab. 11 (Nov./Dec. 1981) 40)
Probe: 40 µl THF mit je 1% Methanol und Wasser; Säule: 7,7 mm × 25 cm; stationäre Phase: OR–PVA–500; mobile Phase: 1 ml/min THF; Temperatur: 50°C; Detektor: Dielektrizitätskonstanten-Detektor

parativ arbeiten will. Bei allen Proben, deren Komponenten sich in ihren molaren Massen um mindestens 10 Prozent unterscheiden, soll eine ausschlusschromatographische Trennung in Betracht gezogen werden.

Ein Beispiel für die Leistungsfähigkeit ist der Nachweis von Methanol und Wasser in Tetrahydrofuran in Abbildung 15.11.

2. Trennung von komplexen Gemischen anstelle einer Aufarbeitung oder Reinigung.

Beispiele: Abtrennung von Salzen und anderen niedermolekularen Bestandteilen aus biologischem Material; Abtrennung von Weichmachern aus Kunststoffproben; Analyse von Bestandteilen in Kaugummi durch vorherige Trennung in Polymere (Gummi), Weichmacher, Stabilisator und Aromastoff. Ein Beispiel ist die Analyse eines Fruchtsaftes (Abbildung 15.12a). In der Ausschluss-Chromatographie wurden sieben Fraktionen aufgefangen.

Fraktion 6 war Orangenöl und wurde auf einer Umkehrphasensäule weiter untersucht (Abbildung 15.12b).

3. Analytik von synthetischen Polymeren (Kunststoffen). Hier erhät man Informationen darüber, ob beispielsweise eine Polymerisation richtig verlaufen ist, ob Rohmaterialien den Anforderungen genügen oder ob Endprodukte aufgrund der Molmassenverteilung die gewünschten Gebrauchseigenschaften besitzen. In Abbildung 15.13 wurde neues Polyethylenterephthalat-Gewebe (Trevira®) mit gealtertem Gewebe, das ein Jahr lang der Witterung ausgesetzt war, verglichen. Die durchschnittliche Länge der Polymerketten

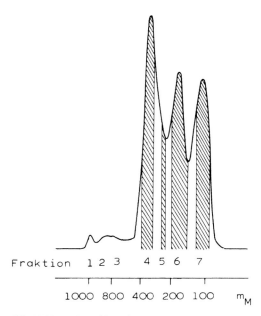

Fraktion   1 2 3   4 5 6   7

1000 800 400 200 100   m$_M$

Abb. 15.12 a   Ausschlusschromatogramm eines Fruchtsaftes (nach J. A. Schmit, R. C. Williams und R. A. Henry, J. Agr. Food Chem. 21 (1973) 551) Stationäre Phase: Bio-Beads SX-2; Säule: 7,9 mm × 1 m; mobile Phase: 0,8 ml/ min Chloroform; Detektor: UV 254 nm

hat markant abgenommen, was sich in den Gebrauchseigenschaften als drastisch verringerte Reißfestigkeit (nur noch 18 % des ursprünglichen Werts) zeigt. Die Ausschluss-Chromatographie erlaubt, zusammen mit geeigneter Software, die Bestimmung der Polydispersität aus Gewichtsmittel M_w und Zahlenmittel M_n auf einfache Weise.

4. Charakterisierung von Proben biologischer Herkunft (qualitative und quantitative Analyse, präparative Isolierung einzelner Proteine). Als Beispiel siehe Abbildung 15.14.

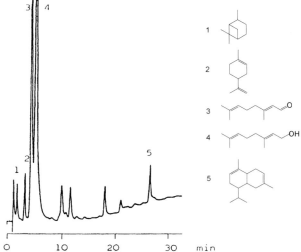

Abb. 15.12 b Umkehrphasen-Chromatogramm von Fraktion 6
Stationäre Phase: Permaphase ODS; Säule: 2,1 mm × 1 m; mobile Phase: Gradient von 5% Methanol in Wasser bis 100% Methanol, 3% Änderung/min; Detektor: UV 254 nm; 1) Pinen; 2) Limonen; 3) Neral; 4) Geraniol; 5) Cadinen

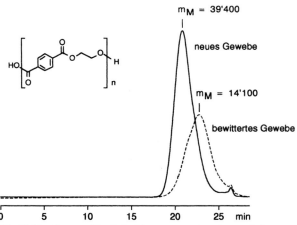

Abb. 15.13 Kunststoffanalytik, hier neues und gealtertes Polyestergewebe (nach Eidg. Materialprüfungs- und Forschungsanstalt St. Gallen)
Probe: Polyethylenterephthalat in Hexafluorisopropanol gelöst; Säulen: 4 × 7 mm × 25 cm; stationäre Phasen: Hibar LiChrogel PS 1, PS 20, PS 400 und PS 4000 in Serie, 10 µm; mobile Phase: 1 ml/min Chloroform / Hexafluorisopropanol 98 : 2; Temperatur: 35°C; Detektor: UV 254 nm

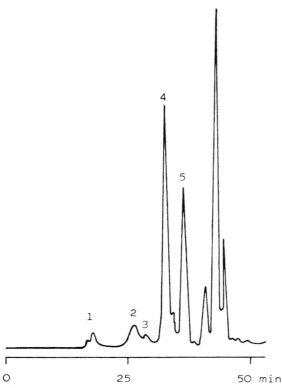

Abb. 15.14 Trennung von Milchproteinen (nach B. B. Gupta, J. Chromatogr. 282 (1983) 463)

Probe: 100 µl Molke aus roher Magermilch (Casein bei pH 4,6 gefällt); Säule: 7,5 mm × 60 cm; stationäre Phase: TSK 3000 SW (Silicagel 10 µm); mobile Phase: 0,5 ml/min Puffer mit 0,1 M NaH_2PO_4, 0,05 M NaCl und 0,02% NaN_3 (pH 6,8); Detektor: UV 280 nm; 1) hochmolekulare Proteine; 2) γ-Globulin M =150000; 3) Rinderserumalbumin 69000; 4) β-Lactoglobulin 35000; 5) α-Lactalbumin 16500; übrige Komponenten nicht identifiziert

16
Affinitäts-Chromatographie

16.1
Prinzip

R. R. Walters, Anal. Chem. 57 (1985) 1099 A; N. Cooke, LC GC Mag. 5 (1987) 866; K. Jones, LC GC Int. 4 (9, 1991) 32.

Die Affinitäts-Chromatographie ist die chromatographische Methode mit der größten Spezifität. Die Wechselwirkung ist biochemischer Art, z. B.

Antigen ↔ Antikörper
Enzym ↔ Inhibitor
Hormon ↔ Träger

Die hohe Spezifität dieser Wechselwirkungen kommt dadurch zu Stande, dass die beiden beteiligten Stoffe räumlich und elektrostatisch genau zueinander passen. Die eine Komponente (Ligand) ist dabei an einen Träger gebunden (ähnlich wie eine chemisch gebundene Phase auf Silicagel), die andere (Probe) wird aus Lösung reversibel adsorbiert.

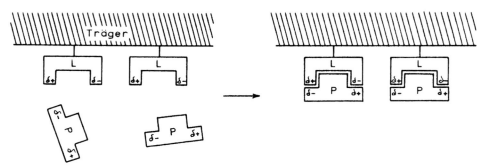

Abb. 16.1 Prinzip der Affinitätschromatographie
L: Ligand; P: Probe; δ₊ und δ₋ bedeuten Teilladungen (weniger als eine Elementarladung)

Sind in der Lösung noch andere Probenkomponenten anwesend, z. B.

so passen sie nicht zum Liganden und werden nicht adsorbiert.

Die Probe $\boxed{\delta - ^{\text{P}} \delta +}$ wird ganz spezifisch von der stationären Phase festgehalten, während die anderen Moleküle (Proteine, Enzyme, ...) von der mobilen Phase wegtransportiert werden. Die Probe ist jetzt von allen anderen Begleitstoffen gereinigt. Um sie zu isolieren, muss sie von der stationären Phase abgelöst werden. Dies geschieht durch Elution mit einer Lösung, die einen Stoff enthält, welcher eine größere Affinität zum Liganden hat, oft aber bloß durch einen Wechsel von pH oder Ionenstärke. Alle biochemischen Aktivitäten sind ja nur in einem genau definierten Milieu möglich; so ist es leicht verständlich, dass ein pH- oder Konzentrationsgradient die spezifische Wechselwirkung aufheben kann.

Die Probe $\boxed{\delta - ^{\text{P}} \delta +}$ kann schematisch wie in Abbildung 16.2 gezeigt eluiert werden.

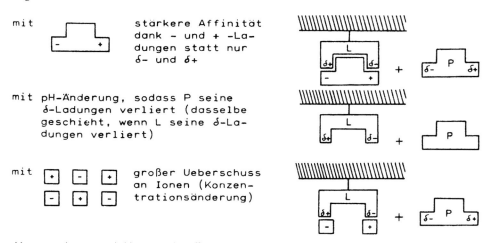

Abb. 16.2 Elutionsmöglichkeiten in der Affinitäts-Chromatographie

16.2
Affinitäts-Chromatographie als Spezialfall der HPLC

Die Affinitäts-Chromatographie unterscheidet sich von anderen Arten der Chromatographie dadurch, dass eine geeignete stationäre

P. O. Larsson, Methods in Enzymology 104 (1984) 212; G.

Fassina und I. M. Chaiken, Advances in Chromatography 27 (1987) 247; K. Ernst-Cabrera und M. Wilchek, TrAC 7 (1988) 58; A. F. Bergold, A. J. Muller, D. A. Hanggi und P. W. Carr, in: HPLC Advances and Perspectives, Vol. 5, C. Horváth, ed., Academic Press, New York 1988, S. 95–209.

Phase aus einem beliebigen Stoffgemisch eine einzige Komponente (oder einige wenige Komponenten) äußerst spezifisch „herausfischen" kann. Dies ist möglich dank der oben erläuterten biospezifischen Bindung, welche die Laborchemie der Natur abgeschaut hat. Ein geeignetes Elutionsverfahren liefert sodann die reine Komponente (die reinen Komponenten).

Für eine derartige Isolierung ist keine Säule nötig, sodass Affinitäts-Chromatographie oft in offenen Systemen, z. B. Nutschen, durchgeführt wird. Daneben haben sich auch klassische Säulen mit hydrostatischer Eluentenförderung etabliert. Hier soll ausschließlich die Affinitäts-Chromatographie an Hochleistungs-Silicagelen (10 μm und kleiner) besprochen werden, welche schnelle Trennung ermöglicht. Die verwendeten Säulen können sehr klein sein.
Stationäre Phasen für die Affinitäts-Chromatographie können selbst hergestellt werden, wobei oft von Diol- oder Amino-Silicagel ausgegangen wird. Für den Anwender ist es aber einfacher, ein „aktiviertes" Gel zu kaufen, an welches der gewünschte Ligand nach bekannten Vorschriften gebunden werden kann. Abbildung 16.3 zeigt ein mögliches Beispiel für das Aktivieren und Binden. Für Trennprobleme, welche gebräuchliche Liganden benötigen, sind gebrauchsfertige Gele käuflich. Die stationäre Phase enthält zwischen Silicagel und Ligand meist eine langkettige Gruppe, den so genannten *Spacer*,

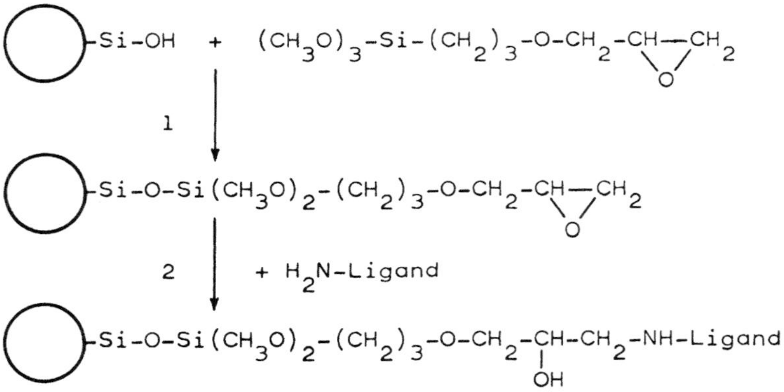

Abb. 16.3 Umsetzung von Silicagel mit γ-Glycidoxypropyl-trimethoxysilan zur Herstellung von „aktiviertem" Epoxy-Silicagel (Schritt 1) und Binden des Liganden (Schritt 2). Der Ligand muss als Amin vorliegen. Die Reaktionen verlaufen bei Raumtemperatur.

um ungestörte räumliche Verhältnisse am Liganden zu gewährleisten.

Die Elution der gebundenen Probe kann durch einen Gradienten (pH, Ionenstärke oder konkurrierende Probe) geschehen oder, was ebenfalls typisch ist für die Affinitäts-Chromatographie, durch einen „Puls". Hierbei wird der Stoff, welcher die Bindung lösen kann, injiziert, während die mobile Phase unverändert durch die Säule fließt. Das Probevolumen kann sehr groß sein und wird nur durch die Bindungskapazität der Säule begrenzt. Die Ausbeuten an biologisch aktiven Proteinen sind oft nahezu 100 %; das heißt, dass Denaturierung und irreversible Adsorption in vielen Fällen vernachlässigbar klein sind.

16.3
Anwendungsbeispiele

Anti-IgG-Liganden binden spezifisch alle Antikörper der IgG-Klasse. Die Synthese der stationären Phase, welche für die in Abbildung 16.4 gezeigte Trennung von IgG benötigt wurde, ist von den Autoren beschrieben worden. Die mobile Phase hatte zunächst pH 7,4; durch Wechsel auf pH 2,2 konnte die Antigen-Immunoadsorbens-Bindung wieder gelöst und das IgG damit eluiert werden. Da die Eigenfluoreszenz des IgG bei pH 2,2 gelöscht wird, musste hinter der Säule der pH-Wert erhöht werden. Dies geschah durch Zumischen von Puffer pH 8. Die Ausbeute an aktivem IgG war höher als 97 %. Die stationäre Phase bleibt lange aktiv, wenn die Säule bei Nichtgebrauch bei 4 °C gelagert wird.

IgG = Immunoglobulin G.

Lectine sind pflanzliche Proteine, welche spezifisch Hexosen und Hexosamine binden können. Ein in der Affinitäts-Chromatographie viel verwendetes Lectin ist Concanavalin A, womit sich Glycoproteine, Glycopeptide und Glycolipide isolieren lassen. Die Elution folgt auf einen Puls einer Zuckerlösung. Abbildung 16.5 demonstriert die Trennung des Enzyms Peroxidase (ein Glycoprotein). Die Detektion erfolgte gleichzeitig bei zwei Wellenlängen: 280 nm (unspezifisch für alle Proteine) und 405 nm (spezifisch für Peroxidase dank Protohämin-Gruppe).

Cibacronblau (und ähnliche Farbstoffe) ist ein viel verwendeter Ligand, da es eine große Zahl von Enzymen sowie einige Blutproteine binden kann. Es wird gelegentlich als „Pseudo-Affinitätsligand" bezeichnet, weil es als synthetischer Triazinfarbstoff nicht ein natürlich vorkommendes Biomolekül ist. Deshalb ist die Aktivität der eluierten Enzyme meist stark herabgesetzt. Vorteilhaft ist der relativ niedrige Preis von Cibacronblau. Abbildung 16.6 zeigt die Trennung der Isoenzyme H_4 und M_4 von Lactatdehydrogenase (LDH), welche

M. D. Scawen, Anal. Proc. (London) 28 (1991) 143.

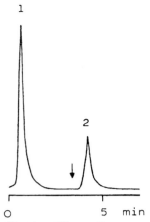

Abb. 16.4 Affinitäts-Chromatographie von IgG (nach J. R. Sportsman und G. S. Wilson, Anal. Chem. 52 (1980) 2013)
Probe: 10 µl Lösung mit 14 µg Human-IgG; Säule: 2 mm × 4 cm; stationäre Phase: Antihuman-IgG auf LiChrospher SI 1000 10 µm; mobile Phase: anfänglich 0,5 ml/min PBS pH 7,4 (phosphate buffered saline); ↓ Wechsel auf 0,01 M Phosphatpuffer pH 2,2; Detektor: Fluoreszenz 283/335 nm; 1) nicht retardierte Komponenten, nicht spezifiziert; 2) IgG

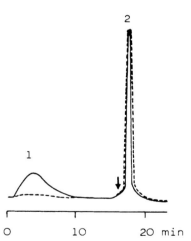

Abb. 16.5 Affinitäts-Chromatographie von Peroxidase (nach A. Borchert, P. O. Larsson und K. Mosbach, J. Chromatogr. 244 (1982) 49)
Probe: 4,1 ml Lösung mit 1 mg/ml Protein; Säule: 5 mm × 5 cm; stationäre Phase: Concanavalin A auf LiChrospher SI 1000 10 µm; mobile Phase: 0,05 M Natriumacetat, 0,5 M Natriumchlorid, 1 mM Calciumchlorid, 1 mM Manganchlorid, pH 5,1; Detektor: —— UV 280 nm, ------ VIS 405 nm; 1) nicht retardierte Proteine; dieser Peak enthielt weniger als 2% Peroxidase; ↓ Puls von 4,1 ml 25 mM α-Methyl-D-glycosid; 2) Peroxidase

durch einen Gradienten von reduziertem Nicotinamid-adenin-dinu-
cleotid (NADH) nacheinander eluiert werden. Zur Detektion diente
ein post column-Reaktor, womit die Enzymaktivität gemessen werden konnte (siehe auch Abschnitt 19.9).

Antikörper können, ebenso wie Antigene, als Liganden dienen; in
diesem Fall spricht man von Immuno-Affinitäts-Chromatographie.

*T. M. Phillips, in: High Perfor-
mance Liquid Chromatography
of Peptides and Proteins, C. T.
Mant und R. S. Hodges, eds.,
CRC Press, Boca Raton, 1991,
S. 507; G. W. Jack, Mol. Bio-
technol. 1 (1994) 59.*

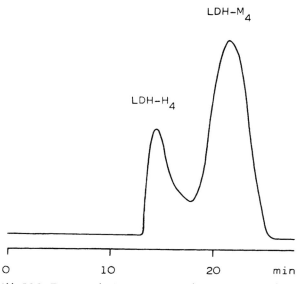

Abb. 16.6 Trennung der Isoenzyme H_4 und M_4 von LDH (nach C. R. Lowe et al.,
J. Chromatogr. 215 (1981) 303)
Probe: 1,3 µg LDH-H_4 und 11,8 µg LDH-M_4; Säule: 5 mm × 10 cm; stationäre
Phase: Cibacronblau F3G-A auf LiChrosorb SI 60 5 µm; mobile Phase: 1 ml/min
Kaliumphosphatpuffer pH 7,5; nach 3 min beginnt ein Gradient 0–4 mM NADH;
Detektor: Enzymaktivität mit UV 340 nm

17
Wahl der Methode

Nach allem bisher gesagten sollte die Wahl eines vermutlich geeigneten Phasenpaares nicht allzu schwer fallen.

Kleine, nicht ionische Moleküle trennt man durch Adsorption, Umkehrphase oder auf chemisch gebundenen Phasen. Es kann unter Umständen schwierig sein, unter diesen Möglichkeiten (allgemein: normale oder umgekehrte Phase) zu wählen, doch wurden die spezifischen Fähigkeiten der einzelnen Systeme bei ihrer Behandlung erwähnt. Wenn man sich nicht mit genügender Gewissheit auf Erfolg für eine Methode entschließen kann (wenn z. B. die Trennung sowohl auf Silicagel als auch auf Octadecylsilan möglich scheint), so versucht man es mit jener Säule, die man gerade zur Hand hat. Die mobile Phase wählt man anfänglich eher zu stark. Auf Octadecylsilan werden die meisten Komponenten durch einen Gradienten von 10 % bis 90 % Methanol in Wasser eluiert. Die momentane Zusammensetzung der mobilen Phase im Augenblick der Elution gibt einen Hinweis auf die geeignete Eluentenmischung bei isokratischen Bedingungen. – Wie bereits in Abschnitt 4.7 erwähnt, darf die Probe in der mobilen Phase nicht ganz unlöslich sein.

Ionische Proben werden mit Ionenaustausch-, Ionen- oder Ionenpaarchromatographie getrennt. Wie in Abschnitt 10.5 erläutert, ist auch eine Trennung mit Umkehrphasenchromatographie möglich.

Unterscheiden sich die Probekomponenten genügend in ihrer *Größe*, so ist ein Versuch mit Ausschluss-Chromatographie lohnend (bei polaren Proben Gelfiltration, bei apolaren Proben Gelpermeation). Moleküle mit einer größeren molaren Masse als 2000 können oft nur mit Ausschluss-Chromatographie getrennt werden (gegebenenfalls Affinitäts-Chromatographie).

Die *Affinitäts-Chromatographie* ist für spezielle biochemische Probleme geeignet. Es muss natürlich bekannt sein, zu welchen Molekülen die gesuchte Komponente eine gute Affinität hat, damit der Ligand passend gewählt werden kann.

Proben von genügender *Flüchtigkeit* (Siedepunkt unter 350 °C) werden vorzugsweise mit Gas-Chromatographie getrennt, wenn sie sich bei höherer Temperatur nicht zersetzen.

isokratisch = unter konstanten Trennbedingungen, ohne Gradient (speziell Lösungsmittelgradient).
A. C. J. H. Drouen, H. A. H. Billiet, P. J. Schoenmakers und L. de Galan, Chromatographia 16 (1982) 48.

Je mehr physikalische und chemische Daten über die Probe bekannt sind, desto eher wird man das richtige Phasensystem (und den richtigen Detektor!) wählen, sodass bereits der erste Versuch ein Erfolg sein kann. Jede erfolgreiche Trennung vergrößert die Erfahrung des Analytikers. In beschränktem Maß kann die Wahl der Methode durch ein *Expertensystem* übernommen werden.

B. Serkiz et al., LC GC Int. 10 (1997) 310.

Ein HPLC-Labor, das sehr unterschiedliche Trennprobleme lösen muss, sollte folgende stationäre Phasen besitzen:

M. Peris, Crit. Rev. Anal. Chem. 26 (1996) 219.

– Silicagel,
– Octadecylsilan oder Octylsilan,
– starker Kationenaustauscher,
– starker Anionenaustauscher,
– wasserverträgliche Ausschlusssäulen,   ⎤ den nötigen Molekülgrößenbereich
– lösungsmittelverträgliche Ausschlusssäulen, ⎦ überdeckend
– ev. einige chemisch gebundene Phasen wie Nitril und Amin.

Für einige wichtige Stoffklassen oder Trennprobleme sind Spezialsäulen käuflich.

Als Entscheidungshilfe folgen unten zwei Tabellen. Ein nach ihnen gewähltes Phasensystem muss zur Lösung eines Trennproblems nicht optimal sein. Es gibt Probleme, die sich gerade mit einer dafür nicht empfohlenen Methode lösen lassen.

Viele stationäre Phasen sind auch als Dünnschicht erhältlich, sodass der in Abschnitt 9.4 erwähnte DC-Test ebenfalls sehr nützlich sein kann.

Man beachte die prinzipiellen Stärken der verschiedenen stationären Phasen:

Silicagel	für Isomere
apolare chemisch gebundene Phasen	für Homologe
polare chemisch gebundene Phasen	Trennung nach funktionellen Gruppen

Nach der Wahl der Methode wird man um deren *Optimierung* nicht herumkommen, für die Routineanalytik ist dies sogar absolut unerlässlich. Abbildung 17.1 stellt die notwendigen Schritte dar (man beachte dabei auch die Retentionszeiten dieses hypothetischen Chromatogramms!). Vermutlich wird die erste Trennung nicht besonders befriedigend sein. Im Beispiel könnte man nur gerade Peak 5 quantitativ auswerten und über die Anzahl Komponenten im Gemisch ist keine Aussage möglich (Peak 0 ist die Totzeit). Als erstes wird man die Retention optimieren. In den meisten Fällen ist dies nicht besonders schwierig; je komplexer das Chromatogramm, desto höher wird k_{max} sein. Der schwierigste Schritt ist die Optimierung der Selektivität. Diesem Thema ist Kapitel 18 gewidmet. In Abbildung 17.1 ist die Elutionsreihenfolge nun anders als im ersten Chromatogramm. (Wenn keine befriedigende Selektivität erreicht werden kann, war die Wahl der Methode falsch.) Für eine Einzelanalyse ist das Trennproblem jetzt gelöst, andernfalls lohnt sich die Optimie-

Vorschlag zum Trennen unbekannter Gemische (nach Hewlett-Packard)
Probe auf eine Umkehrphasensäule einspritzen und mit einem Gradienten 10 bis 90 % Acetonitril in Wasser eluieren.

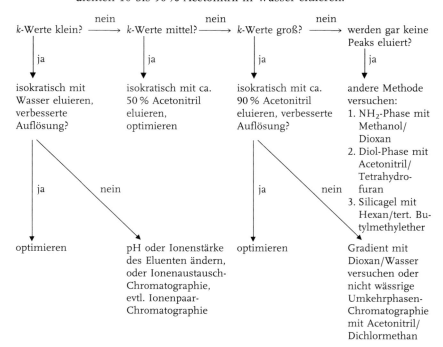

rung des Systems. Hier konnte die Analysenzeit von 600 auf 30 Sekunden gesenkt werden. Allerdings ist die Auflösung der Peaks nun deutlich kleiner und vermutlich hat die Robustheit (ruggedness) abgenommen, das heißt, die Trennung ist anfälliger auf Störungen, siehe Abschnitt 18.5. Für den Einsatz in der Qualitätskontrolle muss die Methode schließlich noch validiert werden, siehe Abschnitt 19.8.

Der *Methodentransfer* von einem Labor in ein anderes (Entwicklungs- → Routinelabor, Hersteller- → Kundenlabor) kann Schwierigkeiten bereiten, weil HPLC-Trennungen von vielen Einflussgrössen abhängig sind. Unter Umständen ist die Auflösung eines kritischen Peakpaars schlechter als vorgeschrieben oder das ganze Chromatogramm sieht anders aus. Um derartige Überraschungen nach Möglichkeit zu verhindern, ist es notwendig, jedes Detail der Methode zu beschreiben: Säulendimensionen, stationäre Phase (eventuell auch die Batch-Nummer), Herstellung der mobilen Phase (die Reihenfolge des Mischens der einzelnen Komponenten kann kritisch sein), Temperatur, Volumenstrom, Totvolumina in der Apparatur, bei Gradiententrennungen das Verweilvolumen, Detektions- und Integrations-

Schema zum Ermitteln der Trennmethode (nach Varian)

molare Masse der Probe									
< 2000								> 2000	
wasserlöslich				wasserunlöslich				wasserlöslich	wasserunlöslich
Nichtionen		Ionen							
Gelfiltration	reversed phase (vorzugsweise)	basische Verbindungen: Kationenaustausch	saure Verbindungen: Anionenaustausch	Gelpermeation	Adsorption (Silicagel): für Isomere, Stoffsentrennung, eher für apolare Stoffe	polar gebundene Phase (Nitril, Amino, Diol): für Homologe, labile Verbindungen, eher polare Stoffe	reversed-phase (Octadecyl, Octyl): für Homologe, labile Verbindungen, eher apolare Stoffe	Gelfiltration	Gelpermeation
Glykole, Oligosaccharide	Fettsäuren, Alkohole, Phenothiazine, Tenside	Metallkationen, Carbamate, Vitamine, Trisulfapyrimidine, Katecholamine, Nucleoside, Purine, aromatische Amine, Glykoside	org. Säuren, Nucleotide, anorg. Anionen, Zucker, Analgetica, Sulfonamide	Oligomere, Lipide	Antioxidanzien, Amine, Steroide, Prostaglandine, Farbstoffe, Vitamine, Barbiturate, Kohlenwasserstoffe, Phenole, Alkaloide, Amide, Carotinoide, Aflatoxine, Anthrachinone, Lipide, PTH-Aminosäuren, Nitrophenole, Chinone, Säuren, Nucleotide	Weichmacher, Glykole, Alkohole, Steroide, Phenole, Aniline, Alkaloide, Benzodiazepine, Pestizide, Farbstoffe, Aromaten, Metallkomplexe, Polyethylenglykol	Alkohole, Aromaten, Antibiotika, Barbiturate, Carbamate, chlorierte Pestizide, Steroide, Vitamine A, D, E, Sulfonamide, Anthrachinone, Alkaloide, Oligomere	Biopolymere, Proteine, Nucleinsäuren, Oligosaccharide, Peptide, Polyvinylalkohol, Polyacrylsäure, Pektine, Carboxyethylcellulose, Polyvinylpyrrolidon	org. Polymere: Polyolefine, Polystyrol, Polyvinyle, Polyacrylate, Polycarbonate, Polyamide, Naturkautschuk, Silikone

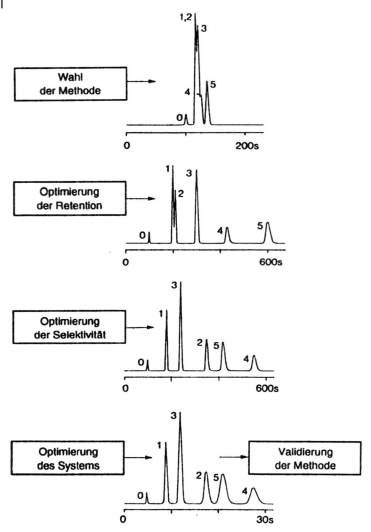

Abb. 17.1 Optimierung der Methode
(nach P. J. Schoenmakers, A. Peeters und R. J.
Lynch, J. Chromatogr. 506 (1990) 169)

parameter. Es kann sinnvoll sein, alternative stationäre Phasen zu nennen, nämlich solche, die in einer Darstellung wie in Abbildung 10.8 möglichst benachbart sind. Die wahre Temperatur in einem Säulenofen kann von der gewählten abweichen, sie muss verifiziert werden! Zum Methodentransfer gehört selbstverständlich auch die genaue Beschreibung von Probenahme, -aufbewahrung und -vorbereitung.

18
Möglichkeiten zur Lösung des Elutionsproblems

18.1
Das Elutionsproblem

Komplexe Gemische, d.h. sobald mehr als etwa 20 Komponenten in der Probe anwesend sind, stellen zum Trennen meist Probleme. Arbeitet man unter isokratischen Bedingungen, so werden wahrscheinlich

die ersten Peaks schlecht aufgelöst,

die letzten Peaks breit und flach eluiert, sie können im Rauschen untergehen.

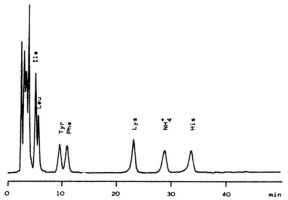

Abb. 18.1 Isokratisches Chromatogramm von 17 Aminosäuren, wovon die früh eluierten nicht genügend aufgelöst sind und die letzte nicht eluiert wird (nach A. Serban, Isotope Department am Weizmann Institute of Science, Rehovot) Probe: 50 µl mit je 5 nmol; Säule: 4 mm × 15 cm; stationäre Phase: AminoPac Na−2 (Kationenaustauscher) 7 µm; mobile Phase: Natriumcitrat 0,2 N pH 3,15/ Natriumphosphat 1 N pH 7,4, 1:1, 0,4 ml/min; Detektor: VIS 520 nm nach Derivatisierung mit Ninhydrin; Temperatur: 55 °C.

Verwendet man ein schwächeres Lösungsmittel, so werden die ersten Peaks besser aufgelöst, dafür aber die letzten vielleicht gar nicht eluiert. Ein stärkeres Lösungsmittel drückt die ersten Peaks noch mehr zusammen, sodass man gewisse Komponenten nicht mehr erkennen kann.

Dies ist das Elutionsproblem, das „general elution problem". Zu seiner Lösung gibt es mehrere Möglichkeiten:
– Lösungsmittelgradient,
– Säulen zusammenschalten,
– Temperatur- und Flussgradienten.

Alle diese Methoden sollen bezwecken, dass gegenüber obigem Chromatogramm die ersten Peaks auseinandergezogen und die letzten schneller eluiert und somit zusammengedrückt werden.

Das Elutionsproblem tritt einzig bei der Ausschluss-Chromatographie nicht auf, was einer ihrer großen Vorteile ist. Dort werden ganz sicher alle Komponenten eluiert, und zwar spätestens mit dem Ausschlussvolumen. Einzig bei Adsorptionseffekten, die sich bei der richtigen Wahl von stationärer und mobiler Phase vermeiden lassen, werden Komponenten später als mit V_0 eluiert.

18.2
Lösungsmittelgradienten

In der Umkehrphasen- und Ionenaustausch-Chromatographie ist es üblich, einen Testgradientenlauf zu fahren, wenn die Bedingungen für eine erfolgreiche Trennung nicht bekannt sind. Ein solcher Gradient wird von 10 bis 100 % B-Lösungsmittel (stärkeres Lösungsmittel) mit linearem Profil durchgeführt. (Wie bereits erwähnt, kann eine mobile Phase mit 100 % A in der Umkehrphasenchromatographie oft nicht empfohlen werden, weil dann die Alkylketten kollabiert sind und sich nur langsam mit organischem Lösungsmittel ins Gleichgewicht setzen.) Ob man nachher besser isokratisch oder mit einem Gradienten trennt, wird wie folgt entschieden:

J.W. Dolan, LC GC Int. 9 (1996) 130 und LC GC Europe 13 (2000) 388.

Wenn mehr als 25 % der Gradientenlaufzeit mit Peaks besetzt sind, so ist Gradiententrennung besser oder sogar die einzige Möglichkeit; die Spanne von % B kann kleiner sein als von 10 bis 100 %. Ein hypothetisches Peakmuster ist in der oberen Hälfte von Abbildung 18.2 gezeigt.

Wenn weniger als 25 % der Gradientenlaufzeit mit Peaks besetzt sind (Abbildung 18.2 unten), so sollte eine isokratische Trennung versucht werden. Der günstige Anteil des B-Lösungsmittels kann aus dem Chromatogramm abgeschätzt werden.

In beiden Fällen muss die Trennung anschließend meist durch die Suche nach optimaler Selektivität (Typ von stationärer Phase, B-Lösungsmittel, Zusätze zur mobilen Phase, Temperatur) verbessert werden. Der Gradient selbst muss so gewählt werden, dass die mobile Phase zu Anfang nur gerade so stark ist, dass sie die schnellsten

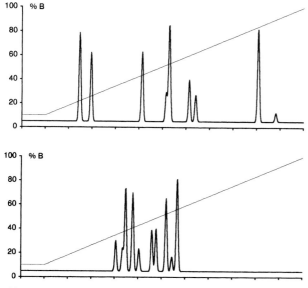

Abb. 18.2 Entscheidung für Gradiententrennung (oben) oder isokratische Trennung (unten)
Der Testgradientenlauf geht von 10 bis 100 % B. Die anfängliche Verzögerung im Gradientenprofil stammt vom Verweilvolumen des Systems. Hypothetische Chromatogramme aus Computersimulation

Peaks eluieren kann. Später soll sich ihre Zusammensetzung derart geändert haben, dass sie auch die verzögert erscheinenden Komponenten gut eluiert. Abbildung 18.3 zeigt wieder die Analyse der 17 Aminosäuren, nun mit einem passenden Gradienten getrennt.

Eine Möglichkeit für Gradientenelution besteht im Einsatz von *Stufengradienten*. Man benötigt verschiedene Vorratsflaschen und ein Mehrwegventil (Abbildung 18.4). Das Umschalten kann von Hand (z. B. bei der Methodenentwicklung) oder computergesteuert erfolgen. Die Optimierung ist weder einfacher noch schwieriger als mit einem kontinuierlichen Gradienten, auch ist die Güte der erzielbaren Trennung keinesfalls schlechter. Allerdings können Geisterpeaks auftreten, wenn sich in der Säule Lösungsmittelfronten bilden (Lösungsmittelentmischung). Dieser Effekt kann umso eher auftreten, je stärker sich die einzelnen Eluenten in ihrer Polarität unterscheiden. Es ist in jedem Fall ratsam (auch bei kontinuierlichen Gradienten), ein „Chromatogramm" unter identischen Bedingungen, jedoch ohne Probenaufgabe, aufzunehmen. Geisterpeaks lassen sich so eindeutig identifizieren.

Die Möglichkeiten zur Herstellung *kontinuierlicher Lösungsmittelgradienten* wurden in Abschnitt 4.3 erwähnt. Die Veränderung der Lösungsmittelzusammensetzung kann linear, zusammengesetzt linear, konkav oder konvex geschehen.

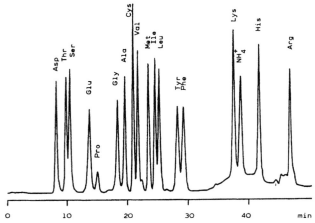

Abb. 18.3 Trennung der Aminosäuremischung von Abb. 18.1 mit Lösungsmittelgradient (nach A. Serban, Isotope Department am Weizmann Institute of
Science, Rehovot)
Mobile Phasen: A Natriumcitrat 0,2 N pH 3,15, B Natriumphosphat 1 N pH 7,4,
C Natriumhydroxid 0,2 N; Gradient: 9 min 100% A, dann linearer Gradient bis
100% B während 25 min, schließlich linearer Gradient bis 15% C in B während
18 min; übrige Bedingungen wie in Abb. 18.1.

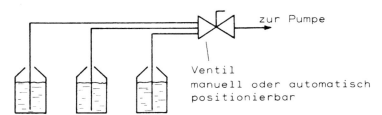

Abb. 18.4 Apparatur für Stufengradienten

Konkave Gradienten sind günstig, wenn die zweite Komponente viel
stärker eluiert als die erste. Ein kleiner Zusatz von B bewirkt in
diesem Fall bereits eine erhebliche Änderung der Elutionskraft der
mobilen Phase. Auch bei kontinuierlichen Gradienten können Entmischungseffekte und somit Geisterpeaks auftreten. Alle verwendeten Lösungsmittel müssen für die Gradientenelution von höchster
Reinheit sein. Sonst können vom Eluenten A (oder von B) stark
adsorbierende Spurenstoffe am Anfang der Säule festgehalten und
später vom Eluenten B eluiert werden, was wiederum Geisterpeaks
gibt. Ein Beispiel ist in Abbildung 18.6 gezeigt. Ohne Probeninjek-
tion wurde in 10 Minuten ein Gradient von 20 bis 100% B gefahren
(nachher 100% B isokratisch).

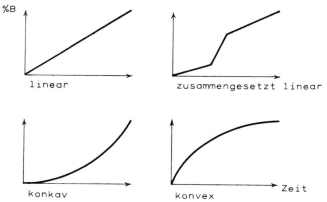

Abb. 18.5 Möglichkeiten für die Gradientenelution

Lösungsmittel: A bidestilliertes Wasser ⎫
                  B Acetonitril „zur Analyse" Merck ⎬ 1 ml/min
stationäre Phase: Spherisorb ODS 5 μm
Säule: 3,2 mm × 25 cm
Detektor: UV 254 nm
Fazit: Der verwendete Acetonitril oder das Wasser war für diese Auf-
gabe zuwenig rein!

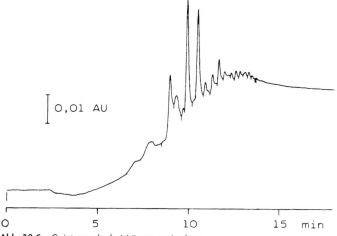

Abb. 18.6 Geisterpeaks bei Lösungsmittelgradienten

Die günstige Wahl des Gradienten (beteiligte Komponenten, Dauer
der Stufen, Form des Gradientenprofils) muss empirisch, gegebenenfalls nach gewissen Regeln oder mit Computerunterstützung gefunden werden.

P. Jandera, J. Chromatogr. 485
(1989) 113.
B. F. D. Ghrist und L. R. Sny-
der, J. Chromatogr. 459
(1988) 43.

Der Nachteil von Lösungsmittelgradienten ist, dass die Säule nachher wieder regeneriert werden muss. Bei chemisch gebundenen Phasen müssen dazu allerdings nur etwa 5 Säulenvolumina des ersten Eluenten (A) durchgepumpt werden. Selbstverständlich müssen aufeinanderfolgende Lösungsmittel miteinander mischbar sein!

D. W. Armstrong und R. E. Boehm, J. Chromatogr. Sci. 22 (1984) 378.

Makromoleküle verhalten sich bei Gradientenelution anders als kleine Moleküle. Aus Abbildung 18.7 ist ersichtlich, dass ein Protein (oder ein anderes Makromolekül) in einem Diagramm mit log k = f(% B) eine steilere Charakteristik, den so genannten S-Wert, aufweist als ein kleines Molekül. Daher ist es nicht möglich, eine Mischung von Proteinen in der Umkehrphasen- oder Ionenaustauschchromatographie ohne Gradient zu trennen.

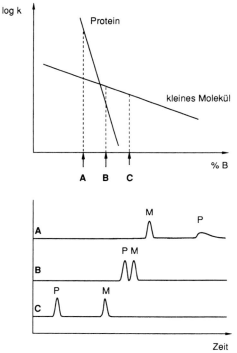

Abb. 18.7 Elutionsverhalten von Proteinen P und kleinen Molekülen M bei Gradiententrennung
Der Einflussfaktor ist hier % B (stärkeres Lösungsmittel), könte aber auch etwas anderes sein. Die Steigung der linearen Beziehung wird S-Wert genannt; dieser ist für Proteine groß und für kleine Moleküle klein. Kleine Änderungen in % B haben einen ausgeprägten Effekt auf die Retention des Proteins.

Gradientenelution ist, wie bereits erwähnt, bei Adsorptionssäulen eher nicht zu empfehlen und für Brechungsindex- und Leitfähigkeitsdetektion ungeeignet. Anwendungsbeispiele sind überall in diesem Buch zu finden.

18.3
Säulen zusammenschalten

Eine Alternative zur Gradientenelution ist das Säulenschalten. Dabei werden die verschiedenen Teile des Chromatogramms auf zwei oder mehr verschiedenen Säulen getrennt. Oft werden auch die nicht interessierenden Teile des Chromatogramms verworfen; man spricht von *front-*, *heart-* und *end-cut,* d. h. Anfang-, Mittel- oder Endteil wird „herausgeschnitten" und weiter aufgetrennt.

K. A. Ramsteiner, J. Chromatogr. 456 (1988) 3; M. J. Koenigbauer und R. E. Majors, LC GC Int. 3 (9, 1990) 10.

Bei der Zusammenstellung von Säulen und Ventilen sind der Phantasie des Analytikers kaum Grenzen gesetzt. Oberstes Ziel der Schaltung soll das Erreichen einer maximalen Selektivität sein. Mögliche Säulenpaare sind beispielsweise:
– Adsorbenzien mit verschiedener spezifischer Oberfläche.
– Umkehrphasen mit verschiedener Kettenlänge.
– Ionenaustauscher verschiedener Stärke.
– Kombination von Anionen- und Kationenaustauscher.
– Kombination verschiedener Methoden wie Ionenaustausch und Umkehrphase, Ausschluss- und Adsorptions-Chromatographie, Affinitäts- und Umkehrphasenchromatographie usw.

Ionenaustausch- und Ausschluss-Chromatographie von Proteinen: M. W. Bushey und J. W. Jorgenson, Anal. Chem. 62 (1990) 161.

Am interessantesten sind die zuletzt aufgeführten Kopplungen, welche meist mehr als eine mobile Phase benötigen. Hier spricht man von *mehrdimensionaler Chromatographie.* Bei allen Schaltungen sind Anreicherungseffekte anzustreben, sodass die unvermeidlichen Totvolumina keine Rolle spielen und höchste Trennleistungen erreicht werden.

Kommerzielle Geräte für das Säulenschalten sind auf dem Markt, doch bringen Eigenkonstruktionen gewiss nicht schlechtere Resultate. Es werden Sechs- oder Zehnwegventile verwendet, wobei ein Zehnwegventil zwei Sechswegventile ersetzen kann.

Beim Säulenschalten können Systempeaks (siehe Abschnitt 19.10) auftreten. Systempeaks sind unter Umständen unsichtbar, verändern aber das Aussehen von gleichzeitig eluierten Peaks.

T. Arvidsson, J. Chromatogr. 407 (1987) 49.

Ein Beispiel soll die enormen Möglichkeiten des Säulenschaltens illustrieren. Es handelt sich um die Bestimmung des Aminglykosid-Antibiotikums Tobramycin in Serum. Patienten, welche mit diesem Medikament behandelt werden, benötigen sorgfältige Überwachung, damit gefährliche Überdosierungen vermieden werden können.

G. J. Schmidt und W. Slavin, Chromatogr. Newslett. Perkin-Elmer 9 (1981) 21.

Abbildung 18.8 zeigt das Schema der Schaltung.

In 100 µl Serum werden die Proteine mit 100 µl 0,078 N Sulfosalicylsäure gefällt. Nach Zentrifugation werden 50 µl der überstehenden Lösung in das Dosierventil injiziert (Schritt A). Das Antibiotikum liegt hierbei protoniert vor. Dann wird das Dosierventil gedreht, sodass die Probe von Pumpe 1 mit saurer mobiler Phase auf Säule 1 gespült wird (Schritt B). Da diese kurze Säule einen Kationenaustau-

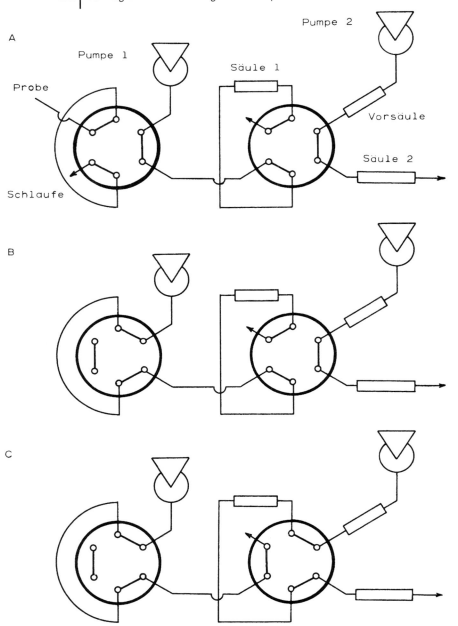

Abb. 18.8 Schema der einzelnen Schritte für die Bestimmung von Tobramycin Mobile Phase 1: 1,5 ml/min 10 mM Natriumphosphatpuffer pH 5,2; mobile Phase 2: 1,5 ml/min 50 mM EDTA pH 8,8; Säule 1: 4,6 mm × 3 cm mit Kationenaustauscher 10 µm; Säule 2: 4,6 mm × 12,5 cm mit RP-18 5 µm; Vorsäule: 2,2 cm × 2,5 cm mit Silicagel 37–54 µm

scher enthält, wird Tobramycin zurückgehalten, dagegen ein Großteil der störenden Begleitstoffe in den Abfall transportiert. Nachdem dies geschehen ist, wird das Schaltventil gedreht (Schritt C), womit die Rückspülung des Antibiotikums mit basischer mobiler Phase von Pumpe 2 und die Trennung auf Säule 2 beginnt. (Die Vorsäule bei Pumpe 2 soll die mobile Phase mit SiO_2 sättigen.) Die Detektion erfolgt nach Derivatisierung mit o-Phthalaldehyd durch Fluoreszenz bei 340/440 nm.

Abbildung 18.9 dokumentiert den Erfolg dieses zweidimensionalen Trennverfahrens. A ist das Chromatogramm von „blankem" Serum bei direkter Injektion auf Säule 2. Es sind zu viele Begleitstoffe vorhanden. Bei B wurden Säule 1 und 2 gekoppelt; nun ist der interessante Bereich zwischen 4 und 6 Minuten frei von Peaks. C zeigt den Nachweis von Tobramycin in Patientenserum.

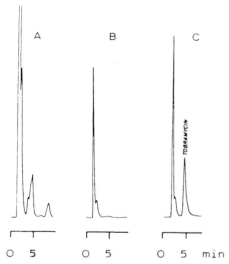

Abb. 18.9 Bestimmung von Tobramycin
(nach Perkin-Elmer)
A) Serum direkt auf Säule 2; B) Serum
auf Säule 1 und 2; C) Serum eines mit Tobramycin behandelten Patienten auf Säule 1
und 2

18.4
**Die Optimierung eines isokratischen Chromatogramms
mit vier Lösungsmitteln**

Bei vielen Trennproblemen ist ein Gradient nicht nötig, wenn die mobile Phase optimal ist. Gradienten haben ja immer den Nachteil, dass eine Rückkonditionierung notwendig ist, welche eine gewisse Zeit braucht.

Die Grundlagen für die Optimierung wurden in den Abschnitten 9.4 und 10.3 vorgestellt. Dort wurde vorgeschlagen, eine Trennung mit drei verschiedenen Lösungsmittelgemischen zu versuchen.

In der Adsorptions-Chromatographie:

    Hexan/Ether

    Hexan/Dichlormethan

    Hexan/Ethylacetat

In der Umkehrphasen-Chromatographie:

    Wasser/Methanol

    Wasser/Acetonitril

    Wasser/Tetrahydrofuran

J. L. Glajch, J. J. Kirkland und J. M. Minor, J. Chromatogr. 199 (1980) 57.

Es kann aber angebracht sein, sich nicht auf binäre Mischungen zu beschränken, sondern die Trennung durch Zumischen einer dritten und vierten Komponente zu verbessern. Die Evaluation geschieht am besten systematisch mit 7 verschiedenen Mischungen.

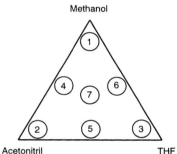

Abb. 18.10 Die Lage der 7 Mischungen im Selektivitätsdreieck

Das Vorgehen soll an einem Beispiel erläutert werden.

Bei der Trennung von 10 Phenolen mit Umkehrphasen-Chromatographie wird als günstigste Mischung (bezüglich der Retention) gefunden: Wasser/Methanol 60:40. Dies ist Chromatogramm ①. Die Polarität der mobilen Phase berechnet sich zu:

Man vergleiche mit Abschnitt 10.3. Die hier verwendeten P'-Werte sind anders, nämlich: $P'_{Methanol} = 2,6$, $P'_{ACN} = 3,2$, $P'_{THF} = 4,5$.

$$P'_{Mischung} = P'_1\varphi_1 + P'_2\varphi_2$$
$$= 0 \cdot 0,6 + 2,6 \cdot 0,4 = \underline{1,04}$$

P' soll für alle 7 Chromatogramme konstant gehalten werden. Chromatogramm ② mit Acetonitril:

$$\varphi_{ACN} = \frac{P'_{Mischung}}{P'_{ACN}} = \frac{1,04}{3,2} = 0,33 \qquad \text{Wasser/Acetonitril } \underline{67:33}$$

Chromatogramm ③ mit THF:

$$\varphi_{THF} = \frac{1,04}{4,5} = 0,23 \qquad\qquad \text{Wasser/THF } \underline{77 : 23}$$

Chromatogramm ④ mit Methanol und Acetonitril. Die mobile Phase ist eine 1:1-Mischung der in ① und ② verwendeten Eluenten.

Wasser: 0,5 · 60 + 0,5 · 67 = 63,5 Teile
Methanol: 0,5 · 40   20 Teile
Acetonitril: 0,5 · 33   <u>16,5 Teile</u>

(Kontrolle: $P' = 0,635 \cdot 0 + 0,2 \cdot 2,6 + 0,165 \cdot 3,2 = 1,05$)

Chromatogramm ⑤ mit Acetonitril und THF. Die 1:1-Mischung von ② und ③ besteht aus: Wasser/Acetonitril/THF <u>72:16,5:11,5</u>.

Chromatogramm ⑥ mit Methanol und THF. Die Mischung von ① und ③ besteht aus: Wasser/Methanol/THF <u>68,5:20:11,5</u>.

Chromatogramm ⑦ mit Methanol, Acetonitril und THF. Die mobile Phase ist eine 1:1:1-Mischung der in ①, ② und ③ verwendeten Eluenten.

Wasser: 0,33 · 60 + 0,33 · 67 + 0,33 · 77 = 68 Teile
Methanol: 0,33 · 40   = 13 Teile
Acetonitril: 0,33 · 33   = 11 Teile
THF: 0,33 · 23   = <u> 8 Teile</u>

Eine dieser 7 Trennungen liegt vermutlich nahe am Optimum, d. h. die Auflösung benachbarter Peaks sollte mindestens 1 betragen. Falls noch keine Trennung ganz befriedigt, kann jetzt gut abgeschätzt werden, welche weiteren Gemische Erfolg versprechend sind.

Für die praktische Durchführung derartiger Optimierungen ist es fast unumgänglich, ein HPLC-Gerät mit vier Lösungsmittelreservoiren und entsprechender PC-steuerung zu besitzen. Der Computer kann zugleich zur Berechnung und Überwachung der 7 Eluentenmischungen dienen.

Abbildung 18.11 zeigt die mit den 7 mobilen Phasen erhaltenen Chromatogramme. Phenole müssen in schwach saurem (essigsaurem) Milieu getrennt werden, wobei die Essigsäure die Selektivität ebenfalls beeinflusst. Deshalb errechnete der Computer etwas andere Zusammensetzungen als oben dargelegt. Im letzten Chromatogramm ⑧ ist die optimale Trennung abgebildet, welche durch andere Lösungsmittelgemische nicht verbessert werden kann. Sie be-

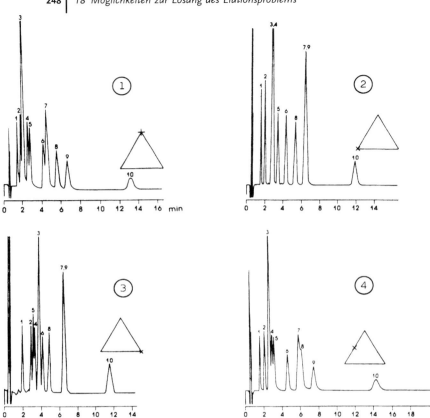

nötigt nur drei Komponenten (63 % Wasser mit 1 % Essigsäure / 34 % Methanol / 3 % Acetonitril).

18.5
Die Optimierung der übrigen Parameter

Die Optimierung der mobilen Phase kann nach dem im letzten Abschnitt gezeigten Verfahren routinemäßig geschehen. Die Besonderheit dieses Verfahrens ist seine Geschlossenheit: die Wahl der Komponenten der mobilen Phase ist nicht willkürlich, sondern durch ihre Lage im Selektivitätsdreieck gegeben und die Summe aller Komponenten beträgt immer 100 %.

P. J. Schoenmakers, S. van Molle, C. M. G. Hayes und L. G. M. Uunk, Anal. Chim. Acta 250 (1991) 1.

Daneben gibt es andere Parameter, deren Wahl viel weniger zwingend ist: stationäre Phase, Temperatur, pH-Wert (oder andere ionische Effekte) und sekundäre chemische Gleichgewichte, z. B. Ionenpaare. Die erste Wahl bei der Durchführung einer Trennung ist oft eher zufällig. Die Optimierung ist tatsächlich schwieriger, weil das

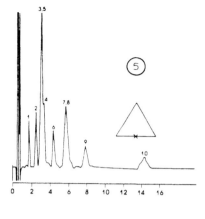

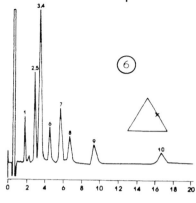

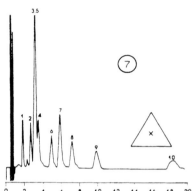

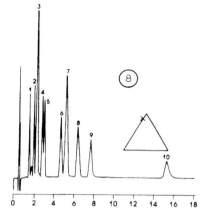

Abb. 18.11 Systematische Optimierung der Trennung von 10 Phenolen (nach Du Pont) 1) Phenol, 2) p-Nitrophenol, 3) 2,4-Dinitrophenol, 4) o-Chlorphenol, 5) o-Nitrophenol, 6) 2,4-Dimethylphenol, 7) 4,6-Dinitro-o-kresol, 8) p-Chlor-m-kresol, 9) 2,4-Dichlorphenol, 10) 2,4,6-Trichlorphenol

Verfahren nicht geschlossen sein kann. Die systematische Variation einiger aussichtsreich erscheinender Parameter kann aber sehr erfolgreich sein, wie in folgendem Beispiel erläutert.

Eine Mischung von sechs Verbindungen mit unterschiedlichen Säure-Base-Eigenschaften wurde isokratisch auf einer C_{18}-Umkehrphase getrennt. Die Einflussgrößen, welche gleichzeitig optimiert werden mussten, waren der Methanolgehalt (% B) und der pH-Wert der mobilen Phase. Für die systematische Optimierung war es notwendig, eine beschränkte Zahl von Experimenten innerhalb der Grenzen 45–65 % B und pH 3,0–6,0 durchzuführen. Die Ergebnisse, das heißt, die minimale Auflösung des kritischen Peakpaars

Y. Hu und D.L. Massart, J. Chromatogr. 485 (1989) 311.

als Funktion dieser Parameter, wurden mathematisch ausgewertet und als Oberfläche im dreidimensionalen Raum dargestellt (ähnlich wie Abbildung 18.15). Es wurde vorausgesagt, dass alle Komponenten bei 50 % B und pH 3,0 oder 4,0 mit genügender Auflösung getrennt werden können. Dies war tatsächlich möglich wie das Chromatogramm in Abbildung 18.12 zeigt.

Die Optimierung[1] kann, wie in diesem Beispiel, systematisch oder aber gerichtet geschehen. Beide Verfahren sind automatisierbar. *Systematische Optimierung* bedeutet, dass innerhalb gewisser Grenzen die interessant erscheinenden Parameter in einem sinnvollen Muster verändert werden: Grenzwerte und Schrittlänge müssen ausprobiert beziehungsweise nach Erfahrung gewählt werden. Durch statistisch sinnvolle Versuchsplanung[2] lässt sich die notwendige Anzahl Experimente klein halten. Bei der *gerichteten Optimierung* wird nach jedem Chromatogramm entschieden, ob sich die Optimierung in Richtung auf das Optimum hin bewegt oder nicht. Im ersten Fall wird in dieser Richtung weitergefahren, im zweiten Fall die Richtung verändert. Die bekannteste dieser Methode ist das Simplex-Verfahren[3].

[1] J. C. Berridge, *Techniques for the Automated Optimization of HPLC Separations*, Wiley-Interscience, Chichester 1985; P. J. Schoenmakers, *Optimization of Chromatographic Selectivity*, Elsevier, Amsterdam 1986; G. d'Agostino, L. Castagnetta, F. Mitchell und M. J. O'Hare, J. Chromatogr. 338 (1985) 1; H. J. G. Debets, J. Liquid Chromatogr. 8 (1985) 2725; C. E. Goewie, J. Liquid Chromatogr. 9 (1986) 1431.

[2] G. E. P. Box und D. W. Behnken, Technometrics 2 (1960) 455; K. Jones, Int. Lab. 16 (Nov. 1986) 32; S. N. Deming und S. L. Morgan, *Experimental Design: A Chemometric Approach*, Elsevier, Amsterdam 1987; E. Morgan, *Chemometrics – Experimental Design*, Wiley, Chichester 1991.

[3] J. C. Berridge, J. Chromatogr. 485 (1989) 3.

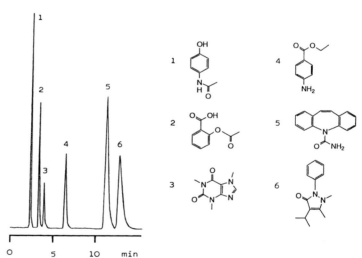

Abb. 18.12 Optimierte Trennung einer Sechs-Komponenten-Mischung mit Säuren und Basen (nach Y. Hu und D.L. Massart, J. Chromatogr. 485 (1989) 311)
Säule: 4 mm × 25 cm; stationäre Phase: LiChrosorb RP-18 5 µm; mobile Phase: 1 ml/min Phosphatpuffer pH 3,0 / Methanol 1 : 1; Detektor: Diodenarray; 1) Paracetamol; 2) Acetylsalicylsäure; 3) Coffein; 4) Benzocain; 5) Carbamazepin; 6) Propyphenazon

Zur automatischen Optimierung ist ein leistungsfähiger Computer notwendig, welcher feststellen kann, ob die eine Trennung besser ist als eine andere. Als objektives Kriterium dient eine so genannte Auflösungsfunktion, von welcher verschiedene Varianten vorgeschlagen wurden und welche die Auflösung zwischen benachbarten Peaks und die Analysenzeit berücksichtigt. Es ist von Vorteil, wenn der Computer die einzelnen Peaks identifizieren kann, sei es durch Injektion von Standards oder durch spektroskopische Methoden. Es ist möglich, die Trennung von komplexen Säure-Base-Gemischen durch die gleichzeitige Variation von pH-Wert, Ionenpaarreagens-Konzentration, Zusammensetzung der ternären mobilen Phase, Volumenstrom und Temperatur mit dem Simplex-Verfahren automatisch zu optimieren. Einige automatische Optimierungssysteme sind kommerziell erhältlich. Obwohl solche Systeme ohne Zweifel immer Wünsche offen lassen, können zahlreiche Probleme mit ihnen elegant gelöst werden.

Computersimulation der Trennung unter verschiedenen experimentellen Bedingungen kann sehr Zeit und Material sparend sein; dazu ist es notwendig, vorher zwei Chromatogramme mit unterschiedlicher Zusammensetzung der mobilen Phase auszuführen und die Resultate (Retentionszeiten) dem Computer einzugeben. Mehrere derartige Programme sind kommerziell erhältlich. Die Resultate werden oft als *Fensterdiagramme* (window diagrams) dargestellt. In Abbildung 18.13 ist ein Fensterdiagramm mit der Auflösung des kritischen Peakpaars gegen die Laufzeit des Gradienten gezeigt. Andere Einflussgrößen lassen sich in analoger Weise graphisch ausdrücken. Günstige Trennbedingungen sind in einem solchen Diagramm auf einen Blick erkennbar.

I. Molnar, J. Chromatogr. A 965 (2002) 175.

Gleichzeitige Optimierung von Gradientenlaufzeit und Temperatur

Abbildung 18.14 stellt ein Beispiel der computerunterstützten Optimierung der linearen Gradientenlaufzeit und der Temperatur dar. Vorgängig mussten vier Experimente mit zwei verschiedenen Temperaturen (50 und 60 °C) und zwei Laufzeiten (17 und 51 min) durchgeführt werden. Aus diesen Daten berechnete der Computer die optimalen Bedingungen zu 57 °C und 80 min. Das simulierte Chromatogramm dieses Vorschlags ist oben in der Abbildung gezeigt. Einige Peakpaare sind nicht besser als mit R = 0,7 aufgelöst. Weil nicht alle Komponenten von gleichem wissenschaftlichem Wert sind, wurde entschieden, die Peaks 8, 9, 12, 13, 15 und 16 nicht aufzulösen. Mit dieser Erleichterung schlug der Computer 55 °C und 54 min vor (Mitte). Das experimentelle Chromatogramm ist nahezu identisch mit der Simulation (unten).

Neben der Güte der Trennung (Auflösung des kritischen Peakpaars) ist auch die *Robustheit* (Ruggedness) der Methode zu beachten. Es

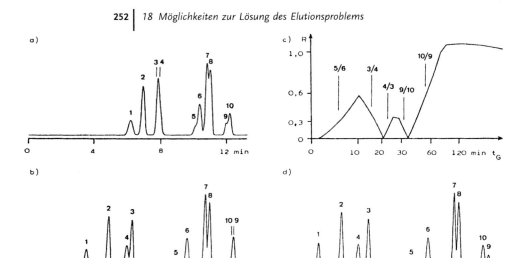

Abb. 18.13 Fensterdiagramm

Die Trennung erfolgt mit einem linearen Gradienten von 0 bis 45% B, die günstige Laufzeit ist gesucht. a) Gradient in 15 min; b) Gradient in 45 min, wobei sich die Elutionsreihenfolge zum Teil verändert hat; c) daraus berechnetes Fensterdiagramm unter Annahme einer linearen Beziehung zwischen Retentionszeit und % B; dargestellt ist die Auflösung R des unter den gegebenen Bedingungen kritischen Peakpaars; erst bei langen Laufzeiten wird eine Auflösung von mindestens 1 erreicht; d) optimiertes Chromatogramm mit 0 bis 45% B in 80 Minuten, wobei die Trennung bereits nach 45 Minuten und 25% B beendet ist.

ist ungünstig, unter Bedingungen zu arbeiten, bei welchen die Trenngüte stark von einer kleinen Veränderung der Methode, beispielsweise einer ungewollten Änderung des pH-Werts, beeinflusst wird. Für Routineanalysen ist es besser, robuste Bedingungen zu wählen, auch wenn dafür eine Verschlechterung der Auflösung in Kauf genommen werden muss. Ein hypothetisches Beispiel zeigt Abbildung 18.15, wo Punkt B zwar geringere Qualität, aber viel bessere Robustheit hat als der Maximalpunkt A.

18.6
Gemischte stationäre Phasen

Bei der Optimierung ist auch der stationären Phase die notwendige Aufmerksamkeit zu schenken. Man sollte den Aufwand nicht scheuen und verschiedene Materialien ausprobieren. Unter Umständen kann es günstig sein, zwei verschiedene stationäre Phasen gleichzeitig einzusetzen. Dies kann in Form von *gekoppelten Säulen* geschehen, wobei zwei oder mehr Säulen mit unterschiedlichen Phasen in Serie verwendet werden (ohne Säulenschalten). Eine ele-

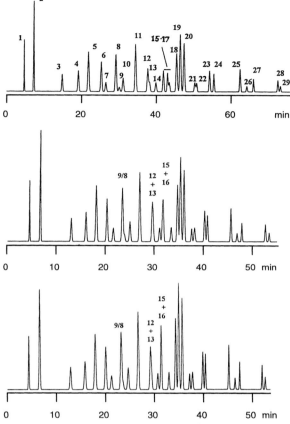

Abb. 18.14 Optimierung von Gradientenlaufzeit und Temperatur (nach J.W. Dolan et al., J. Chromatogr. A 803 (1998) 1)
Probe: Algenpigmente; Säule: 3,2 mm × 25 cm; stationäre Phase: Vydac 201tp C_{18} 5 μm; mobile Phase: 0,65 ml/min 28 mM Tetrabutylammoniumacetat pH 7,1 / Methanol, Gradient 70–100 % Methanol. Oben: Computersimulation der Trennung bei 57°C und 80 min Gradientenlaufzeit; Mitte: Simulation mit drei nicht aufgelösten Peakpaaren bei 55°C und 54 min; unten: experimentelles Chromatogramm bei diesen Bedingungen.

gante Lösung kann der Gebrauch von *gemischten stationären Phasen* sein: Eine Säule wird mit einer Mischung aus zwei (oder mehr) verschiedenen stationären Phasen gefüllt, wobei die beteiligten Phasen und das Mischungsverhältnis vorher sorgfältig evaluiert werden müssen. Abbildung 18.16 zeigt die Trennung von sauren (beispielsweise β-Lactoglobulin A mit isoelektrischem Punkt bei pH 5,1) und basischen (beispielsweise Lysozym, pH 11,0) Proteinen. Auf einem Kationen- oder Anionenaustauscher können nicht alle Proteine voneinander getrennt werden, dagegen gelingt dies auf einer gemischten stationären Phase.

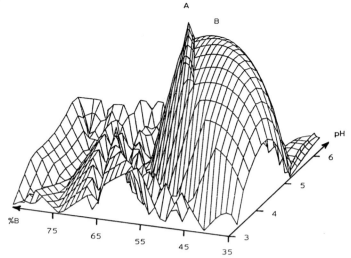

Abb. 18.15 Robustheit einer Methode
Hier ist das Qualitätskriterium, beispielsweise die Auflösung, als Oberfläche auf
einer Ebene dargestellt, die vom Gehalt an B-Lösungsmittel und vom pH-Wert
aufgespannt wird. Punkt A gibt maximale Qualität, aber er ist stark anfällig auf
Schwankungen in den Arbeitsbedingungen, insbesondere in Richtung von höherem % B und tieferem pH. Punkt B ist robuster bei etwas geringerer Qualität.

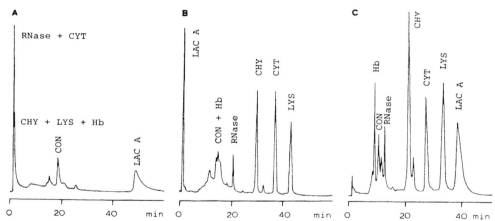

Abb. 18.16 Trennung von Proteinen auf gemischter stationärer Phase (nach Z.
el Rassi und C. Horváth, J. Chromatogr. 359 (1986) 255)
Stationäre Phasen: A starker Anionenaustauscher (Zorbax SAX-300), B starker Ka-
tionenaustauscher (Zorbax SCX-300), C 1:1-Mischung der beiden Phasen, Korn-
größe 7 μm; Säule: 6,2 mm × 8 cm (A und B), 4,6 mm × 10 cm (C); mobile
Phase: 20 mM Tris-HCl pH 7,0, Gradient von 0 bis 0,3 M Natriumchlorid in 40
Minuten, 1,5 ml/min (A und B), 1 ml/min (C); Detektor: UV 280 nm; RNase:
Ribonuclease A; CYT: Cytochrom c; CHY: α-Chymotrypsinogen A; LYS: Lysozym;
Hb: Hämoglobin; CON: Conalbumin; LAC A: β-Lactoglobulin A

19
Analytische HPLC

19.1
Qualitative Analyse

Aufgabe der qualitativen Analyse ist es, die Peaks des Chromatogramms zu identifizieren oder eine gesuchte Komponente im Eluat zu erkennen.

Ist die chemische Natur der Peaks völlig unbekannt, so muss man die in Abschnitt 6.10 beschriebenen speziellen Techniken zu Hilfe nehmen oder durch halbpräparative oder präparative HPLC (Kapitel 20) genügend Material sammeln, um durch verschiedene analytische Techniken den Peak identifizieren zu können.

Vermutet man eine oder mehrere bekannte Komponenten im Probengemisch, so geschieht die Analyse am leichtesten durch den Vergleich der k-Werte unter identischen chromatographischen Bedingungen von Vergleich und Probe. Hat ein Vergleichsstoff die gleiche Retentionszeit wie ein Peak im Chromatogramm, so könnten beide Substanzen identisch sein. Einigermaßen sicher ist man jedoch erst nach folgenden Operationen:

1. Vergleichsstoff mit einem Teil der Probe mischen und miteinander injizieren. Der fragliche Peak soll höher werden ohne irgendwelche Schultern oder Verbreiterungen zu zeigen. Je höher die Trennstufenzahl der Säule, desto größer ist die Chance, dass sie zwei verschiedene Komponenten von sehr ähnlichem chromatographischem Verhalten wenigstens andeutungsweise trennen kann.

2. Derselbe Test soll wenigstens mit einer anderen mobilen Phase, besser jedoch mit einer anderen stationären Phase (und dem geeigneten Eluenten) durchgeführt werden. Am besten verwendet man dazu Phasenpaare von entgegengesetztem Verhalten, also normale und Umkehrphasen. Wenn auch dann das Probe-Vergleich-Gemisch keine Andeutung einer Trennung zeigt, ist die Identität ziemlich sicher.

Völlige Sicherheit hat man erst nach einer Analyse des fraglichen Peaks, wie oben erwähnt. Doch kann man auch ohne viel Aufwand die qualitative Analyse verbessern:

– Je spezifischer der Detektor ist, desto mehr kann er zur Peakidentifikation beitragen. Während der Brechungsindex-Detektor alle Komponenten anzeigt, so ist der UV-Detektor nur für UV-absorbierende Stoffe geeignet und der Fluoreszenzdetektor nur für fluoreszierende. Die hohe Spezifität (dass ein Stoff fluoresziert) wird durch die Lage von Anregungs- und Emissionswellenlänge noch weiter gesteigert.

A. C. J. H. Drouen, H. A. H. Billiet und L. De Galan, Anal. Chem. 56 (1984) 971.

– Verändert man beim UV-Detektor die Wellenlänge, so sollen sich die Signale von Probe und Referenz *in gleicher Weise* verändern, d. h. um den gleichen Anteil größer oder kleiner werden. Das Verhältnis der Extinktionen bei zwei beliebigen Wellenlängen ist stoffspezifisch.

– Das Signalverhältnis im UV- und nachgeschalteten Brechungsindex-Detektor (oder in irgend einem anderen Detektorpaar) ist für jeden Stoff unter definierten Bedingungen charakteristisch.

Viel aussagekräftiger, jedoch mit mehr Aufwand verbunden, sind die in Abschnitt 6.10 erwähnten speziellen Methoden. Der Diodenarray-Detektor und die Kopplung mit Massenspektroskopie sind hervorragende Instrumente für die qualitative Analyse.

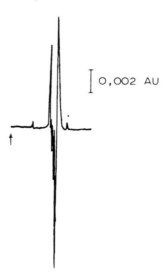

0,002 AU

Abb. 19.1   Brechungsindex-Peak

Es ist immer zu beachten, dass allfällige Brechungsindex-Peaks des Lösungsmittels für die Probe nicht mit Substanzpeaks verwechselt werden.

Beispiel (Abbildung 19.1):
Injektion von 10 µl Methanol/Wasser 1:1 (diente als Lösungsmittel
für eine Probe); mobile Phase: Dioxan/Wasser 10:90; Detektor: UV
254 nm

Um nicht auf solche Geisterpeaks hereinzufallen, löst man die Probe
am besten in der mobilen Phase. Wenn dies nicht möglich ist, muss
man einen Blindversuch mit dem verwendeten Lösungsmittel machen.
Der Vergleich von Retentionszeiten stellt hohe Anforderungen an
die Konstanz des Fördersystems und ist weniger aussagekräftig als
die Injektion einer Probe-Vergleichsstoff-Mischung.

19.2
Spurenanalyse

Wenn es darum geht, eine geringe Menge eines bestimmten Stoffs
qualitativ oder quantitativ zu bestimmen, so ist als Erstes das chromatographische System zu optimieren. Dazu muss man sich verge-
genwärtigen, dass die Konzentration im Maximum eines Peaks c_{max}
kleiner ist als in der Injektionslösung c_i, wenn isokratisch gearbeitet wird:

$$c_{max} = \frac{c_i V_i}{V_R} \sqrt{\frac{N}{2\pi}}$$

B.L. Karger, M. Martin und G.
Guiochon, *Anal. Chem. 46*
(1974) 1640.

V_i: injiziertes Probevolumen
V_R: Retentionsvolumen, $V_R = t_R \cdot F$
N: Trennstufenzahl der Säule
(Bei Gradientenelution ist c_{max} höher als nach dieser Formel.)

Aufgabe 31:
Von einer Lösung mit einem Gehalt der interessierenden Komponente von 1 ppm (10^{-6} g/ml) werden 10 µl injiziert. Das Retentionsvolumen des Peaks beträgt 14 ml. Die Trennstufenzahl der Säule,
berechnet mit diesem Peak, beträgt 10000. Wie groß ist die Konzentration im Peakmaximum?

Lösung:

$$c_{max} = \frac{1 \cdot 10}{14 \cdot 10^3} \sqrt{\frac{10000}{2\pi}} \text{ ppm} = 0{,}028 \text{ ppm}$$

Für die Spurenanalytik strebt man natürlich ein möglichst hohes
Signal, somit eine hohe Maximumkonzentration an. Wie kann man
dies erreichen?

Aufgabe 32:

Für Aufgabe 31 wurde eine Säule von 15 cm Länge und 4,6 mm Innendurchmesser mit einer 5-µm-Packung verwendet. Die Maximumkonzentration von 0,028 ppm gab im UV-Detektor ein Signal von 1 mV. Welches Signal erhält man durch den Einsatz einer Säule

a) von 25 cm Länge,

b) mit 3 mm Innendurchmesser,

c) mit 3,5-µm-Packung,

wenn jeweils die übrigen Parameter unverändert bleiben?

Lösung:

a) Bei gleicher Qualität der Säulenpackung bleibt die Trennstufenhöhe H konstant. Die 25-cm-Säule hat folglich 1,7mal mehr Trennstufen als die 15-cm-Säule, und ihr Retentionsvolumen ist ebenfalls 1,7mal größer (25 : 15 = 1,7).

$$c_{max} = \frac{1 \cdot 10}{1,7 \cdot 14 \cdot 10^3} \sqrt{\frac{1,7 \cdot 10000}{2\pi}} \; ppm = 0,022 \; ppm$$

entsprechend einem Signal von 0,8 mV

b) $V_R = \frac{14 \cdot 3^2}{4,6^2} \; ml = 6,0 \; ml$

$$c_{max} = \frac{1 \cdot 10}{6 \cdot 10^3} \sqrt{\frac{10000}{2\pi}} \; ppm = 0,066 \; ppm$$

entsprechend einem Signal von 2,4 mV

c) Bei gleich guter Packungsqualität hat die Säule mit 3,5-µm-Partikeln eine 1,4mal höhere Trennstufenzahl (5 : 3,5 = 1,4).

$$c_{max} = \frac{1 \cdot 10}{14 \cdot 10^3} \sqrt{\frac{1,4 \cdot 10000}{2\pi}} \; ppm = 0,034 \; ppm$$

entsprechend einem Signal von 1,2 mV

Geringste Verdünnung und somit höchste Peaks erhält man folglich bei der Verwendung von kurzen und vor allem dünnen Säulen, welche dank feinkörniger Packung (und nicht dank ihrer Länge) eine möglichst hohe Trennstufenzahl besitzen. Da sowohl V_R wie auch N proportional zur Säulenlänge L_c sind, ist c_{max} proportional zu $1/\sqrt{L_c}$ sodass eine längere Säule eine geringere Maximumkonzentration zur Folge hat. Wenn die Probenkonzentration c_i gegeben ist, lässt sich die Maximumkonzentration möglichst hoch halten, wenn das Injektionsvolumen und die Trennstufenzahl groß sind, das Retentionsvolumen jedoch klein.

Obige Gleichung kann man auch anders schreiben (denn $V_R = L_c \, d_c^2 \pi \varepsilon (k + 1)/4$ und $N = L_c/H$):

$$c_{max} = 0,5 \, \frac{c_i V_i}{d_c^2 \varepsilon \, (k + 1) \, \sqrt{L_c H}}$$

d_c: Säulendurchmesser
ε: totale Porosität
k: Retentionsfaktor
L_c: Säulenlänge
H: Trennstufenhöhe

So gesehen, werden die oben erläuterten Punkte klar:
– Die Säule soll einen kleinen Innendurchmesser haben. Halbieren von d_c gibt vierfache Peakmaximumkonzentration!
– Die Säule soll kurz sein.
– Der Retentionsfaktor soll klein sein.
– Die Trennstufenhöhe soll klein sein. Dies erreicht man durch kleine Korngröße, gute Säulenpackung und gute Stoffaustauschei- genschaften der stationären Phase. Die Säule soll im Minimum ihrer van Deemter-Kurve betrieben werden.
Natürlich ist darauf zu achten, dass die Säule trotz ihrer Kürze genü- gend Trennstufen aufweist, um das Trennproblem lösen zu können. Die Methode soll in Bezug auf die Spurenkomponente optimiert sein.
Aus den Gleichungen ist auch ersichtlich, dass die Probenmenge, also das Produkt $c_i V_i$, hoch sein soll. Einerseits darf die Säule bezüg- lich der Hauptkomponente überladen werden, solange der Peak der Spurenkomponente nicht beeinträchtigt wird (Abbildung 19.2). An- dererseits ist gerade das Injektionsvolumen beschränkt, wenn nicht eine Bandenverbreiterung in Kauf genommen werden will. Um den Spurenpeak um nicht mehr als 9% zu verbreitern, beträgt das maxi- mal erlaubte Injektionsvolumen:

$$V_{i\,max} = 0,6 \, t_R F / \sqrt{N}$$

Auch diese Beziehung lässt sich anders schreiben (denn Retentions- zeit $t_R = t_0(k + 1)$ und Volumenstrom $F = L_c d_c^2 \pi \varepsilon / 4 t_0$):

$$V_{i\,max} = 0,48 \, \frac{(k + 1) \, L_c \, d_c^2 \varepsilon}{\sqrt{N}}$$

M. Martin, C. Eon und G. Guiochon, J. Chromatogr. 108 (1975) 229.

Wenn genügend Probenmenge zur Verfügung steht, beispielsweise in der Lebensmittelanalytik, kann $V_{i\,max}$ ausgenützt werden, auch wenn dadurch früher eluierte Peaks verbreitert oder die Hauptkom- ponenten überladen werden (falls auch dann die Auflösung der Spu- renkomponente genügend ist). Die Peakmaximumkonzentration er- gibt sich in diesem Fall durch Kombination der Gleichungen für c_{max} und $V_{i\,max}$ als
$c_{max} = 0,24 \, c_i$

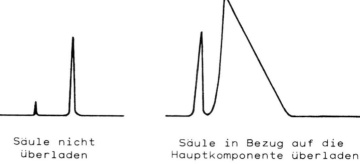

Säule nicht   Säule in Bezug auf die

überladen   Hauptkomponente überladen

Abb. 19.2 Überladen der Trennsäule in der Spurenanalytik

Dies ist der günstigste Fall bei isokratischer Trennung (und 9% Peakverbreiterung). Die Verdünnung eines Peaks durch die Bandenverbreiterungsphänomene ist auch unter diesen Umständen hoch, nämlich um Faktor 4!

Man beachte, dass bei genügender Probenmenge und bei Ausnützung des maximalen Injektionsvolumens nun die oben aufgeführten Postulate wie dünne und kurze Säule, kleiner k-Wert und kleine Trennstufenhöhe hinfällig werden. Falls die Trennung auch bei $V_{i\ max}$ nicht beeinträchtigt wird, gilt $c_{max} = 0,24\ c_i$ auch für dicke, lange und schlecht gepackte Säulen. Allerdings ist die Optimierung des Trennsystems in jedem Fall zu empfehlen, spart man doch dadurch Zeit und Lösungsmittel.

Für die Spurenanalytik sind einige weitere Punkte zu beachten:

– Tailing ist zu vermeiden. Ein asymmetrischer Peak ist breiter und dadurch weniger hoch als ein symmetrischer.

– Gradienten komprimieren die Peaks, wodurch sie höher werden. Falls es nicht möglich ist, die Spurenkomponente mit kleinem Retentionsfaktor zu eluieren, ist Gradientenelution zu empfehlen; dies kann auch ein Stufengradient zur richtigen Zeit sein.

– Der Detektor soll möglichst empfindlich sein. Ein unspezifischer Detektor wie der Brechungsindex-Detektor ist zur Spurenanalyse nicht geeignet. Sehr empfindlich können der Fluoreszenz- und der elektrochemische Detektor sein. Beim UV-Detektor können durch die richtige Wahl der Wellenlänge störende Begleitstoffe unsichtbar gemacht werden (siehe Abbildung 6.6). Derivatisierung (siehe Abschnitt 19.9) kann die Nachweisgrenze erheblich steigern. Die quantitative Auswertung der Peakhöhen ist in der Spurenanalytik oft richtiger als diejenige der Flächen.

In Abschnitt 6.1 wurde bereits erwähnt, dass für eine quantitative Analyse das Signal/Rausch-Verhältnis mindestens 10 betragen sollte. Für einen qualitativen Nachweis genügt oft ein Verhältnis von 3.

Für die Spurenanalytik ist der Probenvorbereitung, möglichst verbunden mit Aufkonzentrierung, große Aufmerksamkeit zu schenken. Auch die HPLC selbst kann sehr wirkungsvoll zum Aufkonzentrieren eingesetzt werden. Wenn das Probenlösungsmittel eine viel zu geringe Elutionskraft hat, werden die Inhaltsstoffe am Säulenanfang festgehalten. Eluiert man anschließend mit einer mobilen Phase, welche die Probe sehr schnell aus der Säule transportiert, so ist ihre Bandenverbreiterung gering und die Konzentration im Eluat groß. Der Effekt ist am wirkungsvollsten, wenn man mit $k = 0$, also mit der Front, eluieren kann; dann spricht man von *Verdrängungs-Chromatographie*. Beispielsweise konnten Chlorphenole in Wasser mithilfe einer Styrol-Divinylbenzolsäule um das 4000 fache angereichert werden. *Säulenschalten* (Abschnitt 18.3) kann sehr elegant zum Abtrennen von Hauptkomponenten und zum Gewinnen von Spurenstoffen dienen.

F.A. Maris, J.A. Stab, G.J. De Jong und U.A.T. Brinkman, J. Chromatogr. 445 (1988) 129.

Für die Bestimmungs- und Nachweisgrenze siehe den nächsten Abschnitt 19.3.

19.3
Quantitative Analyse

In der Flüssigchromatographie ist das Detektorsignal viel stärker von speziellen Stoffeigenschaften abhängig als in der Gaschromatographie. So ist beispielsweise das UV-Signal von der Stoffeigenschaft „Extinktionskoeffizient" abhängig. Der Extinktionskoeffizient variiert jedoch bei verschiedenen Stoffen von 0 bis > 10000. Auch bei Homologen ist der Extinktionskoeffizient und das Absorptionsmaximum von Stoff zu Stoff verschieden. Deshalb muss für jede quantitative Analyse mindestens ein Kalibrierchromatogramm ausgeführt werden.

J. Asshauer und H. Ullner, in: Practice of High Performance Liquid Chromatography, H. Engelhardt, ed. Springer, Berlin 1986, S. 65–108; E. Katz, ed., Quantitative Analysis Using Chromatographic Techniques, Wiley, Chichester 1987, S. 31–98; S. Lindsay, High Performance Liquid Chromatography, ACOL Series, Wiley, Chichester, 2. Auflage 1992, S. 229–250 (mit Übungsbeispielen).

Zweistoffmischungen lassen sich allerdings auch ohne Kalibration quantitativ analysieren. Dazu stellt man sich von den reinen Stoffen je eine Lösung genau gleicher Konzentration her und nimmt deren UV-Spektren auf. Wählt man zur Detektion diejenige Wellenlänge, bei der sich die Linien der Spektren schneiden, so ist das Flächenverhältnis der Peaks im Chromatogramm mit dem Mischungsverhältnis der Probe identisch. Bedingung ist jedoch, dass der verwendete UV-Detektor eine sehr gute Stabilität und Reproduzierbarkeit der gewählten Wellenlänge (mindestens ± 0,2 nm) aufweist.

Die Kalibrierung kann auf drei verschiedene Weisen geschehen: externer Standard, interner Standard und Standardaddition (Abbildung 19.3). Hier wird das Vorgehen mit Einpunkt-Kalibration erklärt, es ist jedoch immer zu empfehlen, eine Kalibrierkurve mit mindestens drei Datenpunkten aufzunehmen. Die Berechnung erfolgt dann nicht mit einem einfachen Dreisatz, wie unten, sondern mithilfe der Steigung der Kalibriergeraden. Kalibrierkurven sollten linear sein und durch den Nullpunkt gehen. Man sollte sie bei jeder quantitativen Bestimmung neu aufnehmen. Greift man auf ein früher registriertes Chromatogramm zurück, so können sich durch eventuell eingetretene Änderungen der chromatographischen Bedingungen Fehler einschleichen. Die Bezeichnung „Signal" meint hier Peakfläche *oder* Peakhöhe, siehe Abschnitt 19.5.

Nehmen wir an, es soll Glucose in einem Getränk quantitativ bestimmt werden. Der Gehalt wird im Bereich von 5 g/l erwartet. Die drei Verfahren werden wie folgt durchgeführt:

1. *Externer Standard.* Man stellt eine Kalibrierlösung von 6 g/l Glucose her (nicht unbedingt 6,000 g/l, aber genau bekannt). Diese gibt eine Peakfläche von 5400 Einheiten. Die Probe gibt eine Peakfläche von 3600 Einheiten.

$$\text{Kalibrierfaktor KF} = \frac{6}{5400} = 1{,}11 \cdot 10^{-3}$$

$$\text{Gehalt} = \text{Probenpeakfläche} \cdot \text{KF} = 3600 \cdot 1{,}11 \cdot 10^{-3} = 4 \text{ g/l}$$

2. *Interner Standard.* Sowohl zur Proben- wie auch zur Kalibrierlösung (wie oben) setzt man einen weiteren Stoff, welcher in der Probe nicht enthalten ist, zu gleichen Teilen oder Konzentrationen zu. Hier geschieht das mit 10 g/l Fructose. Die folgenden Peakflächen werden gefunden: 3600 für Glucose in der Probe, 5400 für Glucose im Standard, 6300 für Fructose in beiden Lösungen. Man erhält das Konzentrationsverhältnis durch Vergleich mit dem Signalverhältnis:

$$\text{KF} = \frac{\text{Standard-Konzentrationsverhältnis}}{\text{Standard-Signalverhältnis}} = \frac{6 \cdot 6300}{10 \cdot 5400} = 0{,}7$$

$$\text{Proben-Konzentrationsverhältnis} = \text{Proben-Signalverhältnis} \cdot \text{KF}$$

$$= \frac{3600}{6300} \cdot 0{,}7 = 0{,}4$$

Gehalt = Konzentration an internem Standard · Konzentrationsverhältnis

$$= 10 \cdot 0{,}4 = 4 \text{ g/l}$$

3. *Standardaddition.* Die Probenlösung wird mit einer bekannten
Menge der zu bestimmenden Komponente angereichert. Hier geschieht das durch den Zusatz von 5 g/l Glucose. Die Peakflächen
sind 3600 für die unbehandelte und 8100 für die angereicherte
Probe.

$$\text{Gehalt} = \frac{\text{Zusatz} \cdot \text{Proben-Nettosignal}}{\text{Signaldifferenz}} = \frac{5 \cdot 3600}{8100 \cdot 3600} = 4 \text{ g/l}$$

Die Methode des externen Standards ist die einfachste und sollte
daher nur für einfache analytische Proben verwendet werden. Die
Injektion muss mit guter Reproduzierbarkeit erfolgen, sodass die
Technik der vollständigen Schlaufenfüllung zu empfehlen ist
(siehe Abschnitt 4.6). Bei Mehrpunkt-Kalibration ist es nicht sinnvoll, von einer Stammlösung verschiedene Volumina zu injizieren
(z. B. 10, 20, 30, 40 und 50 µl), weil unter Umständen weder Richtigkeit noch Präzision dieser Injektionen genügend hoch sind.
Vielmehr stellt man aus einer Stammlösung einige Kalibrierlösungen unterschiedlicher Konzentration her und spritzt von allen
gleich viel ein (mit vollständiger Schlaufenfüllung bzw. genau
dem selben Verfahren, das auch für die Probe Anwendung findet).
Im Fall der Kalibration mit internem Standard muss dies nicht beachtet werden und kleine Schwankungen des Injektionsvolumens
beeinträchtigen die Qualität der Analyse nicht. Bei schwieriger oder
komplizierter Probenvorbereitung ist die Methode des internen
Standards unbedingt zu empfehlen. In diesem Fall wird der interne
Standard zugegeben, bevor man den ersten Schritt der Probenvorbereitung durchführt. Es kann allerdings nicht einfach sein, eine geeignete Verbindung als Standard zu finden. Sie soll wohl definiert und
rein sein mit ähnlichen Eigenschaften wie die Probe in Bezug auf
Probenvorbereitung, chromatographische Trennung und Detektion.
Wenn möglich soll sie in einer Lücke des Chromatogramms eluiert
werden und nicht als erster oder letzter Peak. Beispiele: Abbildung
11.2, 13.1, 13.2 und 21.4.

Standardaddition ist eine elegante Technik, wenn die Probenmenge
nicht beschränkt ist. Sie erlaubt die Kalibration unter realistischen
Bedingungen, das heißt unter Einbezug von allen Störfaktoren. Die
Methoden der Standardaddition und des internen Standards können
kombiniert werden.

Es ist Aufgabe der Validierung (siehe Abschnitt 19.8) festzulegen,
wie oft ein Kalibrierchromatogramm oder eine Kalibrierkurve neu
aufgenommen werden müssen. Die grundsätzlichen Fehler von Ka-

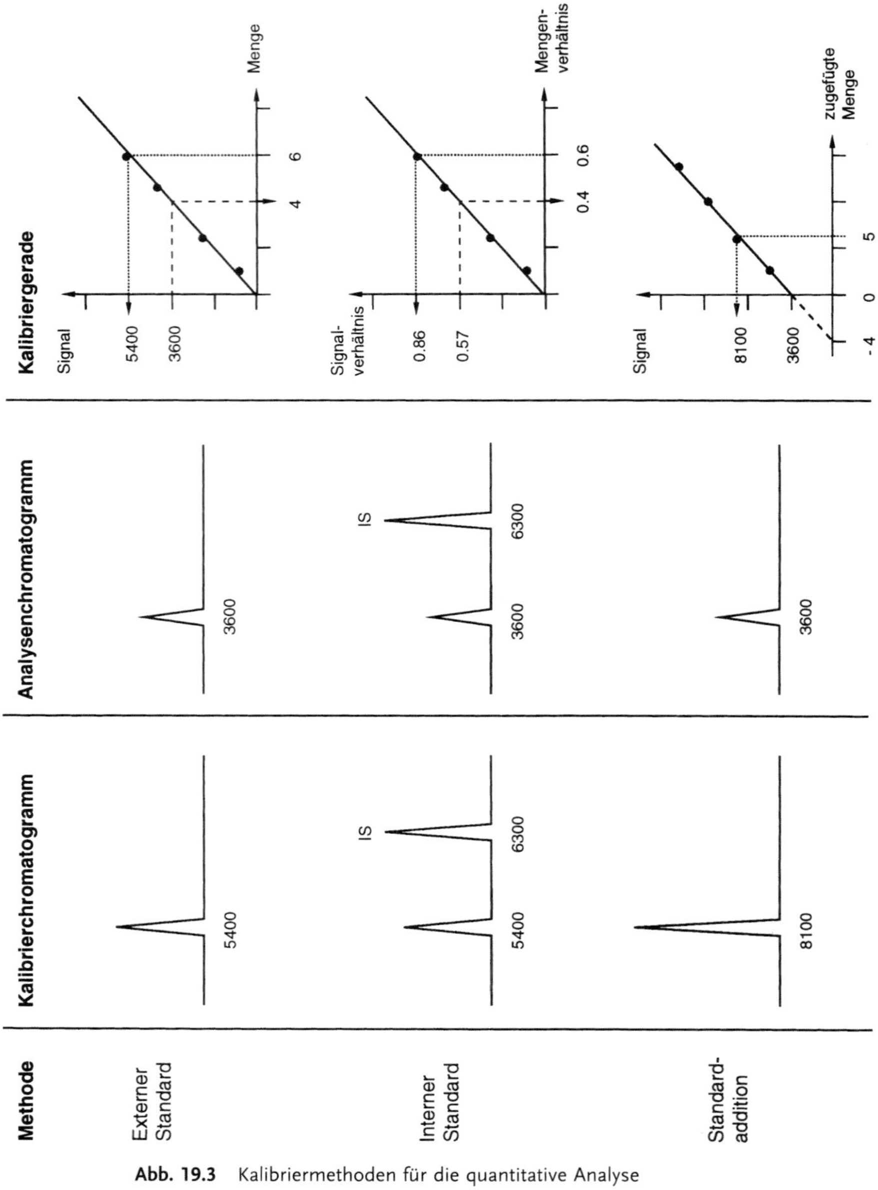

Abb. 19.3 Kalibriermethoden für die quantitative Analyse

librierkurven, wie sie Abbildung 19.4 darstellt, sind immer zu beachten. Man unterscheidet *konstant-systematische Fehler,* wenn die Kalibrierkurve nicht durch den Nullpunkt geht (wobei die Abweichung positiv, wie gezeigt, oder negativ sein kann), und *proportional-systematische Fehler,* wenn ihre Steigung unrichtig ist (zu klein, wie in der Abbildung, oder zu groß). Selbstverständlich können beide Fehler gleichzeitig auftreten. Durch die Bestimmung der Wiederfindungsfunktion (Abschnitt 19.4) können sie erkannt werden. Mit der Standardadditionsmethode wird ein konstant-systematischer Fehler nicht erkannt.

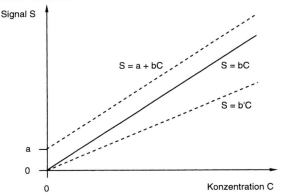

Abb. 19.4 Fehlerhafte Kalibrierkurven
Die richtige Kalibrierkurve mit ausgezogener Linie geht durch den Nullpunkt, ihre Steigung beträgt b. Die untere gestrichelte Kalibrierkurve ist mit einem proportional-systematischen Fehler behaftet, ihre Steigung b' ist falsch. Die obere gestrichelte Kalibrierkurve hat zwar die richtige Steigung, geht aber nicht durch den Nullpunkt, sondern schneidet die Ordinate bei a. Sie hat einen konstant-systematischen Fehler.

Für die Ermittlung der **Bestimmungsgrenze** LOQ (Limit of Quantification) wurden verschiedene Verfahren vorgeschlagen. Es geht darum, den tiefsten Gehalt des Analyten zu definieren, der mit festgelegter Richtigkeit und Wiederholbarkeit quantitativ bestimmt werden kann. Am pragmatischsten (wenn auch mit einigem Aufwand verbunden) ist es, wenn man die obere Grenze der erlaubten Wiederhol-Standardabweichung festlegt und sie experimentell sucht. Es sollen mindestens sechs Konzentrationen in der Nähe der erwarteten LOQ mit mindestens je sechs Punkten untersucht werden.

J. Vial, K. Le Mapihan und A. Jardy, Chromatographia Suppl. 57 (2003) S. 303.

Aufgabe 33:
6 verschiedene Konzentrationen c der Kalibrierlösung mit Matrix wurden je 10-mal analysiert. Die noch erlaubte relative Wiederhol-

Standardabweichung ist 10 %. Folgender Datensatz wurde gefunden:
c = 5 ppm: 5,38 / 4,06 / 5,48 / 5,52 / 5,70 / 6,12 / 4,30 / 5,18 /
5,44 / 4,93 ppm.
c = 10 ppm: 8,09 / 9,36 / 11,29 / 9,92 / 10,76 / 10,50 / 9,35 / 11,38 /
10,21 / 12,78 ppm.
c = 15 ppm: 17,05 / 13,21 / 18,76 / 17,45 / 16,05 / 14,68 / 14,19 /
14,03 / 17,59 / 15,82 ppm.
c = 20 ppm: 17,86 / 19,36 / 20,87 / 18,97 / 18,37 / 19,82 / 17,90 /
18,25 / 23,42 / 22,79 ppm.
c = 25 ppm: 21,59 / 24,22 / 20,33 / 27,41 / 26,54 / 25, 99 / 24,63 /
26,90 / 23,55 / 22,76 ppm.
c = 30 ppm: 31,03 / 28,82 / 32,32 / 27,84 / 31,86 / 31,37 / 26,96 /
25,47 / 30,91 / 33,09 ppm.
Wo liegt die LOQ?
Lösung:
c = 5 ppm: Mittelwert $\bar{x}$ = 5,14 ppm, Standardabweichung s(x) =
0,71 ppm, relative Standardabweichung RSD = 13,8 %.
c = 10 ppm: $\bar{x}$ = 10,4 ppm, s(x) = 1,31 ppm, RSD = 12,6 %.
c = 15 ppm: $\bar{x}$ = 15,9 ppm, s(x) = 1,82 ppm, RSD = 11,5 %.
c = 20 ppm: $\bar{x}$ = 19,8 ppm, s(x) = 2,00 ppm, RSD = **10,1 %**.
c = 25 ppm: $\bar{x}$ = 24,4 ppm, s(x) = 2,37 ppm, RSD = 9,7 %.
c = 30 ppm: $\bar{x}$ = 30,0 ppm, s(x) = 2,54 ppm, RSD 8,5 %.
Die Bestimmungsgrenze ist bei 20 ppm.

Die Bestimmungsgrenze ist stoffabhängig wegen den unterschiedlichen Detektoreigenschaften und des k-Werts. Die **Nachweisgrenze**
LOD (Limit of Detection) beträgt 30 % der LOQ, in obigem Beispiel
7 ppm.

M. Tsimidou und R. Macrae, J. Chromatogr. Sci. 23 (1985) 155; S. Perlman und J. Kirschbaum, J. Chromatogr. 357 (1986) 39; F. Khachik, G. R. Beecher, J. T. Vanderslice und G. Furrow, Anal. Chem. 60 (1988) 807.

Gradientenelution kann eine zusätzliche Fehlerquelle bedeuten und
quantitative Bestimmungen sollten wenn möglich unter isokratischen Bedingungen durchgeführt werden. Weiter ist es notwendig,
den Volumenstrom der mobilen Phase (für Peakflächenbestimmungen) oder ihre Zusammensetzung (für Peakhöhenbestimmungen) konstant zu halten (siehe später die Abbildung 19.5).

J. Kirschbaum, J. Noroski, A. Cosey, D. Mayo und J. Adamovics, J. Chromatogr. 507 (1990) 165.

Die Probe sollte in der mobilen Phase gelöst werden. Sind Probenlösungsmittel und mobile Phase nicht identisch, so kann die Genauigkeit der Analyse sinken; es ist auch möglich, dass der Kalibrierfaktor
vom Probenlösungsmittel stark abhängig ist (siehe auch Abschnitt
4.7).
Quantitative Analyse ist nur möglich, wenn die Säule nicht überladen ist und der Detektor im linearen Bereich arbeitet, wovon man
sich experimentell vergewissern muss. Zur Genauigkeitserhöhung
ist Thermostatisierung der Säule günstig. Asymmetrische Peaks

sind zu vermeiden. Die Verifizierung des Analysenresultats kann mit verschiedenen Methoden erfolgen.

J. Kirschbaum, S. Perlman, J. Joseph und J. Adamovics, J. Chromatogr. Sci. 22 (1984) 27.

19.4
Wiederfindung

Um eine mögliche Verfälschung des Analysenresultats durch die Probenvorbereitung oder die Probenmatrix selbst festzustellen, muss die Wiederfindungsfunktion und -rate bestimmt werden.

W. Funk, V. Dammann und G. Donnevert, Qualitätssicherung in der Analytischen Chemie, VCH, Weinheim 1992, S. 29ff.

Vorgehen   (Wiederfindung der Probenvorbereitung):
1. Reinstoff ohne Probenvorbereitung (bzw. ohne einen spezifischen Probenvorbereitungsschritt) analysieren. Kalibriergerade bestimmen:
$$y = a_0 + b_0 x_0$$
y: Signal
x_0: Menge oder Konzentration des Reinstoffs
a_0: y-Achsenabschnitt
b_0: Steigung
2. Reinstoff mit Probenvorbereitung analysieren. Analysenergebnisse mit der Kalibrierfunktion berechnen:
$$x_\mathrm{p} = \frac{y - a_0}{b_0}$$

x_p: Menge oder Konzentration des Reinstoffs nach Probenvorbereitung
3. Die gefundenen Mengen oder Konzentrationen x_p gegen die zugehörigen Mengen oder Konzentrationen x_0 auftragen und die Wiederfindungsfunktion berechnen:
$$x_\mathrm{p} = a_\mathrm{p} + b_\mathrm{p} x_0$$
Der Index P bezeichnet Parameter, die mit Probenvorbereitung gefunden wurden.
4. Wiederfindungsrate berechnen:
$$WFR = \left(\frac{a_\mathrm{p}}{x_0} + b_\mathrm{p}\right) \cdot 100\%$$

Die Wiederfindungfunktion sollte eine Gerade mit Achsenabschnitt $a_\mathrm{p} = 0$ und Steigung $b_\mathrm{p} = 1$ sein. Bei $a_\mathrm{p} \neq 0$ liegt ein konstant-systematischer, bei $b_\mathrm{p} \neq 1$ ein proportional-systematischer Fehler der Probenvorbereitung vor.
Wiederfindungsfunktion und -rate lassen sich für jeden einzelnen Probenvorbereitungsschritt bestimmen, damit diese Verfahren gezielt verbessert werden können. Anschliessend kann man dasselbe mit verstärkten („gespikten") Proben tun, um Matrixeffekte festzustellen.

Aufgabe 34:

Aflatoxinlösungen ohne Probenvorbereitung geben die folgenden Peakflächen bei der HPLC-Analyse:

10 ng	2432 counts
20 ng	4829 counts
30 ng	7231 counts
40 ng	9628 counts

Nach der Probenvorbereitung mit Festphasenextraktion findet man die folgenden Werte:

10 ng	1763 counts
20 ng	4191 counts
30 ng	6617 counts
40 ng	9050 counts

Berechnen Sie Wiederfindungsfunktion und Wiederfindungsrate. Beurteilen Sie die Wiederfindungsfunktion.

Lösung:

1. Kalibriergerade mit linearer Regression:

   $y = 32,5 + 240\, x_0$

   Diese Kalibriergerade hat also einen y-Achsenabschnitt (einen konstant-systematischen Fehler) der nicht Null ist. Dies kommt von der Chromatographie her und muss später auch noch verbessert werden.

2. $x_p\,(10) = \dfrac{1763 - 32,5}{240} = 7,2\ \text{ng}$

   Analog berechnet man für $x_p(20)$ 17,3, für $x_p(30)$ 27,4 und für $x_p(40)$ 37,6 ng.

3. Die Wiederfindungsfunktion findet man durch lineare Regression der Wertepaare $(7,2\,;10)$, $(17,3\,;20)$, $(27,4\,;30)$ und $(37,6\,;40)$:

   $x_p = -2,91 + 1,01\, x_0$

   Die Steigung ist fast perfekt, es liegt aber ein kleiner (1%) proportional-systematischer Fehler vor. Der y-Achsenabschnitt ist schlecht, man findet konstant-systematisch immer 2,9 mg zuwenig Aflatoxin. Die Festphasenextraktion muss verbessert werden.

4. Wegen diesem Fehler hängt die Wiederfindungsrate von der absoluten Probengröße ab:

   $WFR\,(10) = \left(\dfrac{-2,91}{10} + 1,01\right) 100\,\% = 71,9\,\%$

   Analog sind WFR(20) = 86,5 %, WFR(30) = 91,3 % und WFR(40) = 93,7 %.

19.5
Peakhöhen- und Peakflächenmessung zur quantitativen Analyse

Bei einem gut aufgelösten Peak sind sowohl seine Höhe als auch seine Fläche der Probenmenge proportional. Wenn der Peak, welcher quantifiziert werden soll, gut aufgelöst ist, so kann wahlweise die eine oder andere Methode eingesetzt werden. Vielleicht ist die Flächenmessung präziser, aber dies sollte im Rahmen der Validierung der Methode (Abschnitt 19.8) herausgefunden werden. Bei kleinem Signal/Rausch-Verhältnis wird die Flächenmessung stärker erschwert als die Höhenmessung, sodass man in der Spurenanalytik die Peaks mit ihrer Höhe quantifizieren sollte.

Zwei Probleme der Peakmessung benötigen eine genauere Betrachtung: der Einfluss von äußeren Parametern auf Fläche und Höhe sowie die Fehler, welche von Peaküberlappung herrühren.

S.T. Balke, Quantitative Column Liquid Chromatography, Elsevier, Amsterdam, 1984, S. 147–162; N. Dyson, Chromatographic Integration Methods, Royal Society of Chemistry, London, 2nd ed. 1998, S. 83–85.
R.E. Pauls et al., J. Chromatogr. Sci. 24 (1986) 273.

Der Einfluss von Retention und Volumenstrom auf Peakhöhe und -fläche

Abbildung 19.5 stellt den Einfluss dieser Parameter auf die Quantifizierung dar.

- Bei isokratischer Trennung wird die Peakhöhe stark von der Retention beeinflusst, das heißt vom Gehalt an B-Lösungsmittel. Früh eluierte Peaks (% B groß) sind schmal und hoch, spät eluierte (% B klein) sind breit und klein. Für die Höhenbestimmung ist es notwendig, dass sich die Zusammensetzung der mobilen Phase zwischen Kalibrier- und Messchromatogrammen nicht ändert (beispielsweise durch Verdampfung der leichter flüchtigen Komponente einer vorgemischten mobilen Phase im Verlauf eines Tages). Die Peakhöhe wird durch eine Änderung des Volumenstroms nur wenig, via die Van-Deemter-Kurve, beeinflusst.
- Bei Verwendung von konzentrationsabhängigen Detektoren wird die Peakfläche stark vom Volumenstrom der mobilen Phase beeinflusst. Wenn der Peak langsam durch den Detektor fliesst, wird er breit, aber seine Höhe wird nur durch die Konzentration des Analyten im Peakmaximum bestimmt; somit ist seine Fläche groß. Wenn der Peak rasch durchfliesst, misst der Integrator eine kleine Fläche. Folglich ist es für die Flächenmessung wichtig, dass eine Pumpe mit sehr konstantem Fluss, auch bei wechselndem Gegendruck, eingesetzt wird. Durch eine Änderung von % B ändert sich die Peakfläche kaum.

Peaküberlappung

Peaküberlappung ist eine wichtige Fehlerquelle bei der Integration. Die Ursache wird beim Betrachten von Abbildung 19.6 klar. Wenn der Integrator die beiden Peaks durch eine senkrechte Linie trennt, werden gewisse Teile ihrer Flächen dem falschen Peak zugeschla-

V.R. Meyer, J. Chromatogr. Sci. 33 (1995) 26; V.R. Meyer, Chromatographia 40 (1995) 15; V.R. Meyer, LC GC Int. 7 (1994) 94 oder LC GC Mag. 13 (1995) 252.

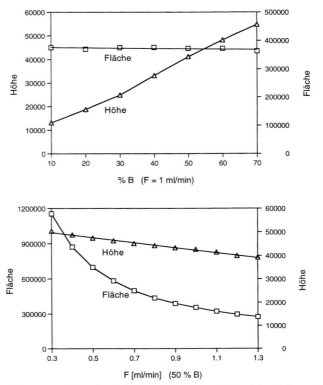

Abb. 19.5 Einfluss des Gehalts an B-Lösungsmittel und des Volumenstroms auf Peakfläche und -höhe
Probe: 10 μg Phenol in Wasser / Methanol 1 : 1; Säule: 3,2 mm × 25 cm; stationäre Phase: Spherisorb ODS 5 μm; mobile Phase: Wasser / Methanol; Detektor: UV 254 nm. Die Zahlen auf den vertikalen Achsen sind Flächen- und Höhencounts des verwendeten Integrators

gen. Die Flächenverteilung ist auch nicht richtig, wenn sie mit einer schrägen Tangente vorgenommen wird, wie dies häufig bei kleinen „Reiterpeaks" gemacht wird. Abbildung 19.7 zeigt die Effekte für verschiedene Auflösungen, Asymmetrien und Peakreihenfolgen. Mit Bezug auf die Flächen gelten folgende Regeln:
– Bei Gaußpeaks (symmetrisch) ist der große Peak zu groß, der kleine zu klein, und zwar unabhängig von der Elutionsreihenfolge. Einzig bei einem Paar von zwei symmetrischen Peaks gleicher Größe entsteht kein Fehler, wenn sie vom Integrator vertikal getrennt werden.
– Bei Peaks mit Tailing ist der erste zu klein, der zweite zu groß, unabhängig vom Größenverhältnis.
– Das Verhältnis der relativen Fehler ist umgekehrt proportional zum Größenverhältnis. Der Messfehler ist für den kleinen Peak größer.

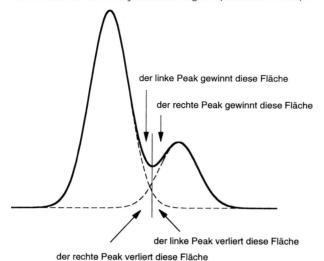

Abb. 19.6   Peakpaar mit Überlappung und Flächenverteilung durch eine senkrechte Linie

Es lassen sich einige Regeln angeben, wie solche Fehler vermieden werden können:

– Für quantitative Bestimmungen sollten die Peaks aufgelöst sein. Die notwendige Auflösung hängt vom Peakgrößenverhältnis ab. Eine Auflösung von 1,5 kann für Peaks von ähnlicher Größe genügend sein, aber sie ist nicht gut genug für extreme Peakflächenverhältnisse wie 20 : 1 und größer.

– Die Bestimmung von Peakhöhen ist oft weniger falsch als die Flächenintegration. Die Quantifizierung durch Peakhöhen ist nahezu fehlerfrei, wenn der kleine Peak vor dem großen eluiert wird, sogar im Fall von Tailing.

– Tailing ist zu vermeiden. Asymmetrie verringert die Auflösung und hat einen sehr nachteiligen Effekt auf die Integration, wenn kleine Peaks hinter großen liegen. Man achte auf geringste Totvolumina in der Apparatur, Säulen mit ausgezeichneter Packung, geeignete Phasensysteme mit raschem Stoffaustausch zwischen mobiler und stationärer Phase, geeignete Probenlösungsmittel und Trennungen ohne Stoffüberladung.

Gaußpeaks, Flächen = 1 : 3, Verhältnis = 0,33

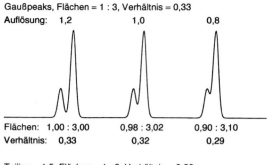

Auflösung:	1,2	1,0	0,8
Flächen:	1,00 : 3,00	0,98 : 3,02	0,90 : 3,10
Verhältnis:	0,33	0,32	0,29

Tailing = 1,5, Flächen = 1 : 3, Verhältnis = 0,33

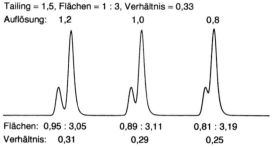

Auflösung:	1,2	1,0	0,8
Flächen:	0,95 : 3,05	0,89 : 3,11	0,81 : 3,19
Verhältnis:	0,31	0,29	0,25

Tailing = 1,5, Flächen = 3 : 1, Verhältnis = 3,0

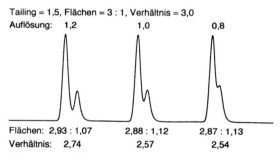

Auflösung:	1,2	1,0	0,8
Flächen:	2,93 : 1,07	2,88 : 1,12	2,87 : 1,13
Verhältnis:	2,74	2,57	2,54

Abb. 19.7 Unvollständig aufgelöste Peaks und ihre Flächen bei vertikalem Schnitt. Die wahre Fläche beträgt immer 1 : 3 oder 3 : 1

19.6
Integrationsfehler

Elektronische Integratoren und Datensysteme sind eine so unerlässliche Hilfe für die quantitative Analyse, dass die durch ihren Einsatz möglicherweise auftretenden Fehler leicht übersehen werden können. Die Lektüre des leichtverständlichen Buches von *N. Dyson* oder von Übersichtsartikeln hilft, mit diesen Problemen vertraut zu werden.

Es können zahlreiche verschiedene Fehler auftreten. Die wichtigsten sind aus Abbildung 19.8 ersichtlich.

N. Dyson, Chromatographic Integration Methods, Royal Society of Chemistry, London 2nd ed. 1998.

Zuwenig Datenpunkte: Damit ein Peak richtig registriert werden kann, sollte er vom Integrator mit mindestens zehn Punkten erfasst werden. Falls die Datenakquisition (Datenerfassung) zu langsam ist, werden Fläche und sehr wahrscheinlich auch Höhe nicht stimmen. Daran ändert auch die Tatsache nichts, dass die Rohdaten vom Integrator noch geglättet werden. Die Akquisitionsrate ist wählbar und muss unter Umständen während der Aufzeichnung eines Chromatogramms verändert werden.

K. Ogan, in: Quantitative Analysis using Chromatographic Techniques, E. Katz, ed., Wiley, Chichester 1987, S. 31; D. T. Rossi, J. Chromatogr. Sci. 26 (1988) 101; E. Grushka und I. Zamir, in: High Performance Liquid Chromatography, P. R. Brown and R. A. Hartwick, eds., Wiley, New York 1989.

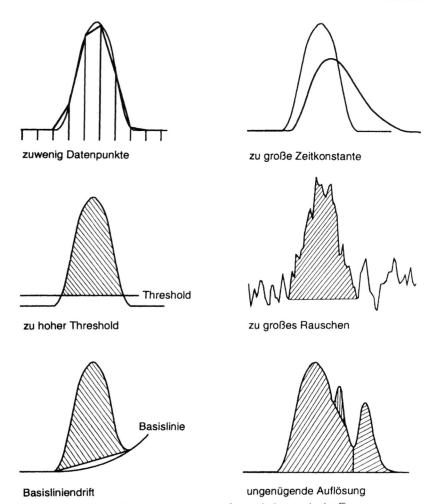

zuwenig Datenpunkte

zu große Zeitkonstante

zu hoher Threshold

zu großes Rauschen

Basisliniendrift

ungenügende Auflösung

Abb. 19.8 Integrationsfehler. Vom Integrator erfasste Flächen sind schraffiert

Zu große Zeitkonstante: Eine zu träge Elektronik, sei es im Detektor oder im Integrator, verzerrt das Signal. Die Fläche bleibt dadurch theoretisch unverändert, die Höhe nimmt ab. Die Flächenmessung wird in der Praxis vermutlich beeinträchtigt und die Auflösung zu Nachbarpeaks nimmt ab.

Zu hoher Threshold (Schwellenwert): Integratoren erkennen einen Peak, wenn sein Signal höher ist als das Grundsignal. Die Schwelle, der so genannte Threshold, kann gewählt werden. In jedem Fall werden Peakfläche und -höhe verkleinert. Der Threshold muss höher liegen als das Rauschen.

Zu großes Rauschen: Ganz offensichtlich kann ein Peak bei zu kleinem Signal/Rausch-Verhältnis nicht mehr richtig integriert werden. Das Resultat wird zufällig sein, auch wenn bei einem Datensystem die Möglichkeit besteht, nach der Analyse die Basislinie nach Ermessen zu legen. Für die Flächenbestimmung sollte das Signal/Rausch-Verhältnis mindestens 10 betragen.

Basisliniendrift: Die Basislinie wird vom Integrator immer als gerade Linie gezogen. Wenn die wahre Basislinie gekrümmt ist, wird die berechnete Fläche zu klein (wie gezeichnet) oder zu groß.

Ungenügende Auflösung: In der Abbildung sind nur zwei klassische Probleme gezeigt: Soll eine Tangente von Tal zu Tal gezogen oder das Lot gefällt werden? Ungenügende Auflösung hat, außer in ganz idealen Fällen, immer eine fehlerhafte Integration zur Folge. Besonders ungünstig sind asymmetrische Peaks. Siehe Abschnitt 19.5.

Oft lassen sich Integrationsfehler nicht einfach durch Injektion von Standards und Aufnahme einer Kalibrierkurve beseitigen, weil Vergleichsmischungen in der Regel weniger komplex sind als die Probe.

19.7
Die Detektionswellenlänge

Beim Einsatz eines herkömmlichen UV-Detektors (nicht aber bei Verwendung eines Diodenarray-Detektors) ist man gezwungen, eine bestimmte Wellenlänge für die Detektion zu wählen. Man muss dabei mehrere Punkte berücksichtigen:
– Die UV-Spektren der verschiedenen Analyten, speziell die Wellenlänge des Extinktionsmaximums,
– die Extinktionskoeffizienten im Maximum beziehungsweise bei der infrage kommenden Wellenlänge,

- die Retention der verschiedenen Analyten, wenn isokratisch gearbeitet wird (die Peaks werden nach und nach breiter und somit weniger hoch),
- die Wichtigkeit der verschiedenen Analyten (vielleicht muss nur ein einziger Stoff quantifiziert werden).

Je kleiner ein Peak ist, desto schlechter wird sein Signal/Rausch-Verhältnis. Bei quantitativer Analyse sinkt die Präzision und eventuell auch die Richtigkeit. Wichtige Peaks sollten daher, bei isokratischer Trennung, früh eluiert und in ihrem Extinktionsmaximum detektiert werden. Generell wird das Analysensystem mit sinkender Detektionswellenlänge weniger robust, Systempeaks (siehe Abschnitt 19.10) machen sich eher bemerkbar und die Gradienten-Basislinie zeigt stärkere Drift.

Selbstverständlich muss man sich vergewissern, dass die gewählte Wellenlänge am Detektor richtig eingestellt wurde und die Richtigkeit dank regelmäßigem Gerätetest (siehe Kapitel 24) auch über Monate und Jahre hinweg gewährleistet ist. Eine auch nur geringe Abweichung von der richtigen Wellenlänge kann das Analysenresultat unter Umständen sehr stark beeinflussen. In Abbildung 19.9 wäre 214 nm die beste Wellenlänge für die Bestimmung von Nitropenta (letzter Peak), weil dieser Stoff dort sein Extinktionsmaximum hat. Ändert die Wellenlänge durch fehlerhafte Einstellung oder eine unbemerkte Verschiebung in der Geräteoptik auf 216 nm, so beträgt die Fläche des Nitropenta-Peaks nur noch 85 % des wahren Werts, während die übrigen Komponenten viel weniger beeinflusst werden.

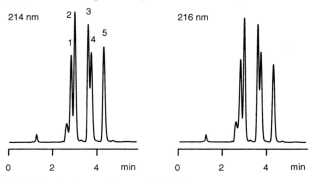

Abb. 19.9 Analyse von Sprengstoffen bei einer UV-Wellenlängenänderung von 2 nm Säule: 4,0 mm × 25 cm; stationäre Phase: LiChrospher 60 RP-Select B 5 µm; mobile Phase: 1 ml/min Wasser/Acetonitril 3 : 7. 1) Octogen; 2) Hexogen; 3) Tetryl; 4) Trinitrotoluol; 5) Nitropenta

19.8
Gerätetest, Validierung und Systemeignungstest

E. Debesis, J.P. Boehlert, T.E. Givand und J.C. Sheridan, Pharm Technol. 9 (1982) 120; F. Erni, W. Steuer und H. Bosshardt, Chromatographia 24 (1987) 201; T. D. Wilson, J. Pharm. Biomed Anal. 7 (1990) 389; W. D. Beinert, LC GC Int. 7 (1994) 568.

Jedes Labor, das in irgend einer Weise mit Qualitätskontrolle beauftragt ist, muss gewährleisten, dass seine Analysen zuverlässig, richtig und präzise sind. Diese Qualität wird mit drei verschiedenen Maßnahmen gesichert (Abbildung 19.10):

1. *Gerätetest*, welcher zeigt, dass die Instrumente richtig arbeiten.
2. *Validierung*, welche zeigt dass die Methode den Anforderungen entspricht.
3. *Systemeignungstest*, welcher im Prinzip die Summe der beiden anderen Qualitätstests ist.

Abb. 19.10 Qualitätssicherung als Garant für zuverlässige, richtige und präzise Analytik

G. Maldener, Chromatographia 28 (1989) 85.

Der **Gerätetest** besteht aus einer Dokumentation über Pumpen-, Injektor- und Detektorfunktionen und umfasst eine Anzahl von definierten Anforderungen:

Pumpe:	Flussrichtigkeit	$< 5\%$ rel.
	Kurzzeit-Flusskonstanz	$< 0,5\%$
	Langzeit-Flusskonstanz	$< 0,2\%$
Injektor:	Wiederholbarkeit (Probe > 10 µl)	$< 0,5\%$
Detektor:	Rauschen	$< 0,04$ mAU
	Wellenlängenrichtigkeit	< 2 nm

In der Regel werden diese Anforderungen von den heutigen HPLC-Geräten problemlos erfüllt, besonders wenn sie neu sind. Der Gerätetest sollte routinemäßig in sinnvollen Zeitabständen sowie nach jeder Reparatur durchgeführt werden. Er ist eine Voraussetzung für die Validierung der Methode. Ein Vorschlag findet sich in Kapitel 24.

L. Huber, LC GC Int. 11 (1998) 96.

Die **Validierung** ist ein Verfahren, das beweist, dass eine Methode zuverlässig, mit angemessener Präzision und Richtigkeit diejenigen Daten liefert, die man von ihr erwartet. Es liegt in der Natur der Sache, dass für eine Methodenvalidierung keine allgemein gültigen

Richtlinien aufgestellt werden können. Sie umfasst jedoch mehrere oder alle der folgenden Punkte:

Selektivität (oder Spezifität): Die Fähigkeit, den gesuchten Stoff auch in Gegenwart von Begleitstoffen auffinden und quantifizieren zu können. Für chromatographische Methoden bedeutet das, die fragliche Komponente mit genügender Auflösung von allen anderen Komponenten trennen und mit einem geeigneten Detektor nachweisen zu können.

Linearität: Die Kalibrierkurve soll gerade sein und durch den Nullpunkt gehen. Eventuelle Abweichungen müssen bekannt sein.

Präzision: Die Fähigkeit, eine Analyse mit kleiner Standardabweichung erneut durchführen zu können. Man unterscheidet zwischen **Reproduzierbarkeit** (Analyse wieder durchgeführt nach langer Zeit, durch anderes Personal, mit anderen Geräten und/oder in einem anderen Labor) und **Wiederholbarkeit** (repeatability), wo gerade das Gegenteil der oben aufgezählten Bedingungen zutrifft.

Richtigkeit (accuracy): Die Fähigkeit, eine Analyse mit kleinem Unterschied zwischen „wahrem" und gefundenem Wert durchführen zu können.

Empfindlichkeit (sensitivity): Die Fähigkeit, auch kleine Gehalte analysieren zu können. Man unterscheidet zwischen Nachweisgrenze (LOD, limit of detection, für die qualitative Analyse) und der Grenze für die quantitative Bestimmung (LOQ, limit of quantitation); letztere liegt deutlich höher.

Robustheit (ruggedness): Die Unempfindlichkeit der Methode gegenüber äußeren Einflüssen (siehe den Schluss von Abschnitt 18.5). Je nach Problem müssen nur einige wenige oder aber zahlreiche Parameter unter Kontrolle sein: Temperatur, Zusammensetzung der mobilen Phase, Volumenstrom; Typ und Alter der stationären Phase, Detektoreigenschaften, Probenvorbereitung; Personal (kann die Analyse von jedermann oder nur von Spezialisten durchgeführt werden?) und Labor (lässt sie sich auch anderswo durchführen?). Diese Liste ist nicht vollständig. Gerade in Bezug auf die Robustheit einer Methode ist man kaum je vor Überraschungen gefeit, besonders wenn die Analyse von einem anderen Labor durchgeführt werden soll (siehe auch den Schluss von Kapitel 17).

J. J. Kirschbaum, J. Pharm. Biomed. Anal. 7 (1989) 813; J. W. Dolan, LC GC Int. 6 (1993) 411.

Für die Validierung ist eine geeignete, an die Erfordernisse des Betriebs oder der Amtsstelle angepasste Vorschrift aufzustellen. Diese muss bei der Ausarbeitung einer neuen oder bei der Abänderung einer bestehenden Methode genau eingehalten und protokolliert werden.

Die **Systemeignung** ist gewährleistet, wenn sowohl der Gerätetest wie auch die Validierung ihre Anforderungen erfüllen. Es ist am besten, die Systemeignung regelmäßig zu prüfen, was sehr einfach ist, wenn die HPLC-Apparatur mit einem computergestützten Datensystem ausgerüstet ist. So können entweder bei jeder Trennung oder in definierten Zeitabständen die notwendigen Größen gespeichert und ausgewertet werden: Trennstufenzahl, Auflösung, Präzision, Retentionszeiten, k-Werte und Peakasymmetrie, wenn gewünscht auch Linearität und Nachweisgrenze. Die Resultate werden mit statistischen Methoden dokumentiert, insbesondere den übersichtlichen Qualitätsregelkarten.

E Mullins, Analyst 119 (1994) 369 und 124 (1999) 369.

19.9
Messunsicherheit

Bei quantitativen Analysen besteht das Ergebnis nicht nur aus dem Messwert, sondern auch aus der Messunsicherheit. Mit letzterer ist die Bandbreite gemeint, innerhalb derer der Wert schwanken kann, sei es im 68 %-, 95 %- oder 99,7 %-Vertrauensbereich. Bei wiederholten Analysen findet man bekanntlich nicht identische Messwerte, wenn man genügend Ziffern berücksichtigt. Um derartige Abweichungen bewerten zu können, benötigt man ein anerkanntes Verfahren, denn ohne Messunsicherheits-Bilanz ist es schwierig zu entscheiden, ob etwa ein Grenzwert überschritten wurde oder ob zwei Labors gleichermaßen zuverlässige Analysen durchführen können. Die Messunsicherheit kann auf verschiedene Weise ermittelt werden. Das eine Verfahren addiert die Standardunsicherheiten aller Einflussgrößen, die auf das Endresultat einwirken („bottom-up"-Ansatz). Bei einer chromatographischen Trennung ist allerdings die Zahl der Parameter, welche mit ihrem Zusammenspiel die Fläche eines Peaks ergeben, schwierig zu ermitteln, und noch schwieriger wäre ihre Quantifizierung. Abbildung 19.11 stellt den Versuch einer vollständigen Erfassung dar, wobei einige Fragezeichen bei der eigentlichen Trennung (HPLC-Ast) darauf hinweisen, dass vermutlich nicht alle Parameter bekannt sind. Deshalb kann der „bottom-up"-Ansatz bei HPLC-Analysen nicht konsequent durchgeführt werden.

S. L. R. Ellison, M. Rösslein und A. Williams, eds., EURACHEM/CITAC Guide „Quantifying Uncertainty in Analytical Measurement", Second Edition 2000, ISBN 0-948926-15-5.

V. R. Meyer, J. Chromatogr. Sci. 41 (2003) 439.

Man kann sich des Problems vom anderen Ende her annehmen und die Reproduzierbarkeit des Verfahrens, als Inter-Labor-Standardabweichung s_R ermittelt, als Messunsicherheit deklarieren („top-down"-

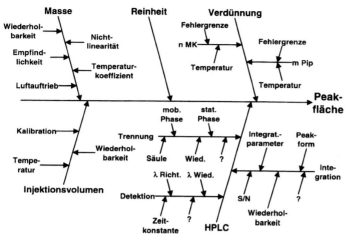

Abb. 19.11 Ishikawa-Diagramm der Einflußgrössen, die eine HPLC-Peakfläche zur Folge haben. Mit „Masse" ist die Einwaage charakterisiert. Für die Verdünnung werden n Messkolben und m Pipetten benötigt. „Fehlergrenze" ist der so genannte maximal gestattete Fehler für volumetrische Operationen, d.h. die Kombination von Kalibrationsunsicherheit und Wiederholbarkeit. Abkürzungen: λ = Wellenlänge, Richt. = Richtigkeit, Wied. = Wiederholbarkeit, S/N = Signal-Rausch-Verhältnis.

Ansatz). Wird nämlich das gleiche Analysenverfahren anlässlich eines Ringversuchs in verschiedenen Labors durchgeführt, so ist gewährleistet, dass alle denkbaren Einflüsse auf die aus allen Daten ermittelte Inter-Labor-Standardabweichung eingewirkt haben. Wenn keine Ringversuchsdaten vorliegen, so ist nur die eigene Intra-Labor-Standardabweichung s_r bekannt, die eher zu klein und damit zu optimistisch sein kann, insbesondere, wenn man die eigenen Resultate mit denen aus anderen Labors (Lieferanten, Kunden, Behörden, Konkurrenzfirmen) vergleichen muss.

Eine für viele praktische Probleme mögliche Strategie ist das langfristige Verfolgen der Peakfläche oder –höhe der Referenz (mit einer Kontrollkarte) und die Berechnung ihrer Standardabweichung; das ergibt die Wiederholbarkeit Rep_{Ref}. Diese ist noch keine Messunsicherheit, weil auch noch die Unsicherheit der Reinheit des Referenzmaterials Pur_{Ref} und die Wiederholbarkeit der Wiederfindung Rec_{Probe} berücksichtigt werden müssen (streng genommen zudem die Unsicherheiten der Einwaagen von Probe und Referenz, die allerdings bei unkritischen Wägegütern sehr klein sind). Die Messunsicherheit der Analytkonzentration in der Probe $u(c_{Probe})$ berechnet sich bei diesem Ansatz wie folgt:

$$u(c_{Probe}) \sqrt{\left(\frac{u(Pur_{Ref})}{Pur_{Ref}}\right)^2 + \left(\frac{s(Rec_{Probe})}{Rec_{Probe}}\right)^2 + s_{rel}^2(Rep_{Ref})}$$

u bedeutet Standardunsicherheit, s bedeutet Standardabweichung. Auf eine Übungsaufgabe wird verzichtet, weil die Ermittlung von gewissen Standardunsicherheiten und –abweichungen nicht trivial ist.

19.10
Derivatisierung

I. S. Krull, Z. Deyl und H. Lingeman, J. Chromatogr. B 659 (1994) 1. Derivatisierung für die Fluoreszenzdetektion: H. Lingeman et al., J Liquid Chromatogr. 8 (1985) 789.

Im Gegensatz dazu erstrebt man in der Gaschromatographie mit der Derivatisierung bessere Flüchtigkeit und erhöhte Temperaturstabilität der Probe.

In der HPLC stellt die Detektion das größte Problem dar. Wenn nicht hochempfindliche Detektoren wie der Fluoreszenzdetektor verwendet werden können, so ist die Nachweisgrenze viel höher als in der Gaschromatographie mit einem Flammenionisationsdetektor. Daher dienen Derivatisierungsreaktionen in der Flüssigchromatographie zum Verbessern der Nachweisgrenze.

Derivatisieren heißt, die Probe durch eine chemische Reaktion gezielt verändern (ein Derivat = Abkömmling davon herstellen).

Die Derivatisierung kann vor der Injektion in den Chromatographen („pre-column derivatization") oder zwischen Säule und Detektor („post-column derivatization") geschehen.

Derivatisierung vor der Säule
Vorteile:
– Die Reaktionsbedingungen können frei gewählt werden.
– Die Reaktion kann langsam sein.
– Die Derivatisierung kann gleichzeitig zur Vorreinigung und Aufarbeitung dienen.
– Überschüssiges Reagens kann wieder entfernt werden.
– Diese Art der Derivatisierung kann zusätzlich auch die chromatographischen Eigenschaften der Probe verbessern (z. B. schnellere Elution, weniger Tailing).

Nachteile:
– Wegen der meist langen Reaktionsdauer können Nebenprodukte entstehen.
– Die Reaktion sollte quantitativ verlaufen.
– Derivatisierung macht die Probenkomponenten einander chemisch ähnlicher, sodass die chromatographische Selektivität sinken kann.

Derivatisierung nach der Säule: Reaktionsdetektoren

Hier wird nach der Säule ein Reagens zugemischt. Erwünscht ist in der Regel eine hohe Konzentration der Reagenslösung, um die Verdünnungseffekte möglichst klein zu halten. Da chemische Reaktionen im Allgemeinen bei höherer Temperatur schneller ablaufen, muss ein Reaktionsdetektor beheizt werden können.

U. A. Th. Brinkman, Chromatographia 24 (1987) 190; W. J. Bachman und J. T. Stewart, LC GC Mag. 7 (1989) 38; U. A. Th. Brinkman, R. W. Frei und H. Lingeman, J. Chromatogr. 492 (1989) 251. Praktische Probleme der Nachsäulenderivatisierung werden besprochen in: M. V. Pickering, LC GC Int. 2 (1, 1989) 29. Biochemische Reaktionsdetektoren: J. Emnéus und G. Marko-Varga, J. Chromatogr. A 703 (1995) 191.

Vorteile:
- Die Reaktion muss nicht quantitativ verlaufen.
- Man kann vor der Derivatisierung einen zusätzlichen Detektor einfügen, z. B. Säule → UV-Detektor → Reaktion mit Fluoreszenz-Reagens → Fluoreszenzdetektor.
- Hochspezifische Detektionssysteme wie Immunoassays können eingesetzt werden.
- Es lassen sich auch Analyten untersuchen, welche identische Reaktionsprodukte (z. B. Formaldehyd) geben, weil die Trennung vor der Detektion stattfindet.

I. S. Krull et al., LC GC Int. 10 (1997) 278.

Nachteile:
- Die Reaktion muss in der verwendeten mobilen Phase reproduzierbar ablaufen können. Die Möglichkeiten sind dadurch eingeschränkt.
- Das Derivatisierungsreagens darf selber nicht detektiert werden. Eine post-column-Derivatisierung mit dem Zweck der Verbesserung der UV-Absorption ist kaum möglich, weil alle geeigneten Reagenzien im UV stark absorbieren.

Die drei wichtigsten Typen von Reaktionsdetektoren sind:
- *Offene Kapillaren.* Je kleiner der Kapillardurchmesser, desto geringer die Bandenverbreiterung, sodass z. B. 0,3 mm-Kapillaren verwendet werden. Günstig ist eine definierte Verformung der Kapillare („knitted tube"), wodurch eine gute Durchmischung der strömenden Flüssigkeit und damit eine kleine Bandenverbreiterung erreicht wird. Kapillaren sind für Reaktionszeiten unter einer Minute geeignet (knitted tube bis 5 min).

H. Engelhardt, Eur. Chromatogr. News 2 (2, 1988) 20; B. Lillig und H. Engelhardt, in: Reaction Detection in Liquid Chromatography, I. S. Krull, ed., Marcel Dekker, New York 1986.

– *Bettreaktoren.* Dies sind Säulen oder gepackte Rohre, die mit unporösem Material, beispielsweise Glaskügelchen, gefüllt sind. (Die Packung im Bettreaktor muss unporös sein, damit Querströmung gewährleistet ist.) Sie sind für Reaktionszeiten von 0,5 bis 5 Minuten geeignet. Wenn die Packung aus einem Katalysator oder einem immobilisierten Enzym besteht, kann sie an der Reaktion aktiv teilnehmen.

– *Segmentierte Systeme.* Für langsame Reaktionen (bis zu 30 Minuten) wird der Flüssigkeitsstrom durch Luftblasen oder ein nicht mischbares Lösungsmittel segmentiert, d. h. in kleine Portionen aufgeteilt. Auf diese Weise wird der Bandenverbreiterung entgegengewirkt. Die Phasen werden vor dem Detektor meist wieder getrennt, doch ist auch elektronische Rauschunterdrückung möglich.

In diesem Buch finden sich folgende Abbildungen mit Trennbeispielen, bei denen derivatisiert wurde:

12.7 Die Lanthaniden wurden nach der Säule mit 4-(2-Pyridyl-azo)-resorcinol zu farbigen Komplexen umgesetzt. Keine Angaben über den Reaktionsdetektor.

13.2 Die α-Ketosäuren wurden vor der Säule während 2 Stunden bei 80 °C mit o-Phenylendiamin derivatisiert. Es entstehen fluoreszierende Chinoxalinolverbindungen.

16.6 Die Isoenzyme von Lactatdehydrogenase wurden mit Hilfe ihrer Aktivität detektiert. Nach der Säule wurde entweder Lactat + NAD$^+$ oder Pyruvat + NADH zugemischt. Der Reaktionsdetektor war eine mit 150 μm-Glaskügelchen (als Diol-Derivat) gefüllte Säule von 5 mm × 10 cm (T = 40 °C). Detektionsprinzip: NADH absorbiert bei 340 nm, NAD$^+$ nicht.

18.1 und 18.3 Die Aminosäuren wurden nach der Säule mit Ninhydrin zu farbigen Produkten umgesetzt. Die Reaktion erfolgte nach dem Zumischen des Reagens in einem „knitted-tube"-Reaktor bei 130 °C innerhalb von 2 Minuten.

18.9 Tobramycin ist ein Aminoglycosid. Nach der Säule wurde es in einer Kapillare von 0,38 mm × 1,83 m mit o-Phthalaldehyd derivatisiert. Dieses Reagens gibt mit Aminen fluoreszierende Produkte. Die Reaktionszeit betrug 6 Sekunden.

21.4 Zur erfolgreichen Enantiomerentrennung von Propranolol auf einer chiralen stationären Phase ist es günstig, wenn das Molekül eine starre Struktur erhält. Dies geschah durch Vorsäulenderivatisierung mit Phosgen, wobei aus Alkohol- und sekundärer Aminogruppe ein Oxazolidonring entsteht. Die Reaktion läuft bei 0 °C rasch ab.

21.5 Eine Möglichkeit der Enantiomerentrennung besteht darin, die fraglichen Stoffe vor der Säule mit einem enantiomerenreinen, chiralen Reagens zu Diastereomeren umzusetzen. Wenn das Derivatisierungsreagens richtig gewählt wurde, lassen sich die Diastereomeren auf einer Umkehrphase (oder einer anderen achiralen stationären Phase) trennen. Im gezeigten Beispiel erfolgte die quantitative Umsetzung mit dem Chloroformat innerhalb von 30 Minuten.

22.1 Nach der Säule befand sich ein Mikro-Bettreaktor von 0,34 mm $\times$ 2 cm mit immobilisierter 3α-Hydroxysteroiddehydrogenase. Das für die Reaktion notwendige NAD$^+$ wurde der mobilen Phase beigegeben (Vorteil: keine zweite Pumpe und kein T-Stück zwischen Säule und Reaktor). Im Reaktor wurden die 3α-Hydroxygruppen der Gallensäuren zum Keton oxidiert; das entstehende NADH wurde mit Fluoreszenz detektiert.

19.11
Unerwartete Peaks: Geister- und Systempeaks

Es ist jederzeit möglich, dass unerwartete positive oder negative Peaks im Chromatogramm auftreten. Falls diese sich nicht reproduzieren lassen, werden sie *Geisterpeaks* genannt. Weil es notwendig ist, sie zu eliminieren, muss nach der Ursache geforscht werden, was mühsam und zeitraubend sein kann. Ursachen können sein: Blasen im Detektor, Verunreinigungen der mobilen Phase, Entmischungseffekte in der mobilen Phase, Bluten der Säule, ungenügende Gleichgewichtseinstellung beim Arbeiten mit Gradienten, carry-over aus früheren Injektionen und anderes.

J. W. Dolan, LC GC Int. 7 (1994) 74.

Reproduzierbare unerwartete Peaks sind *Systempeaks*, wie sie in Abbildung 13.3 und 21.2 zu sehen sind. Diese treten immer dann auf, wenn die mobile Phase mehrere Komponenten enthält und eine oder mehrere davon Detektoreigenschaften hat; wenn also beispielsweise der Eluent eine Spur einer aromatischen Verbindung enthält und im UV bei 254 nm detektiert wird. Bei indirekter Detektion (siehe Abschnitt 6.9) muss immer mit Systempeaks gerechnet werden, doch ist der Übergang von der direkten zur indirekten Detektion zuweilen fließend. Es ist immer mit Überraschungen zu rechnen, wenn beispielsweise bei UV-Detektion zur Steigerung der Empfindlichkeit bei einer tieferen Wellenlänge als üblich gearbeitet wird. Systempeaks können die qualitative und quantitative Analyse erheblich stören, wenn sie nicht erkannt werden (was unter Umständen schwierig ist, denn es gibt auch unsichtbare Systempeaks!). Sie können die Ursache für Peakkompression und für Doppelpeaks sein. Bei Phasensystemen, in welchen Systempeaks auftreten, sind die Flächen der einzelnen Peaks abhängig von ihrer relativen Lage zum Systempeak! Deshalb sind in Abbildung 19.12 die Peaks der beiden

P. E. Jackson und P. R. Haddad, J. Chromatogr. 346 (1985) 125; S. Levin und E. Grushka, Anal. Chem. 58 (1986) 1602 und 59 (1987) 1157; G. Schill und J. Crommen, TrAC 6 (1987) 111; J. W. Dolan, LC GC Int. 1 (2, 1988) 24.

T. Arvidsson, J. Chromatogr. 407 (1987) 49.

T. Fornstedt, D. Westerlund und A. Sokolowski, J. Liquid Chromatogr. 11 (1988) 2645.

optischen Isomeren von Bupivacain, welches als Racemat injiziert wurde, nicht gleich groß.

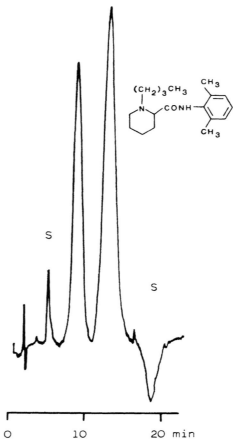

Abb. 19.12 Peakflächen und Systempeaks (nach G. Schill und J. Crommen, TrAC 6 (1987) 111).
Bei den beiden mit S bezeichneten Peaks handelt es sich um Systempeaks.
Probe: Racemat von Bupivacain (identische Mengen der beiden Isomeren); stationäre Phase: EnantioPac (α_1-Säure-Glycoprotein auf Silicagel); mobile Phase: Phosphatpuffer pH 7,2/Isopropanol 92:8; Detektor: UV 215 nm (bei dieser Wellenlänge ist die mobile Phase nicht mehr völlig UV-durchlässig)

20
Präparative HPLC

20.1
Problemstellung

Von präparativer Chromatographie spricht man immer dann, wenn die getrennten, reinen Substanzen zur weiteren Verwendung gewonnen werden. Die aufgefangene Menge kann je nach Zweck ganz verschieden groß sein. Wenige Mikrogramm, d. h. 1 analytischer Peak, genügen für die Aufnahme eines UV-Spektrums, wobei das Eluat meist direkt in der Küvette aufgefangen werden kann. Für eine Analyse mittels ^{1}H-NMR, ^{13}C-NMR und MS sind mindestens 10 mg reine Substanz notwendig, für die Bestimmung der Summenformel durch Elementaranalyse weitere 5 mg. Will man von der Komponente Derivate herstellen oder ihre Reaktivität erforschen, so werden dazu 10 bis 100 mg benötigt. Solche Mengen kann man noch mit einer analytischen Ausrüstung gewinnen, obwohl unter Umständen ein ziemlicher zeitlicher Aufwand nötig ist. Oft spricht man in diesem Fall von „scaling up" (vergrößern, d. h. den Anwendungszweck in einem nicht vorgesehenen Maß erweitern). Es ist auch möglich, Mengen von 1 bis 100 g durch Chromatographie zu reinigen. Dies ist seit langem das wichtigste Anwendungsgebiet der klassischen Säulenchromatographie. Mit modifizierten HPLC-Apparaturen können diese Trennungen jetzt wesentlich schneller und besser durchgeführt werden. Für industrielle Anwendungen gibt es Anlagen mit Säulen von 30 cm Durchmesser zur Trennung von 1 bis 3 kg pro Stunde.

Hier soll die Technik für Trennungen im 10 mg-Maßstab bis hinauf zu einigen Grammen beschrieben werden. Für Abweichungen nach unten oder oben gibt es jedoch keine prinzipiellen Änderungen.

Beachte: *Jede* analytische Trennung kann im präparativen Maßstab durchgeführt werden!

G. Guiochon S. Golshan-Shirazi und A. Katti, *Fundamentals of Preparative and Nonlinear Chromatography*, Academic Press, New York 1994; G. Guiochon, *J. Chromatogr. A* 965 (2002) 129.

K. Jones, *Chromatographia* 25 (1988) 547.

20.2
Die Praxis der präparativen HPLC

V. R. Meyer, J. Chromatogr.
316 (1984) 113; B. Porsch, J.
Chromatogr. A 658 (1994)
179.

Ausgangspunkt für eine präparative Trennung ist in der Regel ein analytisches Chromatogramm. Dazu müssen Bedingungen gefunden werden, welche das Probengemisch isokratisch mit guter Auflösung trennen:

– Gradienten sind für präparative Trennungen nicht zu empfehlen, da sie in jeder Hinsicht großen Aufwand bedeuten. Wenn nötig muss die Probe vorher entsprechend aufbereitet werden.

– Je besser die Auflösung im analytischen Chromatogramm, desto stärker kann die präparative Säule beladen werden.

Abbildung 20.1 zeigt eine analytische Trennung. Es handelt sich um Reaktionsprodukte aus der Thermolyse von trans-Dihydrocarvonoxim:

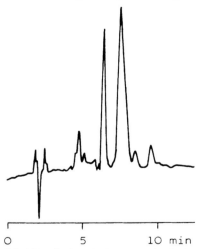

Natürlich waren zu diesem Zeitpunkt die Strukturen der Produkte noch nicht bekannt; ebenso fehlte die Gewissheit, dass jeder Peak nur eine einzige Komponente repräsentierte.

Da die Reaktionsprodukte ziemlich flüchtig sind, musste die mobile Phase einen tiefen Siedepunkt haben. Sonst wäre die Trennung mit Hexan/tert. Butylmethylether versucht worden.

Abb. 20.1 Analytische Trennung des Reaktionsgemischs
Probe: 20 µl; Säule: 3,2 mm × 25 cm; stationäre Phase: LiChrosorb SI 60 5 µm; mobile Phase: 1 ml/min Pentan/Diethylether 95:5; Detektor: Brechungsindex

Nach dem Optimieren der analytischen Trennung greift man zur präparativen Hochleistungssäule, die mit 5-, 7- oder 10 μm-Material gefüllt ist und von verschiedenen Herstellern angeboten wird. (Nur für einfache Trennungen, welche weniger als 100 Trennstufen benötigen, sind Säulen mit gröberem Korn, etwa 40 μm, günstiger.) Säulen mit 10 mm Innendurchmesser sind für Proben von 10 bis 100 mg geeignet, solche mit 21,5 mm (Außendurchmesser 1 Zoll) für Proben von 100 mg bis 1 g. Am einfachsten ist die Übertragung analytisch-präparativ, wenn beide Säulen mit derselben stationären Phase gefüllt sind.

Dicke Säulen benötigen eine Pumpe, welche einen hohen Volumenstrom liefern kann. Um eine identische lineare Fließgeschwindigkeit der mobilen Phase und damit vergleichbare Retentionszeiten zu erhalten, muss der Volumenstrom mit dem Quadrat des Säulendurchmessers zunehmen: 1 ml/min bei 4 mm entsprechen 6,25 ml/min bei 10 mm!

Der verwendete Detektor muss unempfindlich sein. Günstig ist der Brechungsindexdetektor (eventuell mit präparativer Zelle) oder ein UV-Detektor, dessen Zelle eine Schichtdicke von 0,1 bis 0,5 mm hat. Minimale optische Schichtdicke wird mit einem Filmdetektor erreicht, wobei das Eluat als Flüssigkeitsfilm über eine geeignete Glasplatte fließt.

Th. Leutert und E. von Arx, J. Chromatogr. 292 (1984) 333.

Die Probenmischung darf keine Komponenten enthalten, die nicht eluiert werden können. Dies lässt sich mit Dünnschichtchromatographie gut überprüfen: es darf kein Fleck am Startpunkt sitzenbleiben. Wenn nötig wird die Probe durch adsorptive Filtration (Nutsche mit grober stationärer Phase) oder Säulenchromatographie gereinigt. Dies ist besonders wichtig bei Reaktionsgemischen oder bei Proben natürlicher Herkunft. In Fällen, wo Verunreinigungen oder eine Zersetzung auf der Säule nicht ausgeschlossen werden können, ist eine Vorsäule dringend zu empfehlen. Um Substanzverluste zu vermeiden, darf die Probenschlaufe nicht vollständig gefüllt werden (siehe Abschnitt 4.6)!

Die mobile Phase muss von höchster Reinheit und flüchtig sein, damit die getrennten Komponenten leicht rein dargestellt werden können; siehe dazu Aufgabe 38 in Abschnitt 20.4. Flüchtige Pufferzusätze sind Essigsäure, Trifluoressigsäure, Ameisensäure, Ammoniak, Ammoniumhydrogencarbonat, Triethylamin, Trimethylamin, Ethanolamin und Pyridin (siehe auch Abschnitt 5.4).

Abbildung 20.2 stellt die präparative Trennung des oben erwähnten Reaktionsgemisches dar. Vier Komponenten konnten in reiner Form gewonnen werden. Ihre Strukturaufklärung erfolgte mit NMR. Die zum Teil schlechten Peakformen rühren von der Stoffüberladung der Säule her.

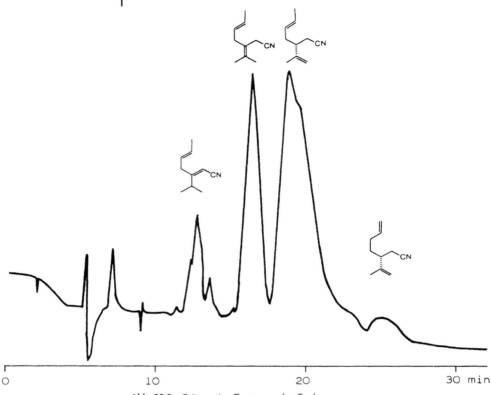

Abb. 20.2 Präparative Trennung des Reaktionsgemischs
Probe: 1 ml Lösung mit 250 mg; Vorsäule: 4,5
mm × 5 cm, trocken gefüllt mit Silicagel 40
µm; Säule: 21,5 mm × 25 cm; stationäre
Phase: Silicagel 7 µm; mobile Phase: 14 ml/
min Pentan/Diethylether 95:5; Detektor: Brechungsindex

*M. Kamiński, B. Sledzińska
und J. Klawiter, J. Chromatogr.
367 (1986) 45; R. M. Nicoud
und H. Colin, LC GC Int. 3
(2, 1990) 28.*

Die Optimierung der Routine- oder gar einer großtechnischen Trennung muss neben der Peakreinheit vor allem auch die Ökonomie
der Mittel (mobile und stationäre Phase) und die Ausbeute pro Zeiteinheit berücksichtigen.

Aufgabe 35:
Ein Stoff soll mit präparativer HPLC in reiner Form gewonnen werden. Die Trennung geschieht vollautomatisch mit Autoinjektor und
computerüberwachter Fraktionensammlung. Folgende Apparaturen
und Säulen stehen zur Verfügung:
a) Analytische Säule 4,6 mm × 25 cm mit 5-µm-Phase. Probenmenge (des interessierenden Stoffs) 1,2 mg je Injektion, vollstän-

dige Auflösung. Volumenstrom der mobilen Phase 2 ml/min, Dauer eines Chromatogramms 8 min.

b) Präparative Säule 22 mm × 25 cm mit 5-μm-Phase. Probenmenge 120 mg, vollständige Auflösung. Volumenstrom 14 ml/min, Dauer 30 min.

c) Präparative Säule 22 mm × 25 cm mit 40-μm-Phase. Probenmenge 120 mg, aber es können nur 80 % davon in reiner Form gewonnen werden, weil die Auflösung unvollständig ist. Volumenstrom 14 ml/min, Dauer 37 min.

Wie groß ist der Durchsatz [Menge/Zeiteinheit] an reinem Stoff bei jeder Variante?

Wie hoch sind die Produktionskosten [€/g] (ohne Amortisation der Apparatur, die Anschaffungskosten sind in jedem Fall hoch)? Die mobile Phase kostet 24,– €/l, es können aber 90 % davon durch Destillation zurückgewonnen werden, was 5,– €/l kostet. In allen drei Fällen muss die Säule nach 200 Injektionen neu gefüllt werden; die Kosten der stationären Phase betragen a) 60,– €, b) 1400,– €, c) 110,– €.

20.3
Überladungseffekte

Bei präparativer HPLC treten meist Überladungseffekte auf. Man unterscheidet:
– Volumenüberladung
– Stoffüberladung (auch Konzentrationsüberladung genannt)
– Detektorüberladung
Die Effekte sind in Abbildung 20.3 dargestellt.

Im *analytischen Chromatogramm* ist das injizierte Probevolumen so gering, dass die Peakbreite dadurch nicht beeinflusst wird, und die Stoffmenge ist zu niedrig, als dass Überladung auftreten könnte. Das maximal erlaubte Dosiervolumen wurde in Abschnitt 19.2 berechnet. Die Größenordnung der Stoffmenge, welche injiziert werden darf, ohne dass das System überladen wird, wurde in Abschnitt 2.7 diskutiert.

Die Trennung liegt im linearen Teil der Adsorptionsisotherme.

Bei *Volumenüberladung* ist das injizierte Volumen so hoch, dass die Peakbreite dadurch beeinflusst wird. (Die Konzentration der Probe ist so gering, dass keine Stoffüberladung auftritt.) Wie aus Abbildung 20.3 ersichtlich, ist die mittlere Peakbreite x im Eluat genau so groß wie am Säuleneingang. Auch die Konzentration im Peakmaximum bleibt unverändert (solange der Peak nicht durch hohe k-Werte stark verdünnt wird). Durch Volumenüberladung entstehen also *rechteckige Peakformen*.

Konzentration

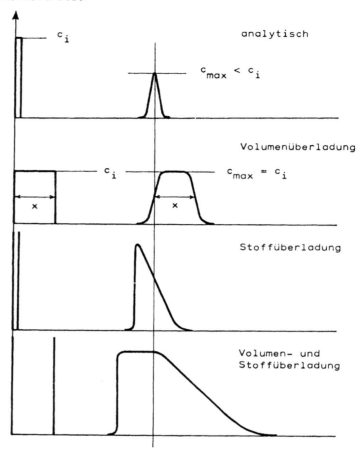

Abb. 20.3 Überladungseffekte in der HPLC

Im Prinzip darf die Volumenüberladung so weit gesteigert werden, bis sich die zu trennenden Peaks zu berühren beginnen. Dieses maximale Dosiervolumen V_L lässt sich aus dem analytischen Chromatogramm wie folgt berechnen:

Die Gleichung gilt nur, wenn das Lösungsmittel für die Probe die gleiche Elutionskraft hat wie die mobile Phase. Ist das Lösungsmittel deutlich schwächer, so kann noch mehr dosiert werden, siehe Abschnitt 19.2.

$$V_L = V_0 \left[(\alpha - 1)\, k_A - \frac{2}{\sqrt{N}} (2 + k_A + \alpha\, k_A) \right]$$

V_0: Totvolumen der Säule (Totzeit mal Volumenstrom)
α: Trennfaktor des interessierenden Peaks
k_A: Retentionsfaktor des ersten interessierenden Peaks
N: Trennstufenzahl der Säule

Bedingung ist, dass bei Injektion von V_L noch keine Stoffüberladung auftritt, dass also eine verdünnte Lösung eingespiesen wird. Tritt zusätzlich auch noch Stoffüberladung auf, so darf man weniger als das berechnete V_L injizieren.

Aufgabe 36:

Eine verdünnte Lösung enthält neben Begleitstoffen eine Komponente A, welche präparativ gewonnen werden soll. Der Trennfaktor von A zum nächsten benachbarten Peak beträgt 1,5. A wird mit einem Retentionsfaktor von 4 eluiert. Die verwendete analytische Säule hat eine Bodenzahl von 6400 und ein Totvolumen von 2 ml. Wie hoch darf das Dosiervolumen gesteigert werden, bis sich Peak A und sein nächster Nachbarpeak gerade berühren?

Lösung:

$$V_L = 2\ \text{ml}\ [(1,5 - 1)\ 4 - \frac{2}{\sqrt{6400}}\ (2 + 4 + 1,5 \cdot 4)] = 3,4\ \text{ml}$$

Überschreitet die injizierte Stoffmenge (errechnet aus Injektionsvolumen und Konzentration) einen gewissen Wert, so ist die örtliche Konzentration an Probe in der Säule so groß, dass sich kein richtiges Gleichgewicht mehr einstellen kann: man spricht von *Stoffüberladung*. Die Folge davon sind *dreieckige Peaks*. In der Regel ist Tailing zu beobachten, wie in Abbildung 20.3 und 2.23, welches zusammen mit verkürzten Retentionszeiten auftritt. Zuweilen äußert sich die Stoffüberladung als Fronting zusammen mit erhöhten Retentionszeiten. Will man möglichst viel reinen Stoff pro Zeiteinheit gewinnen, so wird man immer im überladenen Zustand arbeiten. Bei verdünnten Probelösungen tritt dann eher Volumenüberladung und bei konzentrierten eher Stoffüberladung auf. Häufig sind beide Effekte vorhanden und die Peaks werden trapezförmig, wie in Abbildung 20.3 unten. (Mit zunehmender Retention verliert sich das Plateau, und der Peak wird dreieckig.) Die maximale Injektionsmenge einer konzentrierten Lösung bestimmt man empirisch: man spritzt so viel ein, dass sich die Peaks gerade zu berühren beginnen. Unverdünnte Proben sind nicht günstig.

G. Cretier und J. L. Rocca, Chromatographia 21 (1986) 143; A. F. Mann, Int. Biochem. Lab. 4 (2, 1986) 28; J. H. Knox und H. M. Pyper, J. Chromatogr. 363 (1986) 1; G. Guiochon und H. Colin, Chromatogr. Forum 1 (1988) 21; G. B. Cox und L. R. Snyder, LC GC Int. 1 (6, 1988) 36; S. Golshan-Shirazi und G. Guiochon, Anal. Chem. 61 (1989) 1368.

Es ist nicht empfehlenswert, die Probe in einem stärkeren Lösungsmittel als die mobile Phase zu lösen. Da man beim präparativen Arbeiten meist größere Volumina injiziert, kann das Lösungsmittel die Gleichgewichtsverhältnisse in der Säule merklich stören, sodass die Reproduzierbarkeit des chromatographischen Systems infrage gestellt ist. Die Probe muss in der mobilen Phase gut löslich sein, sonst verstopft die Säule.

Die *Detektorüberladung* äußert sich darin, dass das Signal nicht mehr als ganzes registriert werden kann, sondern auch bei unempfindlichem Schreiberausschlag als scharfes Rechteck erscheint. Dies kann den Anschein erwecken, als sei die Säule überladen, was sie in Wirklichkeit nicht ist. Wie bereits in Abschnitt 20.2 erwähnt, soll für präparative Trennungen ein unempfindlicher Detektor eingesetzt werden; beim UV-Detektor bedeutet dies, dass die Schichtdicke möglichst klein sein soll.

Der Brechungsindex-Detektor bietet eine gewisse Garantie für die Reinheit der Fraktionen. Wird eine UV-absorbierende Substanz teilweise durch eine nicht absorbierende überdeckt, so kann dies der UV-Detektor nicht erkennen und der gewonnene Peak ist nicht rein.

20.4
Proben sammeln

Die Leitung zwischen Detektor und Probenauffangstelle darf in Bezug auf den Volumenstrom der mobilen Phase nur ein kleines Volumen aufweisen.

Aufgabe 37:

Die Abflussleitung (Teflonschlauch) zwischen Detektorzelle und Sammelvorrichtung ist 20 cm lang bei einem Innendurchmesser von 0,3 mm. Zwischen Schreibersignal und Ausfließen der Substanzzone sollte nicht mehr als eine Sekunde verstreichen, damit die Fraktion sauber erfasst werden kann. Wie hoch sollte der Volumenstrom der mobilen Phase mindestens sein?

Lösung:

$$\text{Schlauchvolumen} = \frac{d^2\,\pi\,l}{4} = \frac{0,3 \cdot 0,3 \cdot \pi \cdot 200}{4}\ \text{mm}^3 = 14\ \text{mm}^3$$

Volumenstrom mindestens 14 mm^3/s = 840 mm^3/min = 0,84 ml/min

Wenn man nur gelegentlich präparativ arbeiten muss, fängt man die Fraktionen am Detektorausgang mit Fläschchen oder Reagenzgläsern auf. Bei Verwendung eines Fraktionensammlers ist es günstig, wenn dieser direkt vom Detektorsignal angesteuert werden kann. Muss man häufig große Mengen präparativ gewinnen, so ist eine vollautomatische Apparatur notwendig. Diese soll für jedes Trennproblem signal- und zeitprogrammiert werden können, damit die gewünschten Peaks unzerschnitten in je ein Gefäß geleitet werden. Erscheint kein Peak, so soll das Eluat zurück in die Vorratsflasche fließen. Nach Ablauf des Chromatogramms soll sich die nächste automatische Injektion anschließen.

Wenn die Peaks nicht genügend aufgelöst sind, sinkt die Reinheit der gewonnenen Fraktionen. Man hilft sich in diesem Fall durch Verwerfen der Zwischenfraktion; diese kann gegebenenfalls auch rezyklisiert werden (siehe Abschnitt 20.5).

Für die Reinheit von wenig aufgelösten Peaks siehe die Abbildungen in Abschnitt 2.4. Bei Stoffüberladung gelten diese Abbildungen aber nicht mehr, weil die Peaks dreieckig sind und sich dazu noch gegenseitig beeinflussen. Die Profile von benachbarten Peaks können sehr ungünstig sein, sodass der zweite Peak im Gegensatz zum ersten nicht als reine Fraktion erhalten werden kann.

S. Ghodbane und G. Guiochon, J. Chromatogr. 444 (1988) 275.

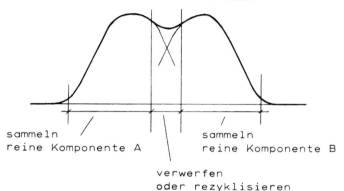

```
sammeln                    sammeln
reine Komponente A         reine Komponente B

          verwerfen
          oder rezyklisieren
```

Abb. 20.4 Präparative Gewinnung von zwei schlecht aufgelösten Peaks

Wie bereits erwähnt, muss in der präparativen HPLC die mobile Phase von höchster Reinheit sein, damit die Reinheit der aufgefangenen Proben beim Entfernen des Lösungsmittels nicht beeinträchtigt wird.

Aufgabe 38:
Durch präparative HPLC wird ein Stoff in einer Reinheit von 99,5 % (in Bezug auf Begleitstoffe) gewonnen. Er liegt im Eluat in einer Konzentration von 5 mg/ml vor. Die mobile Phase enthält nicht flüchtige Verunreinigungen in einer Konzentration von 0,002 % (Masse/Volumen). Wie groß ist die Reinheit des gewünschten Stoffs nach dem Entfernen des Lösungsmittels?

Lösung:
1 ml Eluat enthält 99,5 % von 5 mg = 4,975 mg des gewünschten Stoffs
sowie   0,025 mg Verunreinigung aus Begleitstoffen
und   0,020 mg Verunreinigung aus Lösungsmittel.
Total   0,045 mg Verunreinigung und 4,975 mg Stoff.

Die Reinheit des gewünschten Stoffs ist somit auf 99,1 % gesunken.

20.5
Rezyklisieren

Ist es nicht möglich, die Auflösung der Komponenten genügend groß zu machen, so kann man die einzelnen Peaks nach dem Erhöhen von Injektionsvolumen und Stoffmenge nicht mehr unterscheiden. In diesem Fall kann die notwendige Auflösung dadurch erreicht werden, dass man das Eluat nochmals durch die Säule schickt. Es bieten sich zwei Möglichkeiten an:

1. Nach dem Durchlaufen des Detektors wird das Eluat wieder der Pumpe zugeleitet und von ihr ein weiteres Mal durch die Säule gepumpt.

   Anforderungen: Pumpe von sehr kleinem Totvolumen

   pulsationsfreie Förderung (ein Pulsationsdämpfer hätte ein zu großes Totvolumen)

   relativ große Säule (2 mm × 25 cm ist beispielsweise ungeeignet)

   Trotz all diesen Maßnahmen ist eine starke Bandenverbreiterung bei jedem Durchlauf durch das System unvermeidlich. Es sind je nach Problem höchstens zehn Durchläufe möglich.

2. Eine Anordnung mit zwei Säulen, welche von der mobilen Phase in folgender Reihenfolge durchlaufen wird:

   Pumpe → Säule 1 → Detektor → Mehrwegventil

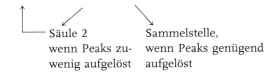

   Säule 2   Sammelstelle,
   wenn Peaks zu-   wenn Peaks genügend
   wenig aufgelöst aufgelöst

Das Eluat kann bis 20-mal abwechslungsweise durch die beiden Säulen gefördert werden. Das System hat den Vorteil, dass die Totvolumina kleiner sind als bei der ersten Methode. Die Pumpe kann ein beliebig großes Kammervolumen haben. Allerdings muss der Detektor eine druckfeste Zelle haben.

20.6
Verdrängungs-Chromatographie

J. Frenz und C. Horváth, in: HPLC Advances and Perspectives, Vol. 5, C. Horváth, ed., Academic Press, New York 1988, S. 211–314; J. Frenz, LC GC Int. 5 (12, 1992) 18.

Auch in überladenem Zustand ist das Verhältnis zwischen Probenmenge und der notwendigen Menge an stationärer Phase klein und unwirtschaftlich; es wird kaum je 10 mg/g überschreiten. Ein ganz anderer Ansatz für die präparative Flüssigchromatographie ist die Verdrängungs-Chromatographie. Hier werden vergleichsweise enorme Probenmengen dem chromatographischen Bett zugeführt. Weil die verschiedenen Komponenten der Probenmischung eine unterschiedliche Affinität zur stationären Phase haben, verdrängen sie sich gegenseitig von den „adsorptiven" (im weitesten Sinn) Zentren dieser Phase. Bei genügender Trennleistung der Säule werden reine, aber unmittelbar aufeinander folgende Komponenten eluiert.

Damit dieses Prinzip effizient funktioniert, ist es notwendig, der Probenmischung eine geeignete Komponente, welche eine noch stärkere Affinität zur stationären Phase besitzt, nachzuschicken, den so genannten Verdränger. Der günstige Verdränger muss empirisch gefunden werden. Bei Silicagel als stationäre Phase sind oft quaternäre Amine geeignet (sofern die Proben keine Säuren sind), bei Umkehrphasen einfache Alkohole. Nach jeder Trennung muss die Säule regeneriert werden.

Ein Nachteil der Verdrängungs-Chromatographie ist die Tatsache, dass die günstigen Bedingungen für eine Trennung nicht durch „scaling up" von analytischen Methoden gefunden werden können. Ist die mehr oder weniger aufwendige Optimierung des Trennsystems einmal abgeschlossen, so lässt sich mit keiner anderen Methode ein derart hoher Stoffdurchsatz pro Zeiteinheit unter Einsatz von sehr wenig mobiler und stationärer Phase erreichen.

Analytische HPLC spielt sich im linearen Teil der Adsorptionsisotherme ab, Verdrängungs-Chromatographie im nicht linearen.

Lösungen zu Aufgabe 35:
Durchsatz: a) 9 mg/h, b) 240 mg/h, c) 156 mg/h
Kosten: a) 340,– €/g, b) 83,– €/g, c) 43,– €/g

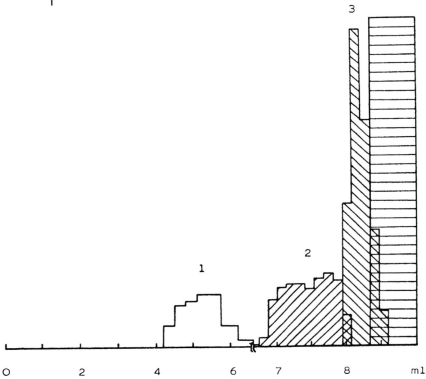

Abb. 20.5 Trennung von Peptiden mit Verdrängungs-Chromatographie (nach G. Subramanian, M.W. Phillips und S.M. Cramer, J. Chromatogr. 439 (1988) 431) Säule: 4,6 mm × 25 cm; stationäre Phase: Zorbax ODS 5 μm; mobile Phase: 1 ml/min Phosphatpuffer 50 mM pH 2,2/Methanol 60:40, 45 °C; 1) 9,6 mg N-Benzoyl-L-arginin; 2) 14 mg N-Carboxybenzoxy-L-alanyl-L-glycyl-L-glycin; 3) 15 mg N-Carboxybenzoxy-L-alanyl-L-alanin; Verdränger (waagrecht schraffiert): 2-(2-Butoxyethoxy)ethanol, 30 mg/ml in mobiler Phase. Die Zusammensetzung der 150-μl-Fraktionen wurde mit Umkehrphasen-HPLC untersucht.

21
Trennung von Enantiomeren

21.1
Problemstellung

Enantiomere sind Moleküle, bei denen sich Bild und Spiegelbild nicht zur Deckung bringen lassen. Sie existieren in zwei spiegelbildlichen Formen. Diese unterscheiden sich nicht in ihren chemischen und physikalischen Eigenschaften, mit Ausnahme der Drehrichtung von linear polarisiertem Licht, und lassen sich mit den bisher beschriebenen Trennverfahren nicht trennen.

Um Enantiomere auf chromatographischem Weg trennen zu können, muss das chromatographische System asymmetrisch, das heißt chiral sein. Dies ist auf verschiedene Weise erreichbar:

- Die mobile Phase ist chiral, die stationäre Phase ist achiral (also eine herkömmliche HPLC-Phase). Es genügt, einem gewöhnlichen Lösungsmittel einen kleinen Zusatz eines chiralen Reagens zuzusetzen.
- Die flüssige stationäre Phase ist chiral, die mobile Phase ist achiral. Die stationäre Phase liegt als Film auf einem Trägermaterial vor.
- Die feste stationäre Phase ist chiral, die mobile Phase ist achiral. Diese Methode ist zwar sehr bequem, aber die stationäre Phase ist teuer.

In allen Fällen entstehen zwischen den Probemolekülen und den asymmetrischen Spezies im chromatographischen System diastereomere Komplexe, welche verschieden schnell durch die Trennsäule wandern. Besonders gut abgeklärt sind die Komplexe an Aminosäure-Kupfer-Verbindungen, bei welchen zwei Bindungsstellen am Kupfer von den Probemolekülen besetzt werden können (Abbildung 21.1). Aminosäure-Kupfer-Verbindungen lassen sich auf Silicagel binden, wie in der Abbildung, oder der mobilen Phase beigeben.

Enantiomere lassen sich mit konventionellen chromatographischen Methoden trennen, wenn sie zuvor mit einem chiralen Reagens derivatisiert wurden, sodass Diastereomere entstehen. Dieses Verfahren

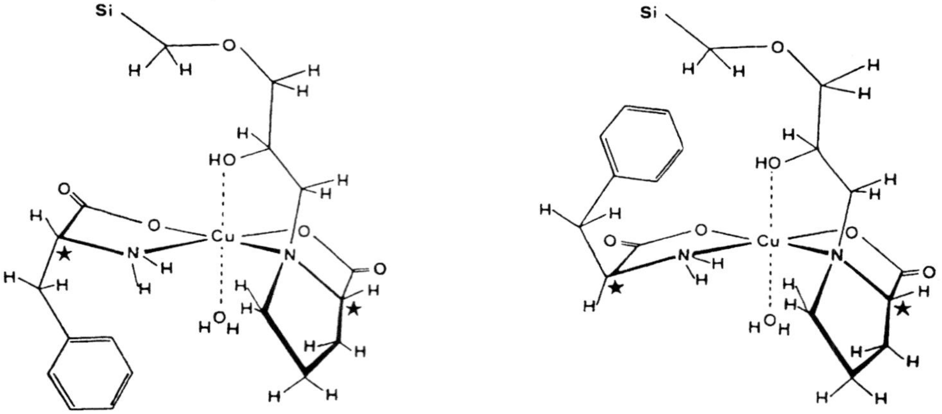

Abb. 21.1 Modelle der diastereomeren Komplexe von D- (links) und L-Phenylalanin (rechts) mit einer stationären Phase von kupferbeladenem L-Prolin auf Silicagel (nach G. Gübitz, W. Jellenz und W. Santi, J. Chromatogr. 203 (1981) 377)

der indirekten Enantiomerentrennung wird in Abschnitt 21.5 erläutert.

Zur Charakterisierung von chiralen Trennsystemen wird fast ausschließlich der Trennfaktor verwendet:

$$\alpha = \frac{k_2}{k_1} = \frac{t_{R_2} - t_0}{t_{R_1} - t_0} \qquad \text{mit } k_2 > k_1$$

Wie bereits in Abschnitt 2.5 erwähnt, ist die benötigte Anzahl Trennstufen zur Erzielung einer bestimmten Auflösung des Peakpaars umso geringer, je größer der Trennfaktor α ist. Für die HPLC sind α-Werte unter 1,05 kaum zu gebrauchen (im Gegensatz zur Kapillar-Gaschromatographie). Allzugroße α-Werte, höher als etwa 3, sind in der Praxis nicht unbedingt erwünscht, weil die zugehörigen Peakpaare dann weit auseinander liegen und nicht ohne weiteres als Enantiomere erkannt werden können.

D. R. Bobbitt und S. W. Linder, Trends Anal. Chem. 20 (2001) 111.
A. Mannschreck, Trends Anal. Chem. 12 (1993) 220.

Als Detektor kann bei der Trennung von Enantiomeren in sehr günstigen Fällen (hohe Konzentrationen und Drehwerte) auch das Polarimeter verwendet werden wie auch die Messung des Circulardichroismus möglich ist.

Die Trennung von Enantiomeren ist speziell in der pharmazeutischen und klinischen Chemie wichtig, weil viele Pharmaka asymmetrische Moleküle sind. Die beiden Formen, wie sie bei der vollsynthetischen Herstellung anfallen, haben oft unterschiedliche Wirkungen auf den Organismus und oft auch eine unterschiedliche Abbaukinetik.

21.2
Chirale mobile Phasen

Wird der mobilen Phase ein chirales Reagens zugegeben, das mit den in der Probe vorhandenen Enantiomeren einen Komplex (im strengen Sinn), ein Ionenpaar oder ein sonstiges Addukt bilden kann, so besteht die Chance, dass die entstandenen Diastereomere unterschiedliche Verteilungskoeffizienten zwischen mobiler und stationärer Phase besitzen und somit auf einer HPLC-Säule getrennt werden können. Ein Beispiel dafür ist die Trennung der Enantiomeren von N-(1-Phenylethyl)phthalamid-Säure mit Chinin, welches als chirales Ionenpaarreagens wirkt (Abbildung 21.2).

B. J. Clark, in: A Practical Approach to Chiral Separations by Liquid Chromatography, G. Subramanian, ed., VCH, Weinheim 1994, S. 311.

Der Vorteil dieser Methode besteht darin, dass aus einer Unzahl von chiralen Reagenzien, wie sie in den Chemikalienkatalogen angeboten werden, eines ausgesucht werden kann, das Erfolg verspricht. Zum Glück sind längst nicht alle optisch aktiven Verbindungen teuer, und für Vorversuche genügen kleine Mengen. In der Wahl der stationären Phase ist man nicht eingeschränkt und in Bezug auf das Lösungsmittel (wässrig oder nicht wässrig ist die primäre Frage) wird man sich auf seine Erfahrungen aus der achiralen Chromatographie stützen. Das chirale Reagens muss nicht optisch rein sein (natürlich erzielt man keine Trennung, wenn es als Racemat vorliegt!), und mit der Wahl des richtigen Antipoden, falls möglich, lässt sich die günstige Elutionsreihenfolge erhalten.

C. Pettersson, A. Karlsson und C. Gioeli, J. Chromatogr. 407 (1987) 217.

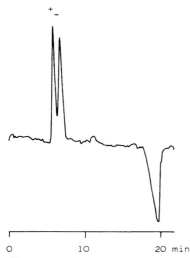

Abb. 21.2 Trennung der Enantiomeren von N-(1-Phenylethyl)phthalamid-Säure mit chiralem Ionenpaarreagens (nach C. Pettersson, J. Chromatogr. 316 (1984) 553). Stationäre Phase: LiChrosorb SI 100 5 µm; mobile Phase: Dichlormethan/1,2-Butandiol 99:1 mit je 0,35 mM Chinin und Essigsäure; Detektor: UV. Der negative Peak bei ca. 19 min ist ein Systempeak

Zu beachten ist, dass man bei diesem Vorgehen mit chemischen Gleichgewichten arbeitet, welche durch die Änderung von Konzentrationen, der Temperatur oder des pH-Werts unter Umständen verschoben werden können. Es lohnt sich, diese Parameter zur Optimierung der Trennung systematisch zu variieren. Falls das System sehr empfindlich auf die Änderung einer Einflussgröße reagiert, muss diese Größe mit entsprechendem Aufwand konstant gehalten werden, wenn die besten Bedingungen einmal gefunden sind.

Ein Nachteil dieser Methode ist die Tatsache, dass die Enantiomeren nach der Trennung als diastereomere Assoziate vorliegen, deren Spaltung unmöglich sein kann. In diesem Fall sind präparative Trennungen nicht möglich.

21.3
Chirale flüssige stationäre Phasen

Wenn die Partikel der Säulenpackung mit einer chiralen Flüssigkeit belegt sind, so erhält man ein chirales Flüssig-flüssig-Verteilungssystem. Die mobile Phase muss an stationärer Phase gesättigt sein. Um das Lösungsgleichgewicht konstant zu halten, ist Thermostatisierung notwendig. Ein Beispiel für diese Methode ist in Abbildung 21.3 zu sehen. Flüssige stationäre Phase ist (+)-Di-n-butyl-tartrat, womit einige β-Aminoalkohole getrennt werden können.

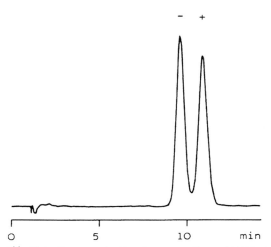

Abb. 21.3 Trennung der Enantiomeren von Norephedrin auf (+)-Di-n-butyltartrat als flüssige stationäre Phase (nach C. Pettersson und H. W. Stuurman, J. Chromatogr. Sci. 22 (1984) 441) Säule: 4,6 mm × 15 cm; stationäre Phase: (+)-Di-n-butyltartrat auf Phenyl Hypersil 5 μm; mobile Phase: Phosphatpuffer pH 6 mit Hexafluorophosphat, gesättigt an Dibutyltartrat; Detektor: UV 254 nm

21.4
Chirale feste stationäre Phasen

Sehr bequem wird die Enantiomerentrennung, wenn eine Säule mit (fester) chiraler stationärer Phase, welche das fragliche Enantiomerenpaar trennt, zur Verfügung steht. Leider gibt es keine „Universalphase", welche alle Trennprobleme lösen kann, und es wird sie auch nie geben. Das kommerzielle Angebot ist allerdings groß und zahlreiche Trennbeispiele wurden publiziert. Nach einer kritischen Durchsicht der Literatur dürfte es nicht unmöglich sein, die am meisten Erfolg versprechende Phase auszuwählen. Oft ist es allerdings notwendig, die Probe durch achirale Derivatisierung der Phase anzupassen.

R. Däppen, H. Arm und V. R. Meyer, J. Chromatogr. 373 (1986) 1; D. W. Armstrong, LC GC Int. Suppl., April 1998, S. 22.

Die wichtigsten chiralen stationären Phasen sind in der Tabelle aufgeführt. Sie ermöglichen ganz verschiedenen Trennprinzipien und können wie folgt eingeteilt werden:

– Bürstenphasen, bei welchen kleine Moleküle, oft mit π-Akzeptorgruppen, auf Silicagel gebunden sind;
– helicale Polymere, vor allem Cellulose und ihre Derivate;
– Phasen mit chiralen Kavitäten;
– Proteinphasen;
– Ligandaustauschphasen.

Bürstenphasen

In Abschnitt 7.5 wurde ausgeführt, wie sich Silicagel mit nahezu beliebigen Gruppen derivatisieren lässt. Die entstehenden Strukturen werden, falls sie monomer sind, als „Bürsten" bezeichnet. Bei Verwendung von optisch aktiven Gruppen entstehen chirale Phasen. Die erste weit verbreitete und kommerziell erhältliche derartige Bürstenphase war 3,5-Dinitrobenzoylphenylglycin-Silicagel (DNBPG), die erste in der Tabelle. Nach ihrem Erfinder William H. Pirkle wird sie auch „Pirkle-Phase" genannt, obwohl noch weitere von ihm entwickelte Phasen auf dem Markt sind.

C. J. Welch, Advances in Chromatography (P. R. Brown and E. Grushka, eds.), 35 (1995) 171; F. Gasparrini, D. Misiti und C. Villani, J. Chromatogr. A 906 (2001) 35.

Die DNBPG-Phase weist eine Reihe von Merkmalen auf, die für nahezu alle chiralen Bürstenphasen typisch sind. Sie hat zwei Amidgruppen, welche ziemlich starr und planar sind; dadurch liegt die chirale Struktur in einer beschränkten (d. h. nicht unbeschränkten) Zahl von Konformationen vor, was für die enantioselektive Wechselwirkung wichtig ist. Die Amidgruppen können mit geeigneten Analyten Dipol-Dipol-Wechselwirkungen und Wasserstoffbrückenbindungen eingehen. Die Dinitrobenzoylgruppe ist ein π-Akzeptor (der Ring hat eine positive Teilladung) und tritt vorzugsweise mit π-Donoren wie Anilinen, Phenolen, Chlorbenzolen und Naphthalinen in Wechselwirkung. Diese Interaktion wird als die wichtigste angesehen, und es besteht kaum Aussicht auf Enantiomerentrennung,

Die meisten dieser Phasen sind chemisch auf Silicagel gebunden; ----- bedeutet eine Abstandgruppe (Spacer), z. B. $(CH_2)_n$. Die Chiralität der Phasen ist hier nicht spezifiziert; einige der Bürstenphasen sind in beiden enantiomeren Formen erhältlich. Die Chiralität ist für Cellulose, Amylose, Cyclodextrin, Peptide und Proteine gegeben.

Einige chirale stationäre Phasen für die HPLC

Bürstenphasen
Dinitrobenzoylphenylglycin

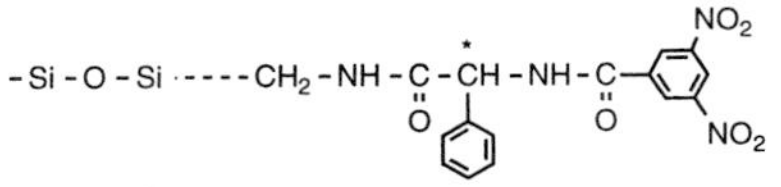

Dinitrobenzoylleucin

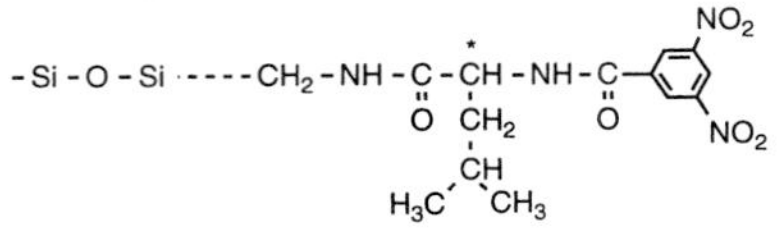

Naphthylalanin

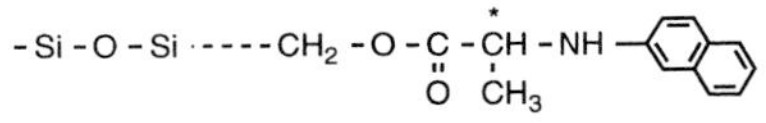

Naphthylleucin

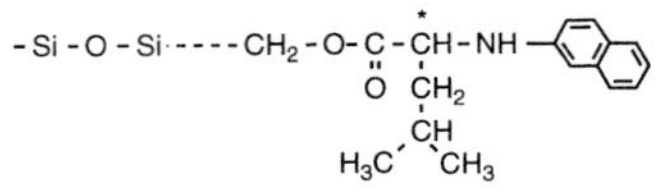

Chrysanthemoyl-
phenylglycin

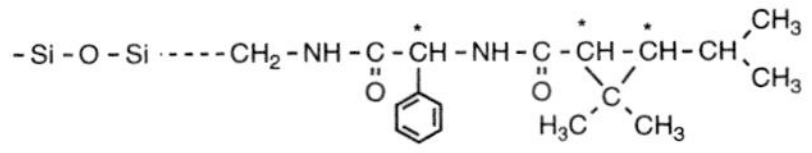

Naphthylethylharnstoff

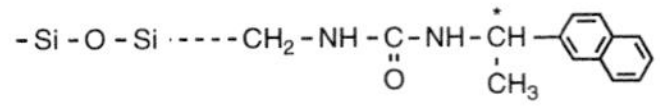

Helicale Polymere
Cellulosetriacetat
Cellulosetribenzoat

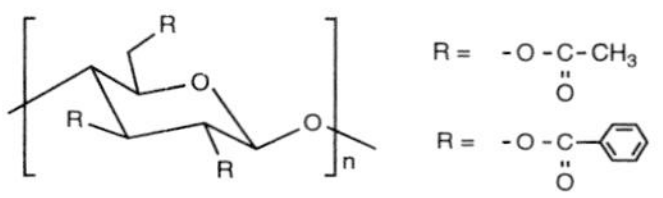

Amylose-trisdimethyl-
phenylcarbamat

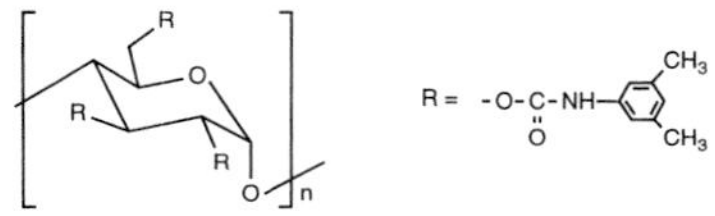

Poly
(triphenylmethyl-methacry-
lat)

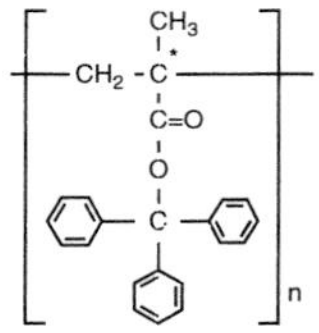

Chirale Kavitäten
β-Cyclodextrin

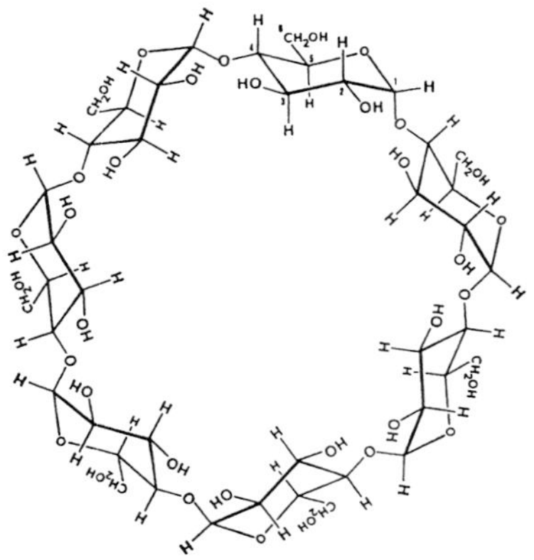

Kronenether

Vancomycin

Proteine
Rinderserumalbumin
Humanserumalbumin
α_1-Säure-glycoprotein
Ovomucoid
Avidin
Cellobiohaydrolase I
Pepsin

Ligandaustauschphasen
Prolin-Kupfer

Valin-Kupfer

wenn das Probenmolekül keine π-Donor-Gruppe hat. Folglich ist achirale Derivatisierung oft eine Voraussetzung für den Erfolg: Amine und Aminosäuren werden in Naphthamide überführt, Alkohole in Naphthylcarbamate und Carbonsäuren in Anilide. In den meisten Fällen ist die Derivatisierung einfach und verbessert zugleich die Detektierbarkeit, denn die in das Molekül eingeführten Gruppen besitzen ausgezeichnete UV-Absorption. Die DNBPG-Phase ist relativ billig und in beiden enantiomeren Formen erhältlich. Dies kann für die Spurenanalytik wichtig sein, wo der kleine Peak vor dem benachbarten grossen eluiert werden sollte, oder bei präparativen Trennungen, wo oft der erste eluierte Peak leicht in reiner Form erhalten werden kann, während der zweite mit seinem Vorläufer verunreinigt ist. Abbildung 21.4 zeigt ein gutes Beispiel für den Einsatz von DNBPG-Silicagel für die Trennung von D,L-Propranolol (als Oxazolidon-Derivat) in Blut.

In ähnlicher Weise werden die anderen chiralen Bürstenphasen eingesetzt. Die wichtigsten und in der Tabelle aufgeführten sind Dinitrobenzoylleucin-, Naphthylalanin-, Naphthylleucin-, Chrysanthemoylphenylglycin- und Naphthylethylharnstoff-Silicagel. Sie haben alle eine unterschiedliche Selektivität, welche allerdings manchmal schwierig vorauszusagen ist. Um einen Überblick zu erhalten, studiert man am besten die von den Herstellern veröffentlichten Broschüren. Bürstenphasen sind robust und erlauben hohe Beladungen mit Probe.

Helicale Polymere

E. Yashima, J. Chromatogr. A 906 (2001) 105.

Underivatisierte mikrokristalline Cellulose ist für HPLC-Trennungen nicht geeignet, aber ihre Derivate bilden eine der interessantesten und vielseitigsten Familien innerhalb der chiralen stationären Phasen. Triacetylcellulose ist als offenes Material (in dieser Form ziemlich billig) wie auch beschichtet auf Silicagel erhältlich. Andere Derivate sind Cellulose-tribenzoat (auch in der Tabelle), -trisphenlycarbamat, -tris-dimethylphenylcarbamat, -tris-chlorphenylcarbamat, -tristoluylat und -tricinnamat. Alle Cellulosederivat-Phasen sind teuer und eher weniger robust als die Bürstenphasen. Jedoch lässt sich mit dieser Familie von chiralen Phasen eine im Vergleich zu anderen Materialien unerreicht breite Palette von Enantiomeren trennen. Ihr Anwendungsbereich wird durch Poly(triphenly-methacrylat) und Amylosederivate vorteilhaft ergänzt. Retentions- und Trennmechanismen sind komplex und noch nicht richtig bekannt. Helicale Polymere sind unter anderem bestens für die Trennung von starren nicht planaren, „verdrehten" Molekülen mit D_{2d}-Symmetrie geeignet.

Phasen mit chiralen Kavitäten

Hiervon gibt es drei Klassen: Cyclodextrine, Kronenether und makrozyklische Glycopeptid-Antibiotika. Sie können mit kleinen Molekülen Wirt-Gast-Komplexe bilden, wenn diese in die Ringstruktur passen. Für eine Enantiomerentrennung muss dieser Komplex stereochemisch kontrolliert sein.

R.A. Menges und D.W. Armstrong, in: Chiral Separations by Liquid Chromatography, S. Ahuja, ed., ACS Symposium Series 471, Washington 1991, S. 67.

Cyclodextrine sind zyklische Oligoglycoside. Am bekanntesten ist β-Cyclodextrin aus 7 Glucosebausteinen (siehe Tabelle), daneben gibt es aber auch α-Cyclodextrin mit 6 und γ-Cyclodextrin mit 8 Einheiten. Glucose ist selbst chiral. Im Cyclodextrinmolekül, welches einen hohlen Kegelstumpf darstellt, finden sich am Rand der kleinen Öffnung primäre Hydroxygruppen, welche alle gleich gerichtet sind; der Rand der grossen Öffnung ist mit gerichteten sekundären Hydroxygruppen besetzt. Für die Enantioselektivität scheinen diese Gruppen wichtig zu sein. Sie lassen sich derivatisieren, beispielsweise acetylieren. Cyclodextrine werden wie Umkehrphasen mit po-

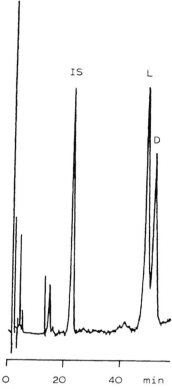

Abb. 21.4 Trennung von racemischem Propranolol als Oxazolidon-Derivatauf einer Dinitrobenzoylphenylglycin-Phase (nach I. W. Wainer, T. D. Doyle, K. H. Donn und J. R. Powell, J. Chromatogr. 306 (1984) 405)
Probe: Vollblutextrakt, 2,5 Stunden nach Einnahme von 80 mg Propranolol-Racemat, Derivatisierung zum Oxazolidon mit Phosgen; Säule: 4,6 mm × 25 cm; stationäre Phase: 3,5-DNB-Phenylglycin 5 μm; mobile Phase: Hexan/Isopropanol/Acetonitril 97:3:1, 2 ml/min; Detektor: Fluoreszenz 290/335 nm; IS: interner Standard (Oxazolidon-Derivat von Pronethalol)

laren mobilen Phasen verwendet. Sie können einen breiten Bereich von Enantiomeren trennen, aber ihre Eignung für ein bestimmtes Problem lässt sich schwer voraussagen.

Chirale *Kronenether* vom Typ 18-Krone-6 können Aminosäuren und primäre Amine trennen, wenn die Aminogruppe nahe beim chiralen Zentrum liegt. Die Wechselwirkung findet zwischen den Aminoprotonen und den Kronenether-Sauerstoffatomen statt. Die Gruppen R und R' des Kronenethers (siehe Tabelle) müssen groß und starr sein, wie dies beispielsweise bei Binaphthylen der Fall ist, um die kleinen Gastmoleküle in eine wohl definierte Wechselwirkung mit dem Wirt zwingen zu können.

T. Shinbo, T. Yamaguchi, K. Nishimura und M. Sugiura, J. Chromatogr. 405 (1987) 145.

T. J. Ward und A. B. Farris III, J. Chromatogr. A 906 (2001) 73.

Makrozyklische Glycopeptid-Antibiotika wie Vancomycin (Tabelle) oder Teicoplanin sind große Moleküle mit mehreren Peptidringen (nebst zahlreichen Phenylringen); zudem sind sie glycosiliert. Sie können sowohl in normaler wie auch in umgekehrter Phase verwendet werden.

Proteine

J. Haginaka, J. Chromatogr. A 906 (2001) 253.

Aus biochemischen Untersuchungen ist wohl bekannt, dass viele Proteine, nebst den Enzymen auch Transportproteine wie Albumin, in ihrer Wechselwirkung mit kleinen chiralen Molekülen hohe Enantioselektivität zeigen. Es ist möglich, Proteine auf Silicagel zu binden, wodurch man eine wertvolle Klasse von chiralen stationären Phasen erhält, welche vor allem für die Trennung von chiralen Pharmaka geeignet ist: Albumine, α-Säure-glycoprotein, Ovomucoid, Avidin, Cellobiohydrolase I und Pepsin. Sie unterscheiden sich in ihren chromatographischen und enantioselektiven Eigenschaften, was nicht überraschend ist, wenn man bedenkt, dass ihre biologische Funktion, Größe, Form und ihr isoelektrischer Punkt sehr unterschiedlich sind.

Proteinphasen sind teuer und heikel in der Handhabung. Ihre Trennleistung (als Trennstufenzahl) und die Beladbarkeit sind gering. Für viele Anwendungen werden diese Nachteile bei weitem durch ihre hervorragende Enantioselektivität kompensiert.

Ligandaustauschphasen

A. Kurganov, J. Chromatogr. A 906 (2001) 51.

Aminosäuren, welche auf Silicagel gebunden und mit Kupfer beladen sind, können in wässriger Lösung stereoselektiv mit Aminosäuren Komplexe bilden. Das Kupferion komplexiert sowohl mit der gebundenen wie auch mit der gelösten Aminosäure, siehe Abbildung 21.1. Ligandaustauschphasen sind für die Trennung von Aminosäuren, einigen β-Aminoalkoholen und ähnlichen Molekülen geeignet, weil diese Verbindungen zwei funktionelle Gruppen in geeignetem Abstand besitzen. Diese Möglichkeit der Enantiomerentrennung hat kein großes Interesse gefunden, weil die Trennleistungen der Phasen relativ gering sind, die mobile Phase Kupfer enthalten muss und weil die Detektion der underivatisierten Aminosäuren schwierig sein kann.

V. T. Remcho und Z. J. Tan, Anal. Chem 71 (1999) 248 A.

Falls man sein Trennproblem mit keiner der kommerziell erhältlichen Phasen lösen konnte, so bleibt als Ausweg vielleicht die Laborsynthese eines spezifischen imprägnierten Polymers, d.h. eines chiralen molecular imprinted polymer.

21.5
Indirekte Enantiomerentrennung

Werden Enantiomere mit einem chiralen, optisch reinen Reagens derivatisiert, so bildet sich ein *Diastereomerenpaar*. Diastereomere sind Moleküle, welche mehr als ein Asymmetriezentrum besitzen und sich in ihren physikalischen Eigenschaften unterscheiden. Dass sie nicht Spiegelbilder sind, wird aus dem Formelschema in Abbildung 21.5 deutlich. Diastereomere lassen sich prinzipiell mit einem achiralen chromatographischen System trennen; im Einzelfall muss natürlich das Derivatisierungsreagens sorgfältig ausgesucht werden. Für die Reaktion müssen alle Hinweise zur Vorsäulenderivatisierung, wie sie in Abschnitt 19.10 angegeben wurden, beachtet werden. Zusätzlich ist es äußerst wichtig, dass das Reagens von höchster optischer Reinheit ist. Sonst entstehen vier Isomere (zwei Enantiomerenpaare), wobei die Enantiomeren in einem achiralen System nicht getrennt werden können, was das Analysenresultat verfälscht!

N. Srinivas und L.N. Igwemezie, Biomed. Chromatogr. 6 (1992) 163.

Reinheit des optischen Reagens	maximal detektierbare optische Reinheit der Probe
99,95 %	99,9 %
99,5 %	99,0 %
98 %	96 %

Im weiteren ist darauf zu achten, dass während der Derivatisierung keine Racemisierung auftritt. Ein Problem besteht darin, dass das Reagens für die Reaktion im Überschuss vorliegen muss; falls dieser Überschuss nicht vor der Injektion abgetrennt wird, kann ein störender Reagenspeak im Chromatogramm auftreten.

Es ist günstig, wenn sich die derivatisierbare funktionelle Gruppe nahe am chiralen Zentrum des Moleküls befindet. Zu große Entfernung vom Asymmetriezentrum kann zur Folge haben, dass eine Trennung nicht möglich ist. Es ist anzustreben, bei der Derivatisierung Amide, Carbamate oder Harnstoffe herzustellen; diese Stoffklassen besitzen eine relativ starre Struktur (im Gegensatz beispielsweise zu Estern), was offenbar die Trennung erleichtert. Wenn möglich soll diejenige optische Form des Reagens eingesetzt werden, welche die im Unterschuss vorliegende Komponente des Enantiomerenpaars als erste eluieren lässt; so geht der kleine Peak nicht im Tailing des benachbarten großen unter.

Diastereomere *können* unterschiedliche Detektoreigenschaften haben! Für quantitative Bestimmungen *muss* eine Kalibrierkurve aufgenommen werden.

Indirekte Trennung ist oft bei biologischen Proben günstig. Es ist einfacher als bei direkter Enantiomerentrennung, die interessanten

Peaks im Chromatogramm von störenden Begleitkomponenten abzutrennen. Die Analyse wird auf Silicagel (bei nicht wässrigen Proben) oder auf einer C_{18}-Umkehrphase (bei biologischen Proben), wie in Abbildung 21.5, durchgeführt.

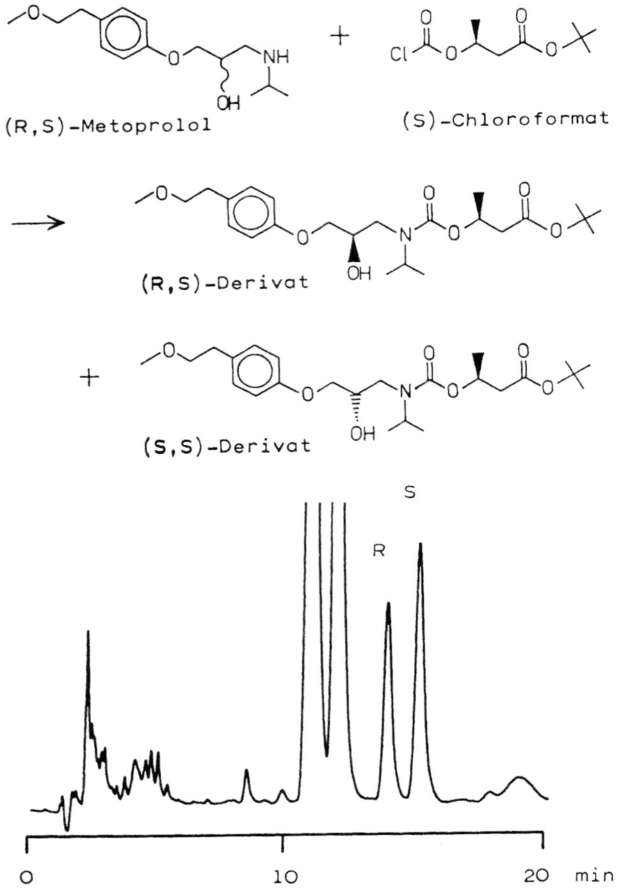

(R,S)-Metoprolol + (S)-Chloroformat

→ (R,S)-Derivat

+ (S,S)-Derivat

Abb. 21.5 Umsetzung von (R, S)-Metoprolol mit (S)-tert. Butyl-3-(chloroformoxy-)butyrat und Bestimmung des Enantiomerenverhältnisses in Humanplasma (nach A. Green, S. Chen, U. Skantze, I. Grundevik und M. Ahnoff, Poster am 13. International Symposium on Column Liquid Chromatography, Stockholm 1989). Stationäre Phase: Octadecyl-Silicagel; mobile Phase: Phosphatpuffer/Acetonitril 1:1; Detektor: Fluoreszenz 272/312 nm

22
Spezielle Möglichkeiten

22.1
Mikro- und Kapillar-HPLC

J. P. C. Vissers, J. Chromatogr. A 856 (1999) 117.

Heute werden die meisten Trennungen mit Säulen von 4,6 mm Innendurchmesser durchgeführt, obwohl sie bei doppelt so hohem Lösungsmittelverbrauch keine höhere Trennleistung haben als etwa 3,2 mm-Säulen. Es gibt gewichtige Gründe dafür, den Durchmesser noch weit mehr zu verringern:
– Der Lösungsmittelverbrauch sinkt mit dem Quadrat des Säulendurchmessers.
– Wie bereits in Abschnitt 19.2 erwähnt, sind Mikrosäulen für die Spurenanalytik bei begrenzter Probenmenge unentbehrlich.
– Einige Kopplungsverfahren der LC-MS benötigen kleine Volumenströme der mobilen Phase.
– Säulen von kleinem und kleinstem Durchmesser werden benötigt, um höchste Trennleistungen zu erzielen.
Es lassen sich drei verschiedene Typen von Säulen unterscheiden:
– Offene Kapillarsäulen. Eine Kapillare von ≤ 50 μm Innendurchmesser besitzt als stationäre Phase eine chemisch veränderte Glasoberfläche oder einen Flüssigkeitsfilm. Es sind Systeme in normaler oder umgekehrter Phase möglich.
– Gepackte Kapillarsäulen. Es ist möglich, Kapillaren von z. B. 75 μm × 15 cm mit konventionellen HPLC-Phasen zu packen.
– Mikrosäulen. Diese sind analog den üblichen HPLC-Säulen, besitzen jedoch keinen größeren Durchmesser als 1 mm.
Offene Kapillaren von 5 μm Innendurchmesser und mit 10^6 Trennstufen sind relativ einfach herstellbar. Die Theorie zeigt, dass eine Kapillare einen Innendurchmesser von 10 μm oder weniger haben sollte, damit sie in Bezug auf Peakkapazität, Auflösung und Analysenzeit einer gepackten Säule überlegen ist. Die apparativen Probleme sind lösbar (Injektionsvolumen 50 pl, Fluss 2 nl/min).

R. Swart, J. C. Kraak und H. Poppe, Trends Anal. Chem. 16 (1997) 332.

Y. Hirata, J. Microcol. Sep. 2 (1990) 214; J. P. Chervet, M. Ursem und J. P. Salzmann, Anal. Chem. 68 (1996) 1507.

R. P. W. Scott, J. Chromatogr. Sci. 23 (1985) 233; F. M. Rabel, J. Chromatogr. Sci. 23 (1985) 247.

Gepackte Kapillaren bieten den Vorteil höherer Kapazität, d. h. die Probenmenge darf größer sein als bei offenen Kapillaren. Nachteilig ist die kleinere Permeabilität.

Mikrosäulen von 1 mm Innendurchmesser (Stahlrohre mit $\frac{1}{16}$ Zoll Außendurchmesser) sind kommerziell erhältlich und bieten den großen Vorteil der Lösungsmitteleinsparung und Empfindlichkeitssteigerung. Die apparativen Anforderungen sind wie folgt:

Pumpe	25–250 µl/min
Probenvolumen	0,2–1 µl (Probe $\leq$ 10 µg)
Detektorvolumen	0,5–1 µl

Daneben gibt es Säulen aus „fused silica" (Quarzglas) mit einem Innendurchmesser von etwa 0,2 mm. Stellvertretend für alle übrigen Miniatur-Techniken soll Abbildung 22.1 die Leistungsfähigkeit der Mikro-HPLC mit einer derartigen Säule dokumentieren. Es handelt sich um die Trennung von 15 Gallensäuren. Ihr Nachweis in Körperflüssigkeiten ist wichtig zum Erkennen von Funktionsstörungen der Leber. Besonders hinzuweisen ist auf den Gesamt-Lösungsmittelverbrauch von 210 µl, auf die Fähigkeit, in diesem kleinen Volumen einen Gradienten reproduzierbar zu mischen und auf den raffinierten Reaktionsdetektor, welcher bereits in Abschnitt 19.9 erklärt wurde. Abkürzungen:

UDC		Ursodeoxycholsäure
C		Cholsäure
CDC		Chenodeoxycholsäure
DC		Deoxycholsäure
LC		Lithocholsäure
G	(vorangestellt)	Glycinkonjugat
T	(vorangestellt)	Taurinkonjugat

22.2
Schnelle und superschnelle HPLC

M. C. Muller et al., Chromatographia 40 (1995) 394; A. Kurganov, GIT Special Chromatography International 1996, S. 73; H. Chen und C. Horváth, J. Chromatogr. A 705 (1995) 3.

J. J. Kirkland, J. Chromatogr. Sci. 38 (2000) 535.

In der Routineanalytik, besonders in Fällen, wo die Probenvorbereitung einfach ist, besteht das Bedürfnis nach kurzer Analysezeit. Tatsächlich sind die apparativen Voraussetzungen dafür sehr hoch, aber kommerziell erhältlich. Man unterscheidet:

normale HPLC	Totzeit t_0 $\approx$ 1 min
schnelle HPLC	$\approx$ 10 s
superschnelle HPLC	$\approx$ 1 s

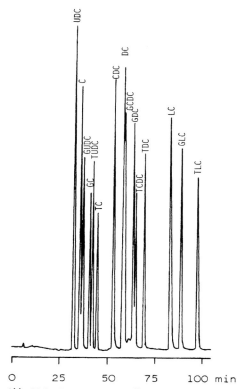

Abb. 22.1 Trennung von Gallensäuren mit Mikro-HPLC (nach D. Ishii, S. Murata und T. Takeuchi, J. Chromatogr. 282 (1983) 569)
Probe: 11 nl Lösung mit je ca. 20 ng Säure; Vorsäule: 0,2 mm × 5 cm (fused silica); Säule: 0,26 mm × 20 cm (fused silica); stationäre Phase: Silica ODS SC-01 5 µm; mobile Phase: 60 mM Phosphatpuffer mit NAD und Acetonitril, Gradient mit zunehmendem Acetonitrilgehalt, 2,1 µl/min; Detektor: Derivatisierung mit immobilisiertem Enzym, dann Fluoreszenz 365/470 nm

Für schnelle und superschnelle Trennungen müssen verschiedene Bedingungen erfüllt sein:
– Der Diffusionskoeffizient der Probenmoleküle in der mobilen Phase muss hoch sein; es kommen nur mobile Phasen mit möglichst kleiner Viskosität in Frage. Die Technik ist für höhermolekulare Proben nicht geeignet.
– Wie die Abbildungen 2.29 und 2.30 deutlich zeigen, sind für schnelle Trennungen kleine Korngrößen notwendig. Aus der Theorie folgt, dass die minimal mögliche Retentionszeit proportional zum Quadrat des Partikeldurchmessers ist.
– Die Säule sollte möglichst kurz sein.
– Als stationäre Phasen sind die in Abschnitt 7.3 erwähnten Perfusionspartikel und monolithischen Materialien günstig.

– Das Totvolumen der HPLC-Apparatur muss minimal sein. Günstig ist eine Konstruktion, bei welcher die Säule totvolumenfrei zwischen Injektor und Detektorzelle eingespannt ist, siehe Abbildung 22.2.

– Die Pumpe muss den nötigen Volumenstrom und Druck liefern können. Bei gegebenem Volumenstrom wird die lineare Fließgeschwindigkeit umso höher, je kleiner der Innendurchmesser der Säule ist.

– Die Zeitkonstante und das Zellvolumen des Detektors müssen so klein sein, dass sie die Trennung, d. h. Peakform und Auflösung, nicht beeinflussen. Entsprechende Angaben finden sich bei den Abbildungen 22.3 und 22.4.

– Die Datenverarbeitung, d. h. die Signalaufnahme und die Integration, muss schnell sein.

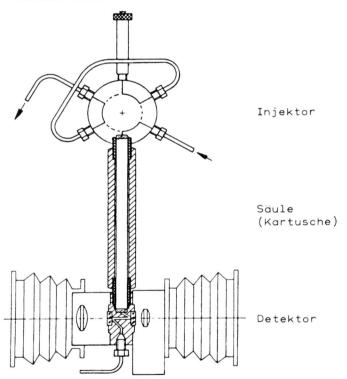

Abb. 22.2 Totvolumenfreie Anordnung von Injektor, Säule und Detektor (nach Kontron Analytik)

Natürlich wird bei schneller und superschneller HPLC die Säule weitab von ihrem *van-Deemter*-Minimum betrieben, sie kann also nicht ihre höchste Trennleistung liefern.

Obwohl superschnelle HPLC eher für isokratische Trennungen geeignet ist, sind auch superschnelle Gradienten möglich.

Abbildung 22.3 zeigt die schnelle bis superschnelle Trennung eines pharmazeutischen Präparats. Die Methode wird von der Herstellerfirma routinemässig für die Bestimmung der Auflösungsgeschwindigkeit und der Gehaltseinheitlichkeit (content uniformity) eingesetzt. Es wird das in Abbildung 22.2 vorgestellte System verwendet. Noch schneller ist die Trennung in Abbildung 22.4: ein Testgemisch aus fünf Komponenten wird in rund drei Sekunden getrennt. Die Standardabweichung bei der quantitativen Analyse liegt unter 1,5%.

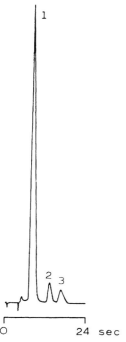

Abb. 22.3 Schnelle Trennung eines Antihypertonikums (nach F. Erni, SANDOZ) Probe: 10 µl Lösung des Dragées in künstlichem Magensaft; Säule: 2,1 mm × 10 cm; stationäre Phase: Spherisorb RP 18 5 µm; mobile Phase: 3 ml/min Acetonitril/Phosphorsäure 0,4 M 85:15; Detektor: UV 260 nm; Zellvolumen: 2,8 µl bei 10 mm Schichtdicke; Zeitkonstante: 0,1 s (98%); 1) Clopamid; 2) Dihydroergocristin; 3) Reserpin

22.3
HPLC mit superkritischen mobilen Phasen

R. M. Smith, J. Chromatogr. A 856 (1999) 83.

Ein reiner Stoff kann, je nach Druck und Temperatur, fest, flüssig oder gasförmig (oder in einem mehrphasigen Zustand) vorliegen.

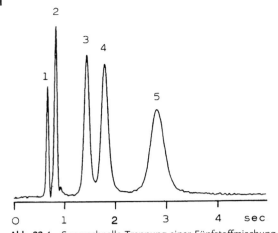

Abb. 22.4 Superschnelle Trennung einer Fünfstoffmischung (nach E. Katz und
R. P. W. Scott, J. Chromatogr. 253 (1982) 159)
Probe: 0,2 µl; Säule: 2,6 mm × 2,5 cm; stationäre Phase: Hypersil 3,4 µm; mobile Phase: 13 ml/min n-Pentan mit 2,2 % Essigsäuremethylester (u = 3,3 cm/s),
360 bar; Detektor: UV 254 nm; Zellvolumen: 1,4 µl; Zeitkonstante: 6 ms; Datenakquisition: 100 Punkte/s; 1) p-Xylol; 2) Anisol; 3) Nitrobenzol; 4) Acetophenon;
5) Dipropylphthalat

Die Zusammenhänge werden im Zustandsdiagramm (Abbildung
22.5) dargestellt. Folgt man der Dampfdruckkurve, welche die Zu-
stände Gas und Flüssigkeit voneinander trennt, in Richtung der Zu-
nahme von Druck und Temperatur, so erreicht man ein Gebiet, wo
die Dichte der beiden Phasen identisch wird. Am kritischen Punkt
P und darüber (schraffiertes Gebiet) liegt nur noch eine Phase vor,
welche weder ein Gas noch eine Flüssigkeit ist; man nennt sie *fluid*
oder *superkritisch* (überkritisch). Das Fluid kann als mobile Phase in
der Chromatographie eingesetzt werden. Die Methode ist unter dem
Namen *Supercritical Fluid Chromatography SFC* bekannt.
Superkritische mobile Phasen erschließen ein Gebiet, das sowohl
mit der Gas- wie mit der Flüssigchromatographie verwandt ist, daneben aber eigene Gesetzmäßigkeiten kennt. Interessant und einzigar-
tig sind einige physikalische Phänomene:
– Die Diffusionskoeffizienten der Proben liegen zwischen denjenigen in Gasen (vergleichsweise hoch, die GC arbeitet mit großen
  Strömungsgeschwindigkeiten) und denjenigen in Flüssigkeiten
  (vergleichsweise tief, die HPLC arbeitet mit kleinen Strömungsgeschwindigkeiten).
– Die Viskosität der mobilen Phase ist höher als bei Gasen, aber viel
  kleiner als bei Flüssigkeiten.
– Die Löslichkeit der Probemoleküle in der mobilen Phase nimmt
  mit steigendem Druck zu. Gradienten zur Beeinflussung der Retentionszeiten lassen sich nicht nur durch eine Änderung der Zu-

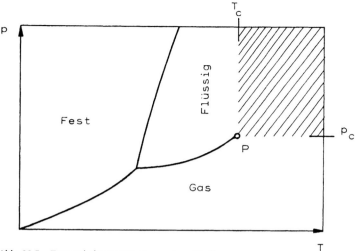

Abb. 22.5 Zustandsdiagramm eines reinen Stoffes

sammensetzung der mobilen Phase, sondern auch durch Änderung des Drucks erzielen. Stark retardierte Verbindungen werden
durch Druckerhöhung schneller eluiert.

Bei flüchtigen Proben bestimmt natürlich deren Dampfdruck das
Retentionsverhalten stark; dies ist eine der Analogien zur GC.

Als mobile Phasen kommen u.a. die folgenden in Frage:

	p_c [bar]	T_c [°C]	d [g/cm³]
n-Pentan	33,3	196,6	0,232
Isopropanol	47,0	253,3	0,273
Kohlendioxid	72,9	31,3	0,448
Schwefelhexafluorid	37,1	45,6	0,752

Für temperaturempfindliche Substanzen sind die ersten beiden
Stoffe natürlich nicht geeignet.

Von der Apparatur her muss für superkritische Chromatographie
die Möglichkeit zur exakten Druck- und Temperatursteuerung gegeben sein. Vor der Probenaufgabe muss die mobile Phase in einer
Spirale auf die gewünschte Temperatur gebracht werden. Diese Spirale, das Dosierventil, die Säule und der Detektor sind in einem
Ofen untergebracht. Hinter dem Detektor muss sich ein Widerstand
(Restriktor) befinden, damit das ganze System auf einem genügend
hohen Druck gehalten werden kann.

Als Säulen werden sowohl offene Kapillaren, womit sich sehr hohe
Trennstufenzahlen erzielen lassen, als auch gepackte Säulen (Abbildung 22.6) verwendet.

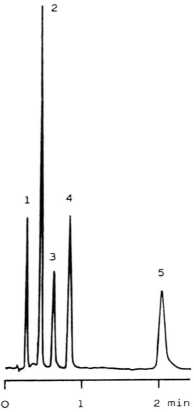

Abb. 22.6 Trennung von Opiumalkaloiden mit superkritischer mobiler Phase (nach J. L. Janicot, M. Caude und R. Rosset, J. Chromatogr. 437 (1988) 351) Säule: 4 mm × 12 cm; stationäre Phase: Spherisorb NH$_2$ 3 μm; mobile Phase: 8 ml/min Kohlendioxid/Methanol/Triethylamin/Wasser 87,62:11,80:0,36:0,22; Druck: 220 bar; Temperatur: 40,7 °C; Detektor: UV 280 nm; 1) Narcotin; 2) Thebain; 3) Codein; 4) Cryptopin; 5) Morphin

22.4
Elektrochromatographie

J. H. Knox und R. Boughtflo-
wer, Trends Anal. Chem. 19
(2000) 643; Q. Tang und
M. L. Lee, Trends Anal. Chem.
19 (2000) 648; K. Jinno und
S. Sawada, Trends Anal.
Chem. 19 (2000) 664.

Die mobile Phase lässt sich nicht nur mit einer Pumpe durch eine Kapillare oder Säule pressen, sondern auch durch Elektroendosmose. Dabei wird die Tatsache ausgenützt, dass an allen Grenzflächen eine elektrische Doppelschicht auftritt. Silicagel oder Quarzglas enthalten an ihrer Oberfläche fixierte negative Überschussladungen, eine damit in Kontakt stehende Lösung bildet positive Grenzflächenladungen aus. Wird ein Potenzialgradient von etwa 50 kV/m angelegt, so fließt die Lösung in Richtung der negativen Elektrode. Die großen Vorteile dieser Methode sind:

– Das Strömungsprofil ist nicht parabolisch, wie bei Pumpenförderung, sondern pfropfenförmig. Die durch die Strömungsverteilung hervorgerufene Bandenverbreiterung (A-Term) fällt weg.

– Beim Einsatz von offenen Kapillaren ist es aus diesem Grund nicht notwendig, sehr enge Kapillaren zu verwenden. Die erzielte Trennleistung ist unabhängig vom Kapillardurchmesser. Die Länge der Kapillare, d.h. ihr Strömungswiderstand, kann beliebig groß sein. Die Trennleistung ist ähnlich gut wie in der Kapillar-Gaschromatographie.

– Weil der Strömungswiderstand keine Rolle spielt, können bei gepackten Säulen sehr feinkörnige Packungen (1 μm und weniger) eingesetzt werden. Die reduzierte Trennstufenhöhe h liegt unter 2, also besser als in der herkömmlichen HPLC.

Die mobile Phase muss elektrisch leitend sein. Es werden Pufferlösungen mit Konzentrationen zwischen 0,001 und 0,1 M eingesetzt. Die erzielbare Fließgeschwindigkeit liegt um 1 mm/s. Nachteilig ist die starke Erhitzung der mobilen Phase beim Strömen, sodass wirksam gekühlt werden muss und die Kapillardicke dadurch begrenzt ist. Der Übergang zur Kapillarelektrophorese, wo im Gegensatz zur Elektrochromatographie die Probenmoleküle eine elektrische Ladung tragen *müssen*, ist fließend.

F. M. Everaerts, A. A. A. M. van de Goor, Th. P. E. M. Verheggen und J. L. Beckers, Journal of HRC 12 (1989) 28.

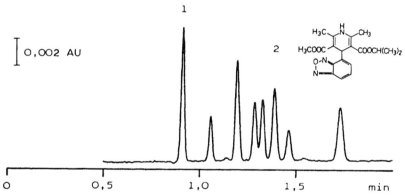

Abb. 22.7 Trennung mit Elektrochromatographie (nach H. Yamamoto, J. Baumann und F. Erni, J. Chromatogr. 593 (1992) 313)
Kapillare: 14,3/32,4 cm × 50 μm Innendurchmesser; stationäre Phase: ODS Hypersil 3 μm; mobile Phase: 4 mM Natriumtetraborat/Acetonitril 20:80, 2,6 mm/sec; Spannung: 30 kV; Detektor: UV 220 mm; 1) Thioharnstoff; 2) Isradipin; übrige Peaks: Nebenprodukte von Isradipin

23
Anhang 1: Angewandte HPLC-Theorie

Die in der Praxis benötigten Grundlagen und Ergebnisse der HPLC-Theorie wurden in den Kapiteln 2 und 8 vorgestellt. Hier folgt eine Repetition und Zusammenstellung wichtiger Gleichungen als Folge von Problemen und Lösungen. Ableitungen und Literaturzitate werden nicht gegeben; beides findet sich in den angegebenen Theorie-kapiteln wie auch anderswo in diesem Buch (man schlage im Sach-wortregister nach), die Zitate sind zudem in der zu Grunde liegenden Publikation zu finden.

V. R. Meyer, J. Chromatogr. 334 (1985) 197.

Ausgangspunkt der Überlegungen ist eine heute übliche HPLC-Säule von 4,6 mm Innendurchmesser d_c und 25 cm Länge L_c, welche mit einer stationären Phase von 5 µm Korngröße d_p gefüllt ist. Was lässt sich aus diesen Angaben und einigen weiteren alles berechnen?

Trennstufenzahl N: Mit Hilfe der reduzierten Trennstufenhöhe h lässt sich N berechnen. Unter der Annahme, dass die Säule sehr gut (nicht hervorragend) gepackt ist, d.h. $h = 2,5$, folgt:

$$N = \frac{L_c}{h d_p} = \frac{250000}{2.5 \cdot 5} = 20000 \tag{1}$$

Kommentar: In der Praxis wird $h = 2,5$ selten erreicht, womit auch die erzielte Trennstufenzahl sinkt. $N = 10'000$ oder $15'000$ ist meist realistischer.

Durchbruchsvolumen V_0: Vollständig poröse stationäre Phasen haben eine totale Porosität ε_{tot} von etwa 0,8. V_0 berechnet sich zu:

$$V_0 = \frac{d_c^2 \pi}{4} \cdot L_c \varepsilon_{tot} = \frac{4.6^2 \pi}{4} \cdot 250 \cdot 0.8 \, \text{mm}^3 = 3320 \, \text{mm}^3 = 3.3 \, \text{ml} \tag{2}$$

Kommentar: V_0 wäre nur halb so groß, wenn eine Säule von 3,2 mm Innendurchmesser verwendet würde. So gesehen ist es unverständlich, weshalb die 4,6-mm-Säulen so populär sind, sinkt doch der Lösungsmittelverbrauch auf die Hälfte beim Einsatz von 3,2- mm-Säulen.

Lineare Fließgeschwindigkeit *u* und Volumenstrom *F*: Die Säule werde bei optimaler reduzierter Fließgeschwindigkeit $v_{opt} = 3$ betrieben. Zur Berechnung von u und F ist die Kenntnis des Diffusionskoeffizienten der Probe D_m notwendig; er wird zu $1 \cdot 10^{-9}$ m²/s⁻¹ angenommen. Demnach sind u und F:

$$u = \frac{v D_m}{d_p} = \frac{3 \cdot 1 \cdot 10^{-9}}{5 \cdot 10 \text{Adj}6} \text{ m/s} = 0.6 \cdot 10^{-3} \text{ m/s} = 0.6 \text{ mm/s} \qquad (3)$$

$$F = \frac{u d_c^2 \pi \varepsilon_{tot}}{4} = \frac{0.6 \cdot 4.6^2 \cdot \pi \cdot 0.8}{4} \text{ mm}^3/\text{s} = 8.0 \text{ mm}^3/\text{s}$$
$$= 0.48 \text{ ml/min} \qquad (4)$$

Kommentar: In der Normalphasen-Chromatographie, wo organische Lösungsmittel als mobile Phase dienen, sind die Diffusionskoeffizienten meist größer, sodass schneller als hier berechnet chromatographiert werden kann. Dagegen sind sie in der Umkehrphasenchromatographie mit Mischungen aus organischem Lösungsmittel und Wasser kleiner, dementsprechend muss langsamer gearbeitet werden. Zu beachten sind zudem die kleinen Diffusionskoeffizienten von Makromolekülen!
Wird schneller chromatographiert, als dies v_{opt} entspricht, so verringert sich die Trennleistung; $v = 10$ sollte nicht überschritten werden.

Retentionszeit: Die Retentionszeit einer unretardierten Probenkomponente t_0 (Totzeit) beträgt:

$$t_0 = \frac{L_c}{u} = \frac{250}{0.6} \text{ s} = 417 \text{ s} \approx 7 \text{ min} \qquad (5)$$

Die Retentionszeiten t_R von zwei Probenkomponenten mit Retentionsfaktoren $k = 1$ und $k = 10$ betragen:
$t_R = k \cdot t_0 + t_0 = 1 \cdot 7 + 7 \text{ min} = 14 \text{ min}$
$t_R = 10 \cdot 7 + 7 \text{ min} = 77 \text{ min} \qquad (6)$

Kommentar: Wird bei v_{opt} chromatographiert, so sind die resultierenden Retentionszeiten relativ lang. Man beachte, dass alle Retentionszeiten vom Innendurchmesser der Säule unabhängig sind, wenn bei einer gegebenen reduzierten Fließgeschwindigkeit v gearbeitet wird.
Mit Ausnahme von (9) und (12) sind alle Werte, die mit den nachfolgenden Gleichungen erhalten werden, unabhängig von Fließgeschwindigkeit und Retentionszeit.

Retentionsvolumen V_R: Das Volumen an mobiler Phase zur Elution der Peaks mit
$k = 1$ und $k = 10$ berechnet sich zu:

$$V_R = F \cdot t_R = 0.48 \cdot 14 \text{ ml} = 6.7 \text{ ml}$$
$$V_R = 0.48 \cdot 77 \text{ ml} = 37 \text{ ml} \tag{7}$$

Kommentar: Wie bereits bei Gleichung (2) festgestellt, ist das Retentionsvolumen eines bestimmten Peaks proportional zum Quadrat des Säulendurchmessers. Wenn der erste eluierte Peak $k = 0$ hat, d.h. nicht retardiert wird, so ist sein Retentionsvolumen nur halb so groß wie für $k = 1$ berechnet, also nur 3,3 ml (das Durchbruchvolumen). In diesem Fall werden die aus (10), (11), (13) und (14) erhaltenen Werte kleiner!

Peakkapazität *n*: Falls $k = 10$ nicht überschritten wird, beträgt die Peakkapazität der Säule:

$$n = 1 + \frac{\sqrt{N}}{4} \cdot \ln(1 + k_{max}) = 1 + \frac{\sqrt{20000}}{4} \cdot \ln(1 + 10) = 86 \tag{8}$$

Peakbreite 4σ und Peakvolumen *V_p*: Wenn der erste Peak mit $k = 1$ eluiert wird, so berechnen sich seine zugehörigen Größen 4σ und V_P zu:

$$4\sigma = 4\,\frac{t_R}{\sqrt{N}} = 4\,\frac{14 \cdot 60}{\sqrt{20000}}\,\text{s} = 23.8 \text{ s} \tag{9}$$

$$V_p = 4\sigma \cdot \ = 23.8 \cdot 8 \text{ µl} = 190 \text{ µl} \tag{9a}$$

Kommentar: Die Peakbreite in Sekunden wird durch den Volumenstrom der mobilen Phase beeinflusst, während dies für die Peakbreite in Mikrolitern nicht der Fall ist (abgesehen von Änderungen der Peakbreite durch die Abweichung vom *van Deemter*-Minimum). Die Peakbreite in Sekunden ist aber eine wichtige Größe zur Berechnung der Zeitkonstante des Detektors nach Gleichung (12)!

Injektionsvolumen *V_i*: Das höchstens erlaubte Injektionsvolumen für den ersten Peak berechnet sich mit:

$$V_i = \theta V_R \cdot \frac{K}{\sqrt{N}} \tag{10}$$

wobei K ein Parameter der Injektionsqualität ist und als 2 angenommen wird und θ^2 den Anteil an der Peakverbreiterung wiedergibt. Wenn 1 % Peakverbreiterung erlaubt sein soll, so ist $\theta^2 = 0{,}01$ und $\theta = 0{,}1$:

$$V_i = 0.1 \cdot 6700 \cdot \frac{2}{\sqrt{20000}}\,\text{µl} = 9.5 \text{ µl}$$

Wenn 9 % Peakverbreiterung gestattet sind, so ist $\theta^2 = 0{,}09$ und $\theta = 0{,}3$:

$$V_i = 0.3 \cdot 6700 \cdot \frac{2}{\sqrt{20000}} \, \mu l = 28 \, \mu l$$

Kommentar: Für die Injektionsqualität kann üblicherweise $K = 2$ angenommen werden, aber bei sehr guter Injektion wird dieser Wert kleiner, sodass dann auch mehr injiziert werden darf, bis die oben berechnete Peakverbreiterung eintritt. Wichtiger ist aber, dass das maximale Injektionsvolumen vom Retentionsvolumen der interessierenden Komponente abhängt; auf Kapillarsäulen darf nur im Nanoliterbereich injiziert werden. Ein höheres Injektionsvolumen als oben berechnet ist nur erlaubt, wenn das Lösungsmittel für die Probe deutlich schwächer ist als die mobile Phase.

Falls der erste Peak mit $k = 1$ nicht von Interesse ist, darf mehr injiziert werden: Ein Injektionsvolumen von 157 µl ist gestattet, wenn der zweite Peak mit $k = 10$ µm nicht mehr als 9 % verbreitert werden soll (bei isokratischer Elution). Dies ist wichtig für die Diskussion der Nachweisgrenze in den Gleichungen (14) bis (16).

Detektor-Zellvolumen V_d: Es ist wie folgt definiert:

$$V_d = \frac{\theta V_R}{\sqrt{N}} = \frac{V_i}{2} \tag{11}$$

Wenn der erste Peak um nicht mehr als 1 % verbreitert werden soll, darf das Zellvolumen 9,5/2 µl $\approx$ 5 µl nicht überschreiten; bei 9 % Peakverbreiterung beträgt dieser Wert 28/2 µl = 14 µl.

Kommentar: Ein früh eluierter Peak einer Säule der Dimensionen 4,6 mm × 25 cm wird durch eine konventionelle 8-µl-Zelle um mehr als 1 % verbreitert!

Zeitkonstante des Detektors τ: Die maximal erlaubte Zeitkonstante ist wie folgt definiert:

$$\tau = \theta \cdot \frac{t_R}{\sqrt{N}} \tag{12}$$

Wenn der erste Peak um nicht mehr als 1 % verbreitert werden soll:

$$\tau = 0.1 \cdot \frac{14 \cdot 60}{\sqrt{20000}} \, s = 0.6 \, s$$

Bei 9 % Peakverbreiterung:

$$\tau = 0.3 \cdot \frac{14 \cdot 60}{\sqrt{20000}} \, s = 1.8 \, s$$

Kommentar: Die Zeitkonstante sollte nicht mehr als 0,5 Sekunden betragen, was eigentlich von allen HPLC-Detektoren erfüllt wird (Nachprüfen im Bedienungshandbuch ist aber besser als blindes

Vertrauen!). Wenn aber Säulen von nur 5 oder 10 cm Länge eingesetzt werden, ist eine Zeitkonstante von 0,5 Sekunden zu groß. Man beachte, dass die Zeitkonstante verringert werden muss, wenn die Fließgeschwindigkeit der mobilen Phase erhöht wird!

Kapillarlänge: Die maximal gestattete Kapillarlänge l_{cap} zur Verbindung von Injektor, Säule und Detektor ist wie folgt definiert:

$$l_{cap} = \frac{384 \, \theta^2 D_m V_R{}^2}{\pi N F \, d^4{}_{cap}} \tag{13}$$

Der Kapillar-Innendurchmesser d_{cap} sei 0,25 mm. Wenn der erste Peak um nicht mehr als 1% verbreitert werden soll, beträgt die maximale Kapillarlänge:

$$l_{cap} = \frac{384 \cdot 0.01 \cdot 10^{-5} \cdot 6.7^2}{\pi \cdot 20000 \cdot 8 \cdot 10^{-3} \cdot 0.025^4} \text{ cm} = 8.8 \text{ cm}$$

Bei 9% Peakverbreiterung:

$$l_{cap} = \frac{384 \cdot 0.09 \cdot 10^{-5} \cdot 6.7^2}{\pi \cdot 20000 \cdot 8 \cdot 10^{-3} \cdot 0.025^4} \text{ cm} = 79 \text{ cm}$$

Kommentar: Man beachte, dass die Kapillarlänge vom Quadrat des Retentionsvolumens des interessierenden Peaks und von der vierten Potenz des Innendurchmessers abhängt. In der Praxis sollte der Innendurchmesser von Kapillaren, deren Volumen zur Bandenverbreiterung beiträgt, nicht größer als 0,25 mm sein; ihre Länge ist möglichst zu begrenzen.

Verdünnungsfaktor: Die Konzentration im Peakmaximum c_p ist wegen der Bandenverbreiterung kleiner als in der injizierten Lösung c_i.

$$\frac{c_i}{c_p} = \frac{V_R}{V_i} \sqrt{\frac{2\pi}{N}} \tag{14}$$

Falls 9% Peakverbreiterung gestattet sind, beträgt die Verdünnung des ersten Peaks mit $k = 1$:

$$\frac{c_i}{c_p} = \frac{6700}{28} \sqrt{\frac{2\pi}{20000}} = 4.2$$

und für den zweiten Peak mit $k = 10$:

$$\frac{c_i}{c_p} = \frac{37000}{28} \sqrt{\frac{2\pi}{20000}} = 23$$

Konzentration im Peakmaximum c_p: Wenn die Konzentration beider Komponenten in der Probelösung je 1 ppm (10^{-6} g/ml) beträgt, so sinkt sie im Maximum des ersten Peaks mit $k = 1$ auf:

$$c_p = c_i \cdot \frac{c_p}{c_i} = 10^{-6} \cdot \frac{1}{4.2} \text{ g ml}^{-1} = 0.24 \cdot 10^{-6} \text{ g ml}^{-1} \qquad (15)$$

und im Maximum des zweiten Peaks mit $k = 10$ auf:

$$c_p = 10^{-6} \cdot \frac{1}{23} \text{ g ml}^{-1} = 0.043 \cdot 10^{-6} \text{ g ml}^{-1}$$

Kommentar zu (14) und (15): Der später eluierte Peak ist natürlich stärker verdünnt als der erste. Wenn jedoch nur der Peak mit $k = 10$ von Interesse ist, kann das Injektionsvolumen auf 157 µl erhöht werden, wie in der Diskussion von Gleichung (10) gezeigt wurde. In diesem Fall wäre der Verdünnungsfaktor für diesen zweiten Peak ebenso klein wie oben für den ersten, nämlich 4,2. Damit wären auch die Peakmaximumkonzentrationen in beiden Fällen gleich groß: $0.24 \cdot 10^{-6}$ g/ml. Man beachte, dass dies nur dann gilt, wenn für beide Peaks das maximal erlaubte Injektionsvolumen ausgenützt wird. Dann ist c_p unabhängig vom Retentionsvolumen des Peaks (d.h. vom Säulendurchmesser oder vom k-Wert) oder von der Trennstufenzahl der Säule!

Im Gegensatz zu diesen Überlegungen ist in Abbildung 23.1 der Einfluss von Säulendurchmesser und Trennleistung (Partikeldurchmesser der stationären Phase) auf die Peakform dargestellt, wenn in jedem Fall das gleiche Volumen einer Lösung mit gegebener Konzentration injiziert wird.

UV-Detektorsignal E: Die zweite Komponente sei Nitrobenzol mit einem Extinktionskoeffizienten ε von 10^4 bei 254 nm und einer molaren Masse von 123 g/mol. Das Signal E, welches im UV-Detektor erhalten wird, lässt sich nach *Lambert-Beer* berechnen: $E = \varepsilon c d$, wobei c die Konzentration in mol/l und d die Schichtdicke in cm bedeuten. Wenn nun $c_p = 0.043 \cdot 10^{-6}$ g/ml und $d = 1$ cm (wie in vielen UV-Detektoren) betragen, berechnet sich das Signal zu:

$$E = 10^4 \cdot 0.35 \cdot 10^{-6} \cdot 1 = 3.5 \cdot 10^{-3} \text{ absorption units (a.u.) (16)}$$

Nachweisgrenze: Als Nachweisgrenze wird oft ein Signal von vierfacher (manchmal zweifacher) Größe des Detektorrauschens betrachtet. Bei einem UV-Detektor ist ein Rauschen von 10^{-4} Extinktionseinheiten typisch. Somit beträgt die Nachweisgrenze $4 \cdot 10^{-4}$ Extinktionseinheiten, was um eine Größenordnung tiefer ist als das mit Gleichung (16) berechnete Signal. Da die Probenlösung eine Konzentration von 1 ppm hatte, beträgt die Nachweisgrenze ungefähr 0,1 ppm oder, in Bezug auf das Injektionsvolumen von 28 µl, 2,8 ng.

Kommentar zu (16) und zur Nachweisgrenze: Bei der Nachweisgrenze muss zwischen der gerade noch detektierbaren Konzentration und

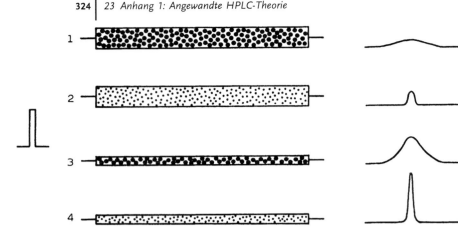

Injektion Säule Peak im Eluat

Abb. 23.1 Abhängigkeit der Peakform vom Säulendurchmesser und von der Trennleistung (als Funktion der Korngröße bei gegebener Säulenlänge) Die Säulen 1 und 3 enthalten eine grobkörnige, die Säulen 2 und 4 eine feinkörnige stationäre Phase. Die Packungsqualität, als reduzierte Trennstufenhöhe h bestimmt, sei in allen Fällen gleich gut. Die Trennleistung ist unabhängig vom Innendurchmesser der Säule, sodass die Peaks 1 und 3 beziehungsweise 2 und 4 gleich breit sind. Die Peakhöhe im Eluat lässt sich nach Gleichung (15) berechnen; sie ist umso größer, je dünner die Säule und je höher deren Trennleistung ist. Auch wenn in allen vier Fällen das gleiche Volumen einer Lösung konstanter Zusammensetzung injiziert wird, lassen sich die Peakflächen nicht vergleichen, wenn ein konzentrationsabhängiger Detektor eingesetzt wird: die optimale Fließgeschwindigkeit ist abhängig von der Korngröße und damit auch die Verweilzeit im Detektor.

der Stoffmenge unterschieden werden. Die Konzentrations-Nachweisgrenze ist nur vom Rauschen des Detektors und den Detektor-Eigenschaften der Probenkomponente (hier von ihrem Extinktionskoeffizienten) abhängig, wenn das (für den betreffenden Peak) maximal erlaubte Injektionsvolumen ausgenützt wird; in diesem Fall ist es gleichgültig, wie groß Retentionsfaktor, Säulenlänge und Trennleistung sind. Dagegen ist die Stoffmengen-Nachweisgrenze vom Retentionsvolumen des Peaks abhängig; sie ist umso tiefer, je kleiner der k-Wert des Peaks und je dünner die Säule ist. Der Grund dafür liegt darin, dass in diesem Fall das erlaubte Injektionsvolumen klein ist und somit auch, bei gegebener Konzentration der Probenlösung, die injizierte Stoffmenge. Für die Spurenanalytik bedeutet das:
– *Bei begrenzter Probenmenge* (klinische oder forensische Chemie) *müssen Säulen von kleinem Innendurchmesser eingesetzt werden. Die Spurenkomponente sollte möglichst früh eluiert werden.*
– *Wenn die Probenmenge nicht begrenzt ist* (Lebensmittelchemie), *müssen diese Punkte nicht zwingend beachtet werden. Es ist einzig notwen-*

dig, das maximal erlaubte Injektionsvolumen in Bezug auf die Spurenkomponente auszunützen.

Generell ist aber die erste Methode auch bei unbegrenzter Probenmenge zu empfehlen, spart man doch damit mobile Phase und Zeit.
Ein besonderes Problem kann die Überladung der Säule mit Begleitstoffen hoher Konzentration darstellen; dann sind in jedem Fall einzeln ausgearbeitete Lösungsstrategien notwendig.

Druckverlust Δp: Der Druckverlust kann mit dem dimensionslosen
Strömungswiderstand Φ berechnet werden:

$$\Delta p = \frac{\Phi L_c \eta u}{d_p^2} = \frac{\Phi \cdot L_c \,(mm) \cdot \eta \,(mPa\,s) \cdot u \,(mm\,s^{-1})}{100 \cdot d_p^2 \,(\mu m^2)} \; bar \qquad (17)$$

Wenn die Viskosität η 1 mPa s (Wasser oder Mischungen aus Acetonitril und Wasser), die lineare Fließgeschwindigkeit 0,6 mm/s (wie
mit Gleichung (3) berechnet) und der dimensionslose Strömungswiderstand 500 (runde, poröse, Suspension gepackte Partikel) betragen, so beträgt der Druckverlust:

$$\Delta p = \frac{500 \cdot 250 \cdot 1 \cdot 0.6}{100 \cdot 5^2} \; bar = 30 \; bar$$

Kommentar: Bei Verwendung von organischen Lösungsmitteln kleiner Viskosität, beispielsweise Hexan, ist der Druckverlust deutlich
tiefer, umgekehrt ist er mit Methanol/Wasser höher. Unregelmäßige
Partikel haben einen größeren dimensionslosen Strömungswiderstand als runde.

Schlussfolgerung: Die hier angegebenen Berechnungen geben wertvolle Hinweise für den optimalen Einsatz einer HPLC-Apparatur
und sollten deshalb auch für die eigenen Trennprobleme durchgeführt werden. Die für die Chromatographie so wichtige Auflösungsgleichung ist aber darin nicht vorgekommen:

$$R_S = \frac{1}{4}\left(\frac{\alpha - 1}{\alpha}\right) \sqrt{N}\left(\frac{k}{1 + k}\right)$$

Es wurden hier nur die Trennstufenzahl N und der Retentionsfaktor
k erwähnt. Diese beiden Größen lassen sich eigentlich immer leicht
verändern. Die große Kunst bei allen Trennungen ist aber die Optimierung des Trennfaktors α, wofür keine allgemein gültigen Regeln
aufgestellt werden können. Es ist die hohe Schule der Chromatographie, Trennsysteme von optimaler Selektivität zu finden.

24
Anhang 2: Durchführung des Gerätetests

von Bruno E. Lendi, OmniLab AG, CH-8932 Mettmenstetten, Schweiz

24.1
Allgemeines

Die verwendeten Testmethoden, mobilen Phasen und Testsubstanzen sind als mögliche Beispiele zu betrachten, jedoch haben sie sich in der Praxis hundertfach bewährt. Der Verfasser nimmt aber gerne Anregungen und Änderungsvorschläge entgegen, zumal in der wissenschaftlichen Geräteindustrie die Entwicklung nicht still steht. Auch werden die Anforderungen der amtlichen Prüf- und Überwachungsstellen für forschende und produzierende Institutionen meistens nicht kleiner.

Der hier beschriebene Test basiert auf Umkehrphasen-Chromatographie mit UV-Detektion und kann für fast alle HPLC-Systeme verwendet werden. Auch Systeme, welche mit apolaren oder stärker viskosen mobilen Phasen oder anderen chromatographischen Methoden betrieben werden, können auf ihre Funktionalität überprüft werden. In solchen Fällen ist aber darauf zu achten, dass die Parameter der einzelnen HPLC-Komponenten auf die neuen Bedingungen eingestellt werden (Aufziehgeschwindigkeit des Autosamplers, Einstellung des Kompressibilitätsfaktors der Pumpe usw.). Selbstverständlich muss das gesamte System mit den für den Test verwendeten mobilen Phasen und Spülflüssigkeiten sehr gut gespült werden, eventuell auch mit einem Zwischenschritt, falls die Lösungsmittel nicht mischbar sind; dabei darf die Einspritzvorrichtung nicht vergessen werden.

Da die ganzen Tests bei Raumtemperatur durchgeführt werden, ist es von Vorteil, die benötigten mobilen Phasen und Testlösungen bereits am Vortag bereitzustellen, damit sie sich an die Raumtemperatur angleichen können.

Mobile Phasen:
- Mobile Phase 1: Methanol / Wasser 600 ml : 400 ml.
- Mobile Phase 2: Methanol.
- Mobile Phase 3: 1000 ml Methanol + 2 ml Aceton.

Alle verwendeten Lösungsmittel müssen HPLC-Qualität entsprechen.

Testlösungen:
- Anthracenlösung: 1µg/ml in mobiler Phase 1.
- Benzophenonlösung: Für die „100%-Lösung" wird soviel Benzophenon in mobiler Phase 1 gelöst, dass der UV-Detektor bei 254 nm eine Extinktion von ca. 0,6 bis 0,9 AU ergibt (an die Schichtdicke der Zelle anpassen). Weiter werden verdünnte Lösungen mit den Konzentrationen 50%, 1% und 0,1% benötigt.

Säule:
Stahlsäule, 4 mm $\times$ 12,5 cm, Umkehrphase C_8, 5 µm.
Vorsicht: Je nach Hersteller (resp. Packungsdichte und Temperatur) der Säule kann der Systemdruck deutlich variieren; von uns gemessene Werte bewegen sich von 80 bar bis 240 bar. Säulen des gleichen Herstellers zeigen aber meistens den gleichen Rückdruck.

24.2
Durchführung des Tests

Um den Test möglichst effizient durchzuführen, muss ein bestimmter Ablauf eingehalten werden.

Pumpentest:
Bereits beim Einschalten der Pumpen durchlaufen die meisten Modelle einen Selbsttest. Die auf dem Display angezeigten Tests, Resultate oder Informationen sollen beobachtet werden. Bei einer Fehlermeldung im Handbuch nachschlagen, wie das Problem zu beseitigen ist, oder das Gerät durch den Hersteller reparieren lassen. Oft kann der Zustand des Gerätes bereits durch den äußeren Eindruck beurteilt werden. Salzverkrustungen, Lecks und ein allgemein ungepflegter Zustand lassen bereits auf mögliche Probleme schließen. In einem solchen Fall ist es sehr ratsam, die Pumpe vor dem Test in Ordnung bringen zu lassen.
Als erstes wird die *Druckanzeige* überprüft. Sie soll auf 0 stehen. Falls die Abweichung mehr als 1 bar beträgt, muss der Wert durch geeignete Maßnahmen korrigiert werden.
Für *Flussabweichung, Flussreproduzierbarkeit und Druckabweichung* wird die oben erwähnte Säule eingesetzt. Ein kalibriertes Fluss- und

Druck-Messgerät anschließen und den Fluss mit mobiler Phase 1 auf 1,5 ml/min einstellen. Das gesamte chromatographische System nun etwa während 10–15 min stabilisieren lassen. Danach während sechs Minuten jede Minute die Anzeigen der Messgeräte sowie der Pumpe ablesen und dokumentieren. Ebenfalls ist die Flussabweichung vom eingestellten Wert und eine eventuelle Differenz der Druckanzeige von Messgerät und Pumpe zu dokumentieren. Bei zu hohen Abweichungen (Flussreproduzierbarkeit, Förderleistung, Druckabweichung) sind entsprechende Schritte zur Reparatur einzuleiten. Der Test muss nach der Reparatur wiederholt werden, wobei zu beachten ist, dass die Dokumente mit den abweichenden Werten aufbewahrt werde müssen.

Bei Pumpen mit mehreren Kanälen wird nur der Kanal A überprüft, da im Normalfall zwischen den einzelnen Kanälen kaum Unterschiede bestehen. Falls doch solche vorhanden wären, würden sie im Gradiententest aufgedeckt.

Integratortest (nicht anwendbar für PC-Datensysteme):
Für die Überprüfung von *Signalachse und Zeitachse* darf der Detektor nicht am Integrator angeschlossen sein!

Man schließt einen kalibrierten Spannungsgeber an den Signaleingang des Integrators an und stellt die Attenuation des Integrators entsprechend ein, um ein Signal von 0 bis 1 Volt messen zu können. Anschließend werden die Aufzeichnung des Integrators aktiviert und Spannungswerte von 0 Volt bis 0,9 Volt in Stufen von 0,1 Volt eingestellt. Jede Stufe ist durch den Integrator auszudrucken („Level" bei TSP-Geräten, „List Zero" bei HP-Geräten usw.) oder abzulesen und zu dokumentieren.

Zur Überprüfung der Zeitachse wird der Papiervorschub auf 1 cm/min eingestellt und mit der Stoppuhr während 10 Minuten aufgezeichnet. Anschließend kann die registrierte Strecke ausgemessen und dokumentiert werden.

Die ausgegebenen Werte müssen in einem bestimmten Toleranzbereich liegen. Bei zu großen Abweichungen ist in der Regel eine Reparatur beim Hersteller notwendig. Bitte nicht vergessen, nach einer möglichen Reparatur das Gerät noch einmal zu überprüfen.

Auch die Dokumente mit den abweichenden Werten vor der Reparatur sollen aufbewahrt werden.

Test für PC-Datensysteme:
Es wird empfohlen, die Validierungsvorschriften der jeweiligen Hersteller zu benutzen.

Test von automatischen Injektionssystemen (Autosampler):
Wie bei allen anderen Geräten wird zuerst der Selbsttest beim Ein-

schalten des Autosamplers beobachtet und anschließend die Sicht-
kontrolle und der äußere Eindruck des Gerätes dokumentiert.
Systemeinstellungen für *Wiederholstandardabweichung und Verschleppung*:

- Die oben erwähnte Säule wird mit mobiler Phase 1 bei 1,5 ml/
  min betrieben.
- UV-Detektor bei 254 nm, Integrator- bzw. Computerausgang 1,0
  Volt = 0 bis 1,0 AU.
- Zeitkonstante bzw. Response Time: 1 Sekunde bzw. Medium (je
  nach Hersteller).
- Dauer der chromatographischen Aufzeichnung: 6 bis 8 min (die
  Retentionszeit von Benzophenon beträgt ca. 4 min).
- Die Spülflüssigkeit des Samplers (falls eine solche Vorrichtung vor-
  handen ist) auf Methanol umstellen (nicht die mobile Phase verwen-
  den, da sonst die Gefahr einer hohen Verschleppung besteht).
- Die Vials mit Benzophenon-Testlösungen in der folgenden Rei-
  henfolge in den Autosampler einbringen: 1 × 0,1 %, 1 × 1 %, 1
  × 50 %, 3 × 100 %, 1 × Vial mit mobiler Phase.

Aus jedem Vial erfolgt eine Doppelinjektion. Falls der Sampler nicht
für Mehrfachinjektionen geeignet ist, müssen zwei Vials der gleichen Konzentration hintereinander gestellt werden. Alle Messungen
werden bei Raumtemperatur durchgeführt. Die Temperatur ist bei
Messbeginn zu dokumentieren. Die Einspritzmenge richtet sich
nach dem häufigsten Einsatz des Chromatographiesystems. Falls der
tägliche Einsatz mit unterschiedlichen Einspritzvolumina erfolgt,
sind zwei Prüfungen mit verschieden Volumina vorzusehen, zum
Beispiel ein Test mit 10 µl und ein nächster mit 100 µl Einspritzvo-
lumen. Das Einspritzverfahren (vollständige Füllung oder Teilfül-
lung der Probenschlaufe) muss dokumentiert werden.
Sämtliche Testlösungen chromatographieren und integrieren. Aus
den Flächen der 100 %-Lösungen die relative Standardabweichung
berechnen. Die Bestimmung der Verschleppung erfolgt mit der Injektion der mobilen Phase und der letzten, gemessenen 100 %-Lö-
sung. Sämtliche Resultate dokumentieren.

Detektortest:

Wie bei allen anderen Geräten den Selbsttest überwachen. Die Sicht-
kontrolle des Gerätes ist zu dokumentieren.
Zur Bestimmung des *dynamischen Detektorrauschens* muss das gesamte chromatographische System mindestens 30 Minuten gemäß
den beim Autosamplertest beschriebenen Parametern äquilibriert
werden. Das Aufzeichnungsgerät auf eine Skalierung von ca. 0,5 bis
1,5 x 10E-3 AU einstellen, das Detektorsignal während 10 Minuten

aufzeichnen und den graphisch ermittelten Wert des Detektorrauschens (Peak-zu-Peak) dokumentieren. Zu beachten ist, dass dieser Test eine Aussage über das Kurzzeitrauschen macht. Eine mögliche Drift (Langzeitrauschen) ist nicht Gegenstand dieser Messung.

Zur Kontrolle der *Wellenlängenrichtigkeit* wird zuerst der Messbereich zwischen 246 und 256 nm auf 0 AU gestellt (mobile Phase 1 in der Messzelle). Bei den meisten modernen Detektoren reicht dazu das Drücken von „Auto Zero". Die Funktion „Auto Zero on Wavelength Change" oder „Auto Zero" muss ausgeschaltet werden. Nun die Wellenlänge auf 246 nm einstellen und die Messzelle vorsichtig (bei druckempfindlichen Zellen sorgfältig hohen Druck vermeiden) mit Anthracenlösung füllen. Danach bei jeder Wellenlänge in 1-nm-Schritten bis 256 nm den angezeigten Extinktionswert ablesen und eintragen. Das Extinktionsmaximum von Anthracen liegt bei 253 nm. Falls es nicht möglich ist, die Funktion „Auto Zero" bei einem Wellenlängenwechsel auszuschalten, muss bei jeder Wellenlänge zuerst mobile Phase 1 eingefüllt und der Nullabgleich vorgenommen werden. Danach füllt man Anthracenlösung ein, liest den angezeigten Wert ab und dokumentiert ihn. Das ist leider eine sehr zeitaufwendige Prozedur, aber es geht nicht anders. Der Test soll immer von der tieferen zur höheren Wellenlänge durchgeführt werden, um mögliches mechanisches Spiel des Wellenlängenvorschubes zu vermeiden. Falls der Detektor einen motorischen Wellenlängenvorschub besitzt, kann man sich das Leben etwas einfacher machen. Das Spektrum von Anthracen wird von 246 nm bis 256 nm registriert und das Wellenlängenmaximum bestimmt.

Wichtiger Hinweis: Die Detektorabgleichgeschwindigkeit (Response, Time Constant usw.) möglichst schnell einstellen, dagegen die Registriergeschwindigkeit möglichst langsam wählen, um einer irrtümlichen Maximumverschiebung vorzubeugen.

Bei Detektoren, die bereits mit einem eingebauten Holmiumoxidfilter ausgerüstet sind, empfehlen wir dessen Einsatz. Da die Bestimmung der Maxima von Holmiumoxid aber im UV-Bereich eine gute optische Auflösung (besser als 2 nm) verlangt, ist Vorsicht geboten. Viele Detektoren für den Einsatz im HPLC-Bereich sind mit festen Spalten für eine Bandbreite von 8 bis 10 nm ausgerüstet, was eigentlich ungenügend ist. Im Zweifelsfall bitte mit dem Gerätehersteller Kontakt aufnehmen oder eben Anthracen verwenden.

Zur Prüfung der *Linearität* werden die Chromatogramme der Verdünnungsreihe und die 100%-Lösung benötigt. Die Peakflächen der 2 × 0,1%, 2 × 1%, 2 × 50% und 2 × 100%-Chromatogramme integrieren, dokumentieren und den Korrelationskoeffizienten der Regressionsgeraden bestimmen. Bitte beachten: Bei der Integration der Peaks mit kleiner Konzentration können Fehler auftreten, die nichts mit der tatsächlichen Präzision des Samplers zu tun haben.

Ferner das Verhältnis der Mittelwerte aus den Peakflächen 1 % zu 0,1 % und 100 % zu 1 % bilden.

Gradiententest:

Überprüft wird die *Reproduzierbarkeit des Gradientenprofils, das Verweilvolumen und das Mischvolumen* mit Kanal A und B. Falls auch mit anderen Kanälen gearbeitet wird, müssen diese ebenfalls überprüft werden (zusätzlich auch Kanäle A-C in ternären und Kanäle C-D in quarternären Systemen).

Systemeinstellungen:
- Kanal A: Mobile Phase 2.
- Kanal B: Mobile Phase 3.
- Fluss: 2 ml/min.
- Säule: verbleibt im System.
- Detektionswellenlänge: 280 nm.
- Chromatographiedauer: 20 min.

Das System mit beiden mobilen Phasen gut spülen. Nun wird das folgende lineare Gradientenprogramm 5 mal nacheinander durchgeführt:

0 min	97,5 % mobile Phase 2, 2,5 % mobile Phase 3;
10 min	2,5 % mobile Phase 2, 97,5 % mobile Phase 3;
12 min	2,5 % mobile Phase 2, 97,5 % mobile Phase 3;
12,1 min	97,5 % mobile Phase 2, 2,5 % mobile Phase 3;
20 min	97,5 % mobile Phase 2, 2,5 % mobile Phase 3.

Ausgewertet werden diese Chromatogramme gemäß Abbildung 24.1:
- Die Zeiten t 5 %, t 50 % und t 95 %, jeweils bei Signalhöhe E 5 %, E 50 % und E 95 %, werden ermittelt und dokumentiert.
- Die Signalhöhe E 100 % wird ermittelt und dokumentiert.
- Das Verweilvolumen (Verzögerungszeit t Vol mal Fluss) wird ermittelt und als zusätzliche Information dokumentiert.
- Das Mischvolumen (Mischzeit t mix mal Fluss) als zusätzliche Information ermitteln und dokumentieren.
- Die relative Standardabweichung der fünfmaligen Messungen von E 100 %, t 5 %, t 50 % und t 95 % berechnen und dokumentieren.

24.3
Dokumentation, Grenzwerte und Toleranzen

Alle relevanten Daten (Gerätetypen, Seriennummern, Säulenangaben, Messgeräte, Chromatographieparameter usw.) müssen in die Dokumentation übernommen werden. Ebenso müssen alle Chromatogramme sowie die weiteren Ausdrucke (Detektorrauschen, Registrierung der Wellenlänge) der Dokumentation beigelegt werden.

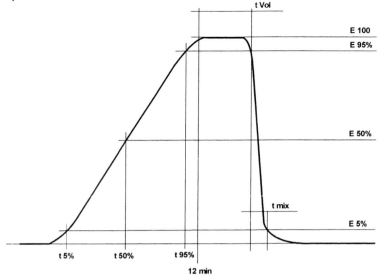

Abb. 24.1 Auswertung des Gradiententests

Der Berechnungsweg muss ersichtlich sein. Ferner müssen alle Resultate, Berechnungen und Befunde dokumentiert sein, selbst wenn sie nicht den Anforderungen entsprechen. Die Dokumentation wird vom Tester und vom Auftraggeber (beispielsweise vom Laborchef) handschriftlich datiert und unterschrieben.

Eine große Arbeit ist das Erstellen der Dokumentation. Falls ein solcher Test bei der Firma des Verfassers in Auftrag gegeben wird, erhalten Sie Dokumente, die jeder Prüfung von Behörden wie der Food and Drug Administration (FDA) standhalten.

Ein ganz besonders delikater Punkt ist die Bestimmung der erlaubten Abweichungen der einzelnen Geräte. Man könnte es sich scheinbar einfach machen und die publizierten Spezifikationen der Hersteller übernehmen. Aber: Erstens werden die Geräte einmal älter und erfüllen dann nicht mehr immer die Grenzwerte wie im Neuzustand. Zweitens hat man (glücklicherweise) vielfach Geräte angeschafft, die vielleicht um ein Mehrfaches besser sind als die Analytik erfordert. Man würde sich selber einen schlechten Dienst erweisen, wenn zu große Anforderungen gestellt würden. Die ISO-Normen 900x schreiben zum Beispiel nicht vor, wie etwas geprüft werden muss. Jede Institution soll deshalb die Qualitätsanforderungen für ihren Anwendungsbereich selber bestimmen. Es ist aber wichtig, dass diese einmal festgelegt und dokumentiert worden sind.

Aus diesem Grunde sind in diesem Kapitel mit Absicht keine Grenzwerte publiziert. Bei einer Zusammenarbeit mit der Firma des Verfassers werden aber die Anforderungen gemeinsam abgeklärt und in der Dokumentation (Standard Operating Procedure, SOP) individuell festgelegt.

25
Anhang 3: Ursachen und Behebung von Problemen in der HPLC

von Bruno E. Lendi, OmniLab AG, CH-8932 Mettmenstetten, Schweiz

Zu hoher Druck

Mobile Phase verschmutzt (dadurch dann Filter, Kapillaren, Ventil und/oder Säule verschmutzt):
→ Mobile Phase filtrieren; Puffer am besten wegwerfen, neu ansetzen und filtrieren.

Ausgangsfilter an der Pumpe verschmutzt:
→ Filter ersetzen.

Kapillaren verstopft:
→ Kapillare ersetzen oder Flussrichtung umkehren. Vorsicht, Peek-Kapillaren nicht zu fest anziehen.

Falsches Fitting (oder nur falsches Ferrule) eingesetzt:
→ Richtiges Fitting oder Fingertight-Verschraubung einsetzen.

Hochdruck-Ventil verstopft:
→ Rotordichtung und/oder Stator ersetzen.

Säule alt oder mit Fremdpartikeln verunreinigt:
→ Säule ersetzen oder spülen, dazu eventuell die Flussrichtung umkehren (dabei jedoch Detektor nicht anschliessen).

Probe fällt aus:
→ Mischbarkeit von Probe, Probenlösungsmittel und mobiler Phase überprüfen. Probe immer am besten in der mobilen Phase lösen (bei Gradiententrennungen im Lösungsmittel, wie es zu Beginn der Trennung vorliegt).

Falsche Zusammensetzung der mobilen Phase:
→ Gemisch oder Gradient überprüfen; oft am besten neues Gemisch nach korrekter Vorschrift herstellen.

Temperaturschwankungen:
→ Eine um 10 °C abgekühlte mobile Phase kann einen um bis zu 40 bar höheren Rückdruck zur Folge haben.

Flussrichtigkeit der Pumpe stimmt nicht:
→ Nachmessen und durch Hersteller korrigieren lassen.

Zu niedriger Druck
Hochdruckdichtungen in der Pumpe verbraucht:
→ Dichtungen ersetzen.

Ventile lecken:
→ Mit hohem Fluss reinigen, im Ultraschallbad reinigen oder ersetzen.

Leck nach der Pumpe:
→ Systematisch suchen und beheben.

Falsche Zusammensetzung der mobilen Phase:
→ Gemisch oder Gradient überprüfen; oft am besten neues Gemisch nach korrekter Vorschrift herstellen.

Temperaturschwankungen:
→ Eine um 10 °C wärmere mobile Phase kann einen Minderdruck von bis zu 40 bar erzeugen.

Flussgenauigkeit der Pumpe stimmt nicht:
→ Nachmessen und durch Hersteller korrigieren lassen.

Druckschwankungen
Ventile defekt und/oder Dichtungen verbraucht:
→ Ventile oder Dichtungen ersetzen.

Luft- oder Dampfblasen im Pumpenkopf:
→ Mit höherem Fluss Pumpe über Entlastungsventil (Drain) spülen. Lösungsmittel entgasen oder ein Entgasungsgerät anschliessen. (Absolut notwendig bei niederdruckseitiger Gradientenmischung.)

Der Eingangsfilter der Pumpe ist verstopft:
→ Überprüfen und ev. ersetzen. Bei wässriger mobiler Phase häufiger als bei organischen Lösungsmitteln.

Leck am Pumpensystem

Hinterspül- oder Hochdruckdichtungen lecken:
→ Dichtungen ersetzen, Kolben auf Beschädigungen überprüfen und falls notwendig ersetzen.

Füllstand der Pumpenhinterspül-Lösung wird höher:
→ Dies ist ein eindeutiger Hinweis, dass die Hochdruckdichtungen zu ersetzen sind.

Abweichung von Retentionszeiten

Die häufigste Ursache ist die Pumpen- bzw. Gradienteneinheit:
→ Flussgenauigkeit mit geeigneten Mitteln überprüfen. Bei Abweichungen ev. Dichtungen und/oder Ventile ersetzen.

Leck vor der Säule:
→ Systematisch suchen und beheben.

Temperaturschwankungen (besonders im Sommer):
→ Hier hilft nur der Einsatz eines heiz- bzw. kühlbaren Säulenofens.

Leichterflüchtige Komponente verdunstet aus dem Vorratsgefäss:
→ Vorratsgefäss kühler stellen, zudecken, ev. Lösungsmittel auch bei isokratischen Trennungen erst in der Apparatur mischen.

Gradient oder Lösungsmittelzusammensetzung entspricht nicht den Vorgaben:
→ Proportionalventile auf Lecks überprüfen. Eine häufige Ursache sind Salze, die in den Ventilen auskristallisiert sind. Dies zu verhindern ist einfach: spülen, bevor man die Anlage abstellt! Achtung, verschiedene HPLC-Systeme haben unterschiedliche Misch- und Verweilvolumina. Länge der Äquilibrationszeit bei Gradiententrennungen von Injektion zu Injektion überprüfen und ev. verlängern. Gradienten-Methoden überprüfen.

Generell ist festzustellen, ob sich die Totzeit geändert hat (dann ist es ein Pumpen- oder Leckproblem) oder ob die k-Werte anders sind (dann ist es ein Lösungsmittel- oder Temperaturproblem).

Probenverschleppung

Die häufigste Ursache ist das Injektions-System:
→ Verschleissteile im Autosampler ersetzen, d.h. Nadel, Kapillare zwischen Nadel und Ventil, Rotordichtung und/oder Stator.

Die weniger häufigen, aber perfiden Ursachen:
→ Schlechte Kapillarverbindungen auffinden und ersetzen. Einspritzschlaufen ersetzen. Kapillaren mit „rauher" Innenfläche ersetzen. Die Säule überprüfen und ersetzen. Probenfläschchen sind zu stark gefüllt. Falsches Spülmittel für den Autosampler.

Schlechte Einspritzreproduzierbarkeit

Die häufigste Ursache ist das Injektions-System:
→ Überprüfen und Ersatz von Verschleissteilen wie oben erwähnt.

Es kann fast alles weitere sein (!):
→ Die Pumpe fördert schlecht. Der Gradient ist nicht reproduzierbar. Die Probe ist zu stark gekühlt. Die mobile Phase ist verunreinigt. Der Spülmittelvorrat für den Autosampler ist leer. Ein Teil der Probe verbleibt im Einspritz-System. Probe fällt im Einspritz-System aus oder kristallisiert. Die Probenpositionierung im Autosampler hat sich verstellt. Verwendung von ungeeigneten Septa. Vakuum entsteht in den Probenfläschchen. Zu schneller Einzug der Probe vom Probenfläschchen zur Einspritzschlaufe. Die Dosierspritze im Autosampler ist undicht; dann Stempel oder ganze Spritze ersetzen.

Zu grosses Basislinenrauschen

Die UV-Lampe hat zu wenig Energie:
→ Ersetzen und justieren, wo notwendig.

Im tiefen UV zu wenig Energie:
→ UV-Lampe ersetzen, auch wenn die Energie z.B. bei 254 nm noch ausreicht. Durchflusszellen-Fenster ersetzen. Überprüfen, ob die mobile Phase UV-durchlässig und nicht verschmutzt ist. Ist das Lösungsmittel perfekt entgast? Entgaser zuschalten.

Die UV-Lampe wurde ersetzt, aber das Rauschen ist immer noch zu gross:
→ Korrekte Justierung der Lampe überprüfen. Zellenfenster reinigen oder noch besser ersetzen.

Die Pumpe arbeitet nicht korrekt:
→ Wartung, wie oben beschrieben.

Luft- oder Dampfblase in der Detektorzelle:
→ Zelle mit hohem Volumenstrom spülen. Wenn die Zelle druckfest ist, verhindert man Blasenbildung mit einem langen Kapillarschlauch (z.B. 0,25 mm $\times$ 10 m), der am Detektorausgang angeschlossen wird.

Externe elektrische Störung:
→ Netzfilter vorschalten, Apparatur an einem anderen Platz installieren.

Luftzug:
→ Lüftung abstellen, Apparatur an einem anderen Platz installieren.

Basislinien-Drift
Mobile Phase:
→ Ursachen können Erwärmung, unvollständige Mischung oder ungenügende Entgasung sein. Der Einsatz von Entgasungsgeräten und Öfen drängt sich auf.

Verschmutzte Säule:
→ Vielfach hilft mehr Geduld mit Spülen. Es können sich auch noch Substanzen von vorangegangenen Trennungen in der Säule aufhalten, diese müssen mit geeigneten mobilen Phasen eluiert werden.

Starke Druckschwankungen der Pumpe:
→ Siehe oben die Massnahmen unter „Druckschwankungen". Falls die Drift nur im tiefen UV auftritt, ist möglicherweise die Pumpe und/oder der Detektor ungeeignet. Pumpe mit geringer Pulsation und Detektor mit brechungsindex-unabhängiger, gradiententauglicher Zelle einsetzen.

Durchflusszelle im Detektor ist verschmutzt:
→ Zellenfenster reinigen oder noch besser ersetzen.

Die UV-Lampe ersetzen?
→ Nein, nur bei alten Geräten und bei einstrahligen Diodenarray-Detektoren hilft das manchmal. Bei modernen Detektoren liegt meist ein Fehler in der Elektronik vor, der nur vom Hersteller behoben werden kann.

Wann muss die UV-Lampe ersetzt werden?
→ Die Frage ist einfach, die Beantwortung weniger. Viele Hersteller von modernen Lampen und Detektoren empfehlen den Ersatz nach ca. 3000–4000 Betriebsstunden. Falls häufig im tieferen UV-Berich gemessen wird, ist der Ersatz entsprechend früher vorzunehmen. Die Emission der Energie nimmt in diesem Bereich um einiges früher ab. Generell könnte man sagen, dass ein zu früher Wechsel den Hersteller freut und ein zu später Wechsel zu ungenauen bis falschen Messungen führt.

Negative Peaks
Ungeeignete mobile Phase:
→ Die Probe wurde in einem Lösungsmittel mit höherer Transmission bei der entsprechenden Wellenlänge als die der mobilen Phase gelöst oder verdünnt. Das Lösungsmittel ist verunreinigt und/oder von ungeeigneter Qualität.

Die Probe wird durch das monochromatische Licht angeregt und fluoresziert:
→ Die Applikation muss überprüft und geändert werden.

Tailing, zu breite Peaks, Doppelpeaks
Defekte Säule:
→ Insbesondere Doppelpeaks werden meist von schlechten Säulen verursacht. Es hilft nur der Ersatz.

Totvolumina im System:
→ Hauptverursacher sind verschlissene Rotordichtungen, schlechte Kapillarverbindungen und zu grosse Innendurchmesser der Kapillaren.

Zu grosses Volumen der Detektorzelle:
→ Speziell bei kleinem Volumenstrom und kleinen Säulen ist diesem Umstand Beachtung zu schenken. Hier hilft nur der Einsatz einer geeigneten, kleinvolumigen Durchflusszelle.

Zu grosse Einspritzmengen:
→ Sie verursachen Unlinearitäten, beeinflussen Peakbreite und -symmetrie und können bis zur Zerstörung der Säule reichen. Applikation überprüfen.

Geisterpeaks
Peaks erscheinen von der vorherigen Trennung:
→ Zu wenig Zeit zwischen den Injektionen. Zeit erhöhen. Ungeeignetes Gradientenprofil. Speziell am Schluss des Gradienten muss die Mischung so berechnet werden, dass alles, auch Uninteressantes oder Festsitzendes eluiert wird.

Es erscheint ein unbekannter Peak immer zur selben Zeit:
→ Wird der Peak mit jeder Blindinjektion kleiner, liegt mit grosser Sicherheit eine Probenverschleppung vor. Massnahmen wie oben unter „Probenverschleppung". Bleibt der Peak in seiner Grösse etwa konstant, kann es ein Injektionspeak (Systempeak) sein. Abhilfe schwierig, ev. unmöglich. Die mobile Phase darf nicht detektoraktiv sein, d.h. man muss die UV-Grenze beachten. Eventuell ist Abhilfe

durch einen Wechsel der mobilen Phase zu einem anderen Hersteller oder einer anderen Charge möglich, vor allem im tiefen UV und bei der Verwendung von Acetonitril oder Trifluoressigsäure.

Zu kleine Peaks (zu grosse Peaks)
Falsche Probe oder Probe zu stark (zu wenig) verdünnt:
→ Probenlösung überprüfen.

Fehlerhafte Injektion:
→ Autosampler überprüfen, von der Anlagensteuerung verlangter Wert überprüfen.

Detektor-Bereich (Range) falsch eingestellt, Signalausgang (in mV) nicht korrekt vom Datensystem übernommen:
→ Detektor bzw. die Einstellungen am Datensystem überprüfen.

Falsche Detektionswellenlänge:
→ Detektor und/oder Analysenvorschrift überprüfen.

Weitere Ursachen
Der Feind der Chromatographie ist Hetzerei:
→ Lange äquilibrieren vor der ersten Injektion hilft Zeit sparen. Genügend spülen nach der letzten Injektion, besonders wenn Salze Verwendung finden.

Salze in der mobilen Phase:
→ Grundsätzlich sollten sie vermieden werden. Leider ist dies in vielen Fällen nicht möglich. Massnahmen, die helfen, Ärger zu vermeiden: Nach Beendigung der Arbeit Lösungsmittel mit Salzen ersetzen durch solche ohne Salz, dann die ganze Anlage (auch das Entgasungsgerät) über längere Zeit spülen. Falls das nicht möglich ist, soll ein konstanter minimaler Durchfluss von wenigstens 100 µl/Minute gewährleistet sein.

Prävention durch Service:
→ Jede Anlage läuft so gut wie sie gewartet wird. Einige Richtwerte, die nicht überschritten werden sollten: Die Dichtungen an der Pumpe sollten nach 1 bis 2 Jahren ersetzt werden. Am Autosampler muss die Rotordichtung nach maximal 7000 Injektionen (bei Salzlösungen nach 3500 Injektionen) ersetzt werden. Ebenso der Stempel in der Spritze einmal jährlich. Am UV-Detektor soll die Lichtquelle (die Lichtquellen) nach maximal 4000 Stunden ersetzt werden. Alle zwei Jahre sind die Zellenfenster zu reinigen oder zu ersetzen, je nach Probenbeschaffenheit sogar früher.

Leistungsüberprüfung:

→ Auch wenn nicht unter GLP gearbeitet wird, ist es empfehlenswert, die Gesamtanlage regelmässig der Prüfung mit einer validierten Standard-Arbeits-Vorschrift (SOP) zu unterziehen und die Ergebnisse zu dokumentieren.

26
Anhang 4: Füllen von HPLC-Säulen

Das Herstellen der Säule ist nicht der einzige kritische, aber doch einer der allerwichtigsten Punkte, die die Qualität des chromatographischen Systems beeinflussen.

Das Trockenfüllen, geeignet für Partikel, welche größer als 20 µm sind, wird hier nicht behandelt. Wer sich damit beschäftigen muss, lese:
– L. R. Snyder und J. J. Kirkland, Introduction to Modern Liquid Chromatography, 2. Auflage S. 207 (Wiley 1979).
– J. Klawiter, M. Kaminski und J. S. Kowalczyk, J. Chromatogr. 243 (1982) 207.
Vorschlag: Material portionsweise einfüllen und die Säule dazu senkrecht klopfen.

Teilchen von kleinerem Durchmesser als 20 µm können nicht trocken gepackt werden, weil sie sich dabei zu Klümpchen zusammenlagern; Hochleistungssäulen sind so nicht herstellbar. Das Material muss in einer Flüssigkeit aufgeschlämmt werden; diese Suspension wird mit einer Hochdruckpumpe rasch in die Säule gefüllt. Rezepte zum Nassfüllen gibt es fast so viele wie Leute, welche selbst Säulen herstellen. Jedermann schwört auf seine Methode und Tricks, sodass eine Wahl schwer fällt. Für die Herstellung der Suspension gibt es einige prinzipielle Möglichkeiten:

– Aufschlämmen in einer Flüssigkeit, die die selbe Dichte hat wie das Füllmaterial: *Balanced-density-Methode*. Es kann so nicht sedimentieren. Beim Sedimentieren findet eine Auftrennung nach Größe statt. Zuunterst in der Säule wären dann die größten Teilchen, zuoberst die kleinsten, was die Trennleistung senken würde.

Da die Dichte von Silicagel etwa 2,2 g/cm^3 beträgt, muss man für die Suspension halogenierte Kohlenwasserstoffe verwenden, z.B. Dibrommethan CH_2Br_2, Tetrachlorethylen C_2Cl_4, Tetrachlorkohlenstoff CCl_4 und Diiodmethan CH_2I_2.

Rezept zur Bereitung der Suspensionsflüssigkeit: 78 Volumenteile Dibrommethan ($d = 2,49$ g/ml) und 22 Volumenteile Dioxan ($d = 1,03$ g/ml) gibt eine Mischung der Dichte 2,17 g/ml.

Ermittlung der Dichte von körnigen Feststoffen z. B. beschrieben in F. Patat und K. Kirchner, Praktikum der technischen Chemie, de Gruyter, 4. Auflage 1986, Seite 46 und 47.

– Aufschlämmen in einer Flüssigkeit hoher Viskosität, z. B. Paraffinöl oder Cyclohexanol. Die Sedimentation geht relativ langsam vor sich. Der Nachteil dieser Methode liegt darin, dass diese Suspension einen hohen Strömungswiderstand bietet und nicht so rasch in die Säule gepumpt werden kann. Es ist daher günstig, den bereits gepackten Teil der Säule zu erwärmen, z. B. durch stufenweises Eintauchen in ein Wasserbad. Dadurch wird die Viskosität der Suspendierflüssigkeit, welche sich in der Packung befindet, herabgesetzt und der Strömungswiderstand nimmt ab.

– Aufschlämmen in einem Lösungsmittel, ohne sich um Dichte oder Viskosität zu kümmern. Wenn man rasch genug arbeitet, kann man gute Säulen erhalten. Tetrachlorethylen mit einer Dichte von 1,62 g/ml scheint ein guter Kompromiss zu sein: die Dichte ist immerhin recht hoch und man braucht keine Mischung herzustellen. (Sinkgeschwindigkeit eines kugelförmigen Silicagelteilchens von 5 µm Durchmesser nur 0,4 mm/min). Es wurde auch 0,01 M Ammoniak in Wasser als Suspendierflüssigkeit verwendet, wobei der Ammoniak das Zusammenklumpen (durch elektrostatische Effekte) verhindert.

H. R. Linder, H. P. Keller und R. W. Frei, J. Chromatogr. Sci. 14 (1976) 234.

– Es wurde sogar ein Druckgefäß vorgeschlagen, in dem während des Packens mit einem Magnetrührer gerührt wird.

Die Suspension wird als etwa 5%ige Mischung im Ultraschallbad homogenisiert. Eine höhere Konzentration scheint die erreichbare Bodenzahl zu beeinträchtigen. Säule, eventuell eine Vorsäule und ein Vorratsgefäß aus Stahl werden zusammengeschraubt. Die Vorsäule wird mitgepackt, aber nicht zur Chromatographie verwendet. Das Vorratsgefäß hat meist eine Form wie in Abbildung 26.1 gezeigt.

Die Suspension wird eingegossen und mit Lösungsmittel überschichtet. In der ganzen Säule – Vorsäule – Vorratsgefäß-Kombination darf sich keine Luft befinden. Der Deckel wird fest aufgeschraubt und die Verbindung zur Pumpe hergestellt. Es ist wichtig, dass die Pumpe sofort nach dem Einschalten mit dem maximal möglichen Hub oder Druck arbeitet. Das Füllen muss möglichst rasch und mit einem Mehrfachen des späteren Arbeitsdrucks erfolgen! (Bei nicht absolut druckfesten Materialien, z. B. Styrol-Divinylbenzol, ist natürlich der vom Hersteller angegebene maximal zulässige Druck zu beachten.) Die Säule kann von oben nach unten oder von unten nach oben (Vorratsgefäß unten, Säule oben, wie in Abbildung 26.2 gezeigt) gefüllt werden. Es ist von Fall zu Fall zu prüfen, welche Anordnung die höhere Trennstufenzahl liefert.

P. A. Bristow, P. N. Brittain, C. M. Riley und B. F. Williamson, J. Chromatogr. 131 (1977) 57.

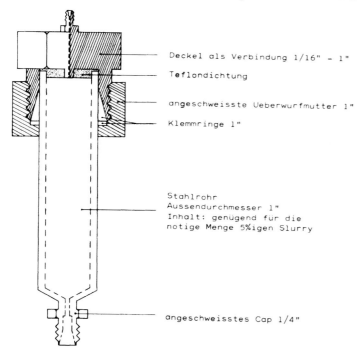

Deckel als Verbindung 1/16" - 1"

Teflondichtung

angeschweisste Ueberwurfmutter 1"

Klemmringe 1"

Stahlrohr
Aussendurchmesser 1"
Inhalt: genügend für die
nötige Menge 5%igen Slurry

angeschweisstes Cap 1/4"

Abb. 26.1   Vorratsgefäß zum Füllen von HPLC-Säulen

Vorsicht: Aus Sicherheitsgründen müssen Füllgefäß und Säule immer senkrecht eingespannt werden!

Es ist empfehlenswert, etwa einen halben Liter Lösungsmittel mit diesem maximalen Druck durchzupumpen, damit die Packung später nicht zusammenfällt. Man verwendet dazu oft dasjenige Lösungsmittel, mit dem man nachher chromatographieren will. Wurde mit Wasser überschichtet, so empfiehlt es sich bei Silicagel, die Säule mit einigen Lösungsmitteln in der Reihenfolge der eluotropen Reihe zu äquilibrieren, z.B. mit Methanol → Essigester → tert. Butylmethylether → Hexan.

Schließlich trennt man die Säule von Vorsäule oder Vorratsgefäß und schließt sie an den Chromatographen an.

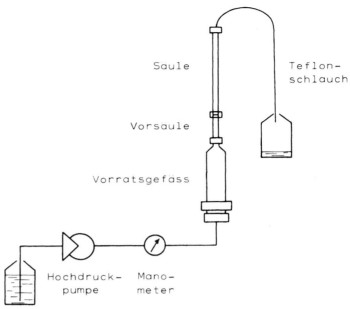

Abb. 26.2 Anordnung zum Füllen von HPLC-Säulen

Falls die stationäre Phase eine schlechte Korngrößenverteilung hat oder wenn regeneriertes Material wieder gepackt wird, können durch Sedimentieren die kleinsten Teilchen entfernt werden. Als Sedimentationsflüssigkeiten empfehlen sich Dioxan/Chloroform 9:1 für Silicagel oder Dioxan/Ethanol 9:1 für Umkehrphasen.

Vorschlag für das Füllen von stationären Phasen auf Silicagelbasis

1. Stationäre Phase und Suspensionsflüssigkeit (etwa 5% Masse/Volumen) im Ultraschallbad homogenisieren.

2. Säule mit Fritte und Endfitting versehen, mit einem „Plug" vorläufig verschließen und mit der Vorsäule zusammensetzen. Beides mit Hilfe einer großen Spritze bis zuoberst mit Suspensionsflüssigkeit füllen. Durch kurzes Einschalten der Pumpe Zuleitung ganz mit Flüssigkeit füllen.

3. Vorratsgefäß aufsetzen, Suspension eingießen, mit Suspensionsflüssigkeit bis obenauf füllen. Vorratsgefäß fest verschließen.

4. Pumpe anschließen und mit voller Leistung einschalten. Plug sofort wegnehmen und Teflonschlauch anschließen.

5. $^1/_2$ Liter Lösungsmittel mit maximalem Druck durchpumpen. Zweckmäßigerweise verwendet man bei Silicagel jenes Lösungsmittel, welches man nachher als mobile Phase verwendet. Bei Umkehrphasen-Säulen mit Methanol pumpen.

6. Säule von der Vorsäule trennen, Säulenkopf aufsetzen und in den Chromatographen einbauen, aber noch nicht an den Detektor anschließen. Mit mobiler Phase konditionieren.

Register der Stofftrennungen

Sachregister